Unity实战

(第3版)

[美] 约瑟夫·霍金(Joseph Hocking)　著

王　冬　殷崇英　　　　译

U0389036

清华大学出版社

北　京

北京市版权局著作权合同登记号 图字：01-2023-3957

Joseph Hocking
Unity in Action, Third Edition
EISBN: 9781617299339
Original English language edition published by Manning Publications, USA © 2022 by Manning
Publications. Simplified Chinese-language edition copyright © 2023 by Tsinghua University Press
Limited. All rights reserved.

图书在版编目(CIP)数据

Unity 实战 / (美) 约瑟夫·霍金 (Joseph Hocking)著；王冬，殷崇英译. —3 版. —北京：清华大学
出版社，2023.6
书名原文：Unity in Action，Third Edition
ISBN 978-7-302-63825-4

I.①U… II.①约… ②王… ③殷… III.①游戏程序—程序设计 IV.①TP317.6

中国国家版本馆 CIP 数据核字(2023)第 106018 号

责任编辑：王　军
装帧设计：孔祥峰
责任校对：成凤进
责任印制：刘海龙

出版发行：清华大学出版社
　　　　　网　　址：http://www.tup.com.cn，http://www.wqbook.com
　　　　　地　　址：北京清华大学学研大厦 A 座　　　　邮　　编：100084
　　　　　社 总 机：010-83470000　　　　　　　　　邮　　购：010-62786544
　　　　　投稿与读者服务：010-62776969，c-service@tup.tsinghua.edu.cn
　　　　　质 量 反 馈：010-62772015，zhiliang@tup.tsinghua.edu.cn
印 装 者：三河市少明印务有限公司
经　　销：全国新华书店
开　　本：170mm×240mm　　　印　　张：23.75　　　字　　数：478 千字
版　　次：2023 年 8 月第 1 版　　　印　　次：2023 年 8 月第 1 次印刷
定　　价：99.80 元

产品编号：097312-01

对本书前几版的赞誉

"循序渐进的例子和清晰的散文风格使本书成为 Unity 的首选书籍!"

——软件开发者 Victor M. Perez

"你需要知道的关于 Unity 的一切都在本书中。"

——Dan Kacenjar,基石软件公司

"马上开始制作你自己的游戏原型。"

——David Torrubia Iñigo,Fintonic

"本书简明扼要,示例突出。"

——Dan Kacenjar,Sr.,Wolters Kluwer

"所有的障碍都消除了,我很快就把游戏从概念变成构建好的软件。"

——Philip Taffet,SOHOsoft

"Joe Hocking 不会浪费你的时间,而是让你能快速编写代码。"

——*The Art of Game Design* 的作者,Jesse Schell

"我想用 Unity 编程很久了,本书给了我这样做的信心。"

——Robin Dewson,Schroders

"本书很快就能让你上手。"

——Sergio Arbeo,codecantor

译 者 序

Unity 是全球领先的交互式实时 3D 内容创作和运营平台。包括游戏开发、美术、建筑、汽车设计、影视动画在内的所有创作者，都能借助 Unity 将他们的创意变成现实。Unity 平台提供了一整套完善的软件解决方案，可用于创作、运营和变现任何实时交互的 2D 和 3D 内容，支持平台包括手机、平板电脑、PC、游戏主机、增强现实和虚拟现实设备。由于拥有超过 1800 人的研发团队，Unity 的技术始终保持在世界前沿，同时紧跟合作伙伴迭代，确保在最新的版本和平台上提供优化支持服务。2020 年，基于 Unity 开发的游戏和体验在全球范围内月均下载量超过 50 亿次。

为满足快速增长的需求，游戏行业加快了发展步伐。2021 年，在 Unity 平台上制作的游戏数量增长了 93%。无论是个人开发者还是大型工作室的成员，面对日益激烈的竞争，都希望对游戏行业的现状有所了解，以制作出更出色的游戏，更好地开展业务。

2021 年对游戏行业而言是收获满满的一年。游戏的发行数量达到前所未有的水平，收入增加，玩家也找到了自己喜爱的游戏。随着全球经济与社会生活都逐渐从疫情中恢复，游戏行业也继续寻找前进的道路。在未来一年以及更长时间里游戏行业将呈现以下六种趋势：

- 游戏寿命将会延长。
- 跨平台多人游戏将更普遍。
- 移动多人游戏将在未来十年成为行业内标准。
- 独立开发者和中小型市场开发者将会越来越注重创新，为玩家带来更智能的体验。
- 对专业工具和第三方专业知识的采用将会增多。
- 元宇宙和区块链将进入测试，但尚未被完全接纳。

Unity 平台上有大量颇具价值的学习资源，但这些资源比较零散，需要进行深度挖掘才能找到所需的内容。而本书把初学者需要了解的所有内容都放在一起，以清晰、富有逻辑的方式呈现出来，为初学者打开了游戏编程的大门。尤其是通过学习本书的"实践"部分，读者很快就可以开始编写代码——不只是编写书中的示例代码，还可以编写自己的游戏代码，因为本书并不仅仅是简单地完成游戏示例所需的功能代码，还对代码进行重构，提升可扩展性和复用性。

本书内容共分为三部分，第 I 部分介绍跨平台的游戏开发环境 Unity，演示在 3D 中编写移动游戏示例的步骤，再将移动游戏示例转变为第一人称射击游戏，讲解射线投射和基础 AI，最后导入和创建美术资源。第 II 部分学习如何在 Unity 中创建 2D 益智游戏，接着用平台游戏机制扩展 2D 游戏，介绍 Unity 中最新的 GUI 功能，展示如何在 3D 中创建第三人称移动游戏，阐述如何在游戏中实现交互设备和物品。第 III 部分讨论如何与互联网通信，如何编写音频功能，如何将不同章节的碎片整合到一个游戏中，最后构建最终应用并发布到多个平台。本书最后还提供了 4 个附录，分别介绍了场景导航、外部工具、Blender 和在线学习资源。

本书针对的读者群是对 Unity 很陌生的编程老手，以及游戏开发新手。

掌握了本书的内容后，读者可再进一步，关注 Unity 社区、Unity Answers、Unity Wiki 和"知乎"的 Unity 板块，对 Unity 的各种细节问题、优化、底层原理和新的技术方案进行深入思考和系统学习。

在此要感谢清华大学出版社的编辑，他们为本书的翻译投入了巨大的热情并付出了很多心血。没有他们的帮助和鼓励，本书不可能顺利付梓。

对于这本经典之作，译者在翻译过程中力求"信、达、雅"，但是鉴于译者水平，失误在所难免，若有任何意见和建议，请不吝指正。

译　者

推 荐 序

　　我在 1982 年就开始进行游戏编程。那时候很困难，因为没有互联网。资源只有少数几本糟糕的书籍和杂志，里面的代码片段虽然吸引人，却很混乱，而且根本就没有游戏引擎！编写游戏代码简直就像在进行一场艰巨的战斗。

　　非常羡慕今天的读者可以阅读《Unity 实战》(第 3 版)，Unity 引擎为许多人打开了游戏编程的大门。Unity 达到了一个很好的平衡：一方面，它已成为一个强大、专业的游戏引擎；另一方面，它仍然是初学者负担得起的、易于接近的游戏引擎。

　　"易于接近"指的是通过恰当的引导可以很快上手。有一次，我参加了一个由魔术师运营的马戏团。魔术师对我非常友善，并帮助我成为一名出色的表演者。魔术师说："当你站在舞台上时，只需要许下承诺：'我不会浪费你的宝贵时间'"。

　　我最喜欢本书的 "实践" 部分。作者没有浪费读者的宝贵时间，读者很快就能开始编写代码——不是编写无意义的代码，而是可以理解和构建的有趣代码。因为作者知道，读者不只是想阅读本书，不只是想编写书中的示例，还想编写自己的游戏。

　　在本书的指导下，读者上手的速度远超自己的期望。请跟随 Joe 的步伐学习，在准备好之后，不要羞于抛弃他的学习路线，去规划自己的学习路线。请跳到自己最感兴趣的部分——尝试实验，大胆而勇敢地进行尝试！如果你迷失了方向，还可以返回到本书中寻求帮助。

　　不必在此序言中浪费时间——游戏在等着你开发！在日历上标记一下今天的日期，因为从今天开始你将发生巨大的变化。要永远记住今天是你开始制作游戏的第一天。

Jesse Schell

Schell Games 公司的 CEO

The Art of Game Design 一书的作者

作 者 简 介

    Joseph Hocking 是一位专门从事交互式媒体开发的软件工程师。他目前在高通公司工作，在 BUNDLAR 工作时编写了本书第 3 版的大部分内容，在 Synapse Games 工作时编写了本书的第 1 版。他还曾在伊利诺伊大学芝加哥分校、芝加哥艺术学院和芝加哥哥伦比亚学院授课。他与妻子和两个孩子住在芝加哥郊区。更多信息可以访问他的个人网站(见链接[1])。

致　　谢

我要感谢 Manning 出版社给了我撰写本书的机会。与我合作的编辑们，包括 Robin de Jongh 和 Dan Maharry，在整个过程中都给了我很多帮助，本书也因为他们的反馈更出色。Becky Whitney 担任第 3 版的主编，Candace West 则担任第 2 版的主编。我真诚地感谢在开发和出版本书时与我一起共事的人：项目编辑 Deirdre Hiam、编辑 Sharon Wilkey、校对员 Jason Everett，以及审稿编辑 Mihaela Batinić。

我的写作受益于每一位审稿人的审查。感谢 Aharon Sharim Rani、Alain Couniot、Alain Lompo、Alberto Simões、Bradley Irby、Brent Boylan、Chris Lundberg、Cristian Antonioli、David Moskowitz、Erik Hansson、Francesco Argese、Hilde Van Gysel、James Matlock、Jan Kroken、John Ackley、John Guthrie、Jose San Leandro、Joseph W. White、Justin Calleja、Kent R. Spillner、Krishna Chaitanya Anipindi、Martin Tidman、Max Weinbrown、Nenko Ivanov Tabakov、Nick Keers、Owain Williams、Robert Walsh、Satej Kumar Sahu、Scott Chaussée 和 Walter Stoneburner。特别感谢技术开发编辑 Scott Chaussee 和技术校对员 Christopher Haupt 的卓越审查工作。René van den Berg 和 Shiloh Morris 在第 2 版中承担这些工作，而 René 在第 3 版中担任技术校对，Robin Dewson 担任技术编辑。我还要感谢 Jesse Schell 为本书作序。

接下来，我要感谢给予我丰富 Unity 经验的相关人员。首先要感谢的是 Unity Technologies(制作 Unity 游戏引擎的公司)。我很感激 Game Development 社区。我几乎每天都会访问这个 QA 站点，向其他人学习并回答问题。促使我使用 Unity 的最大动力来自 Alex Reeve，他是我在 Synapse Games 的老板。同样，我从同事那里学到了一些技巧和技术，它们都展现在我编写的代码中。

最后，我要感谢我的妻子 Virginia，感谢她在我写本书时给予我的支持。直到我开始写这本书，才真正明白这个项目在我的生活中占据了多大的位置，对周围的人产生了多大的影响。非常感谢她给予我的爱和鼓励。

关于封面插图

　　本书封面上的插图标题是 "Habit of the Master of Ceremonies of the Grand Signior"。Grand Signior 是土耳其帝国苏丹的另一个名称。插图取自 Thomas Jefferys 的 *A Collection of the Dresses of Different Nations，Ancient and Modern*，这些书在 1757—1772 年于伦敦出版。标题页表明了这些是手工上色的铜版雕刻，使用阿拉伯树胶增加厚度。Thomas Jefferys(1719—1771)被称为"国王乔治三世的地理学家"。他是一位英国制图师，是当时顶尖的地图供应商，他为政府和其他官方机构雕刻和印刷地图，制作了大量的商业地图和地图集，尤其是北美地图集。作为一名地图绘制师，他的工作激起了人们对他所调查地区的当地服饰习俗的兴趣，这些服饰在这套四卷书集中得到了很好的展示。

　　在 18 世纪末，兴起了一股风潮，人们开始向往远方，并享受旅行的乐趣。像 Jeffery 画作这样的收藏品很流行，因为能够为旅行者和向往旅行、但是没能出发的人们介绍异域居民是什么样子。Jeffery 画作藏品的多样性生动描绘了两百多年前各个国家的独特性。从那以后，人们着装上就发生了变化，而当时各国家、各地区丰富多样的着装也渐渐趋同。现在已很难区分来自不同大陆的人们。如果乐观地看，我们是把文化和视觉上的多样性作为代价，换来了更丰富的私人生活，或者变化更大、更有趣的知识和技术生活。

　　在如今这个计算机图书封面大同小异的时代，Manning 出版社以两个世纪前丰富多样的地域生活为基础设计图书封面，令 Jeffery 的画作重新焕发生机，颂扬了计算机行业的革新性和首创精神。

前　　言

虽然我从事游戏编写工作已很长时间了，但最近才开始使用 Unity。当我开始开发游戏时，Unity 尚未出现，它的第 1 版在 2005 年发布。从一开始，它就承诺要作为游戏开发工具，但直到发布了几个版本，它也没有实现诺言。iOS 和 Android 等平台(统称为"移动"平台)是后来才出现的，这些平台在很大程度上促成了 Unity 日益突出的地位。

最初，我将 Unity 视为一个有趣的开发工具，我关注它，但并不真正使用它。那段时间，我在为桌面计算机、网站编写游戏，为各种客户端开发项目。我使用过 Blitz3D 和 Flash 等工具，它们很适合编程，但有诸多限制。随着这些工具开始过时，我一直在寻找更好的游戏开发方法。

我从 Unity 3 开始体验，后来在 Synapse Games 的开发工作中就完全转向了 Unity。最初是为 Synapse 开发网页游戏，最终转向了移动游戏。然后，我们进入游戏开发的完整生命周期，因为 Unity 使我们能够从同一个代码库部署到网页和移动平台！

我一直认为分享知识很重要，讲授游戏开发课程也有好几年了。这么做的主要原因是很多导师和老师的言传身教对我的影响(顺便说一句，我的老师 Randy Pausch 是如此鼓舞人心，他在 2008 年去世前不久发表了名为 The Last Lecture 公开演讲)。我曾在多所学校授课，而我一直以来都想写一本关于游戏开发的书。

本书的许多方面都是我第一次学习 Unity 时所期望获得的学习内容。Unity 的众多优点之一是有大量有价值的学习资源，但这些资源比较零散(诸如脚本参考或独立的教程)，需要读者进行深度挖掘才能找到需要的内容。最好有一本书，能把需要了解的所有内容都放在一起，以清晰、合乎逻辑的方式呈现出来，这就是本书的目标。本书的读者对象是对 Unity 很陌生的编程老手，以及游戏开发新手。书中选取的项目则反映了我通过快速连续地完成各种自由项目获得技能和信心的经验。

学习使用 Unity 开发游戏是一次激动人心的冒险。对我来说，学习如何开发游戏意味着要忍受很多麻烦；但对读者而言，拥有了本书则意味着拥有了一份清晰简明的学习资源。

关 于 本 书

本书适用对象

本书介绍如何使用 Unity 编写游戏。有经验的程序员可以把它当成 Unity 的入门书籍。本书的目标十分明确：带领有一些编程经验但没有 Unity 经验的读者使用 Unity 开发游戏。

讲授开发最好的方式是完成示例项目，学生通过制作示例来学习，这正是本书采用的方式。本书的各个主题展现为构建游戏示例的步骤，当浏览本书时，鼓励读者在 Unity 中构建这些游戏。不同于其他书籍，本书每几章便挑选不同的项目来讲解，而不是整本书只开发一个项目。其他有些书籍采用"一个完整项目"的方法进行讲解，不足之处是如果对前面的章节不感兴趣，就很难跳到中间的章节。

本书比大多数 Unity 书籍(特别是入门书籍)都更加注重严格的编程内容。Unity 通常被描述成不需要编程的功能集合，这是一个错误的观点，它无法让人们明白制作一款商业游戏都需要学会哪些知识。如果不知道如何编写计算机程序，最好先使用"免费互动编码"网站(详见链接[1])之类的资源进行学习，学习完编程后再回来看本书。

不必担心具体的编程语言，本书通篇使用了 C#，但其他编程语言的技能也可以派上用场。本书的第 I 部分会占用一定篇幅介绍新的概念，并仔细地引导读者在 Unity 中开发第一款游戏，但剩下的章节将更快地推进，让读者了解多种游戏类型的项目。本书最后会描述如何将游戏部署到各种平台(如 Web 和移动平台)，但本书的重点不会涉及最终的部署目标，因为 Unity 与平台无关。

至于游戏开发的其他方面，艺术学科的广泛覆盖会减少本书专业方面的介绍，而涉及更多的 Unity 外部软件(例如，所使用的动画软件)。所以关于美术任务的讨论将仅限于 Unity 或所有游戏开发者都应知道的方面(请注意，附录 C 是关于自定义对象建模的)。

学习路线图

第 1 章　介绍跨平台的游戏开发环境——Unity。你将学习 Unity 中所有对象所基于的组件系统，以及如何编写和运行基本脚本。

第 2 章 演示在 3D 中编写移动示例的步骤，涵盖鼠标和键盘输入等主题。全面解释 3D 位置和旋转的定义和管理。

第 3 章 将移动示例转变为第一人称射击游戏，讲解射线投射和基础 AI。射线投射(向场景投射一条线，并观察相交情况)是所有类型游戏中很有用的操作。

第 4 章 涵盖了美术资源的导入和创建。本章不关注代码，因为每个项目都需要(基本)模型和贴图。

第 5 章 学习如何在 Unity 中创建 2D 益智游戏。尽管 Unity 开始时仅包括 3D 图形，但现在也能很好地支持 2D 图形。

第 6 章 用平台游戏机制扩展 2D 游戏。特别是，实现玩家的控制、物理和动画。

第 7 章 介绍 Unity 中最新的 GUI 功能。每个游戏都需要 UI，而最新版本的 Unity 为创建 UI 提供了一个改进的系统。

第 8 章 展示如何在 3D 中创建另一种移动游戏，此时从第三人称的视角看到场景。实现第三人称控制将展示一系列 3D 数学操作，学习如何使用带动画的角色。

第 9 章 浏览如何在游戏中实现交互设备和物品。玩家有很多方式操作这些设备，包括直接触摸它们，接触游戏中的触发器，或者是按下控制器的某个按钮。

第 10 章 涵盖了如何与互联网通信。学习如何使用标准互联网技术来发送和接收消息。例如 HTTP 请求，从服务器获取 XML 或 JSON 数据。

第 11 章 介绍如何编写音频功能。Unity 对短音效和长音轨提供了很好的支持，这两种类型的音频对于所有电子游戏都很重要。

第 12 章 将不同章节的碎片整合到一个游戏中。此外，你还将学习如何编程实现"点击"控制，以及如何保存玩家的进度。

第 13 章 构建最终应用并发布到多个平台，如桌面、网页和移动，甚至 VR。总之，Unity 使你能够为每个主流的游戏平台创建游戏。

本书最后还提供了 4 个附录，分别介绍场景导航、外部工具、Blender 和学习资源。

关于代码和链接

本书的所有源代码，不管是代码清单或是片段，都使用等宽字体，以便与周围的文本区别开来。在大多数代码清单中，代码都通过注释指出关键概念，而编号有时用于在文本中提供关于代码的额外信息。代码是经过格式化的，通过合理地增加换行和缩进，以适应本书可用的页面空间。

学习本书唯一需要的软件是 Unity，本书使用的是 Unity 2020.3.12，它是编写本书时的最新版本。某些章节偶尔讨论其他软件，但那些仅作为可选的额外部分，而非核心的学习内容。

警告　Unity 项目会记住它们是在哪个版本的 Unity 中创建的，如果尝试在不同版本的 Unity 中打开它们，会显示警告。如果打开本书下载的示例时看到警告，请单击 Continue 按钮并忽略它。

　　本书的代码清单通常展示了在已有的代码文件中应该添加或修改的内容，除非是首次出现的代码文件，否则不要用后来的清单覆盖整个文件。尽管可以下载书中引用的完整示例项目，但最好手动输入代码清单中的内容，并观察所引用的示例。可从 GitHub(见链接[2])下载书中的示例，也可扫描本书封底的二维码获取本书的示例文件。

　　在此要说明的是，读者在阅读本书时会看到一些有关链接的编号，形式是数字编码加方括号，例如，[1]表示读者可扫描封底二维码下载 Links 文件，在其中可找到章节中的[1]所指向的链接。

目　　录

第Ⅲ部分 冲刺阶段

第I部分

起　步

是时候迈出使用 Unity 的第一步了。如果你一点也不了解 Unity，那也没关系！本部分首先将解释 Unity 是什么，以及使用它编写游戏程序的一些基本原理。接着将讲解一个在 Unity 中开发简单游戏的指南。该指南将讲述一系列游戏开发技术及其大概的工作流程。

下面开始学习第 1 章！

第 1 章

初识 Unity

本章涵盖：
- 是什么使得 Unity 成为一个极佳选择
- 操作 Unity 编辑器
- 在 Unity 中编程

如果你像我一样，那么很长一段时间以来你都会梦想开发一款电子游戏。但是从玩游戏到实际开发游戏是一个很大的跳跃。这些年出现了很多游戏开发工具，而我们准备讨论的正是这些工具中最现代、最强大的一个。

Unity 是一个专业的游戏引擎，它用于创建针对不同平台的电子游戏。它不仅是一个被成千上万经验丰富的开发者使用的开发工具，也是当代游戏开发新手比较容易上手的现代开发工具。直到现在，游戏开发新手在制作游戏时，仍然面临很多巨大的障碍，但 Unity 的出现让学习这些技能变得简单。

因为你正在阅读本书，所以你很可能对计算机技术比较好奇，并且使用其他工具开发过游戏或者构建过其他类型的软件，例如桌面应用或网站。创建一个电子游戏与编写其他类型的软件没有什么根本区别，但也有一定的区别。例如，电子游戏比大多数网站有更多的交互，而且会包含很多不同类型的代码，但制作它们所用的技术和方法很相似。

如果你已经克服了学习游戏开发道路上的第一道障碍，已经学习了编写软件程序的基本原理，那么下一步就是选择一些游戏开发工具并把编程知识应用到真正的游戏中去。Unity 是一个极佳的游戏开发环境。

> **关于术语的提示**
>
> 这是一本关于 Unity 编程的图书，因此它主要针对编程人员。尽管很多资源讨论了游戏开发和 Unity 中的其他方面，但本书还是把编程放在了首位。
>
> 顺便提一下，"开发者"在游戏开发上下文中有着不同的含义：一般情况下，"开发者"指的是 Web 开发编程人员。但在游戏开发中，"开发者"通常指的是从事游戏开发工作的任何人，除了刚刚提及的编程人员，还有其他类型的游戏开发者，如艺术家和设计师。但本书将关注编程部分。

在开始学习 Unity 前，请先下载该软件，下载网址见链接[1]。虽然 Unity 最初的重点是 3D 游戏，但 Unity 也适用于 2D 游戏，本书涵盖了这两方面。实际上，即使在 3D 游戏中演示，许多主题(保存数据、播放音频等)都适用于这两种情况。1.2 节将介绍如何安装 Unity，但首先讨论一下选择这个工具的具体原因。

1.1 为什么 Unity 如此优秀

让我们仔细看看本章开头的描述：Unity 是一个专业级的高质量游戏引擎，它用于创建针对多种平台的电子游戏。这个答案相当直接地回答了"什么是 Unity？"这样的问题。然而，这个答案具体意味着什么，为什么 Unity 如此优秀？

1.1.1 Unity 的优势

游戏引擎都提供了丰富的功能，这些功能在很多不同的游戏中都有用。因此对于使用某一特定引擎制作的游戏，当向其中添加自定义美术资源、游戏特有的玩法代码时，便可以获得该引擎所提供的那些功能。Unity有物理模拟、法线贴图、屏幕空间环境光遮蔽(Screen Space Ambient Occlusion，SSAO)、动态阴影等功能。很多游戏引擎以有诸多功能而自豪，但 Unity 比起其他尖端的游戏开发工具有两个主要优势：提供了非常高效的可视化工作流和对跨平台的高度支持。

区别于其他大多数游戏开发环境，Unity 的可视化工作流可谓是一个相当独特的设计。其他游戏开发工具通常要么是由许多零散的部件组成的一个大杂烩，需要整理和清理；要么是一个程序库，需要自己设置诸如集成开发环境(Integrated Development Environment，IDE)、构建链等，而 Unity 中的开发工作流是通过精心设计的可视化编辑器实现的。

编辑器可用于布局游戏中的场景，将美术资源与代码结合起来构建可交互对象。此编辑器的美妙之处在于它允许快捷高效地构建专业、高质量的游戏。即便需要在游戏中使用大量的新技术，也能为开发者提供高效率的工具。

注意 其他大多数带有可视化中央编辑器的游戏开发工具通常对脚本编写的支持有限且缺乏灵活性，而 Unity 却没有这个缺点。尽管为 Unity 创建的所有内容基本上都是通过可视化编辑器实现的，但这个核心界面还可以将 Unity 游戏引擎中的项目与自定义代码关联。经验丰富的编程人员不应该轻视这个开发环境，不要将其与那些只提供有限编程能力的单靠鼠标点击便可以实现的游戏创作工具相提并论！

　　该编辑器对于在游戏的原型和测试周期中进行快速迭代和打磨游戏都非常有益。即便是在游戏运行时，也可以在编辑器中调整和移动物体。另外，Unity 允许通过编写脚本来自定义编辑器，以在界面上增加一些新功能或菜单。

　　除了编辑器非凡的生产力优势，另一个主要长处在于 Unity 的工具集提供了对跨平台的高度支持。Unity 不仅能将项目部署到 PC、Web、移动设备或游戏主机等不同平台，还支持开发工具跨平台(能在 Windows 或 Mac OS 上开发游戏)。Unity 的这个独立于平台的本质很大程度上是因为 Unity 最初是 Mac 系统上的软件，后来才移植到 Windows。Unity 的第一个版本于 2005 年发布并最初只支持 Mac 平台，但经过数月的更新后，Unity 也能在 Windows 上使用。

　　后续版本的 Unity 中添加了更多部署平台，例如，2006 年添加了可跨平台的 Web 播放器，2008 年添加了对 iPhone 的支持，2010 年添加了对 Android 的支持，甚至支持诸如 Xbox 和 PlayStation 等游戏主机。最近 Unity 添加了到 WebGL 的部署，WebGL 是一个用于网页浏览器的新型图形框架，甚至还对虚拟现实（VR）和增强现实（AR）等扩展现实（XR）提供了支持，支持的平台有 Oculus 和 Vive。只有少数游戏引擎也支持和 Unity 一样多的部署目标，但是它们没有一个能像 Unity 那样让部署到多平台的工作变得如此简单。

　　除了这些主要的优点，第三个优点是 Unity 使用模块化组件系统来构建游戏对象。在组件系统中，"组件"是一个混合搭配的功能包，对象由一系列组件构建，而不是由层级严格的类构建。换句话说，组件系统是和面向对象编程不同的方法(它更灵活)，游戏对象是通过组合的方式而不是继承的方式构建的。图 1.1 演示了继承和组件系统的对比。

　　在组件系统中，对象存在于一个扁平的层级结构中，不同的物体有不同的组件集合，而不像继承结构，不同物体处于树的完全不同的分支中。这种设计加快了原型的开发，因为当对象改变时，可以快速混合搭配不同组件而不必重构继承链。

　　尽管没有所需的组件系统时，你可以编写代码实现自定义的组件系统，但是 Unity 已经有一个强大的组件系统，甚至这个系统已与可视化编辑器无缝地集成在一起。你不仅能通过代码维护组件，还能使用可视化编辑器附加和移除组件。另外，除了通过组合构建对象,你仍可以在代码中选择使用继承,包括所有基于继承的最佳设计模式。

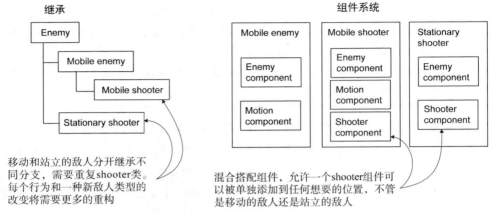

图 1.1　继承与组件系统

1.1.2　要意识到的缺点

Unity 的众多优势使其成为开发游戏的极佳选择,我们也极力推荐,但也不得不提及它的弱势和缺点。尤其是,可视化编辑器与复杂编程的组合虽然在 Unity 的组件系统中非常有效,但却是不寻常的,也并不简单。尤其在复杂场景中,常会搞不清楚指定组件被附加给了场景中的哪个对象。尽管 Unity 提供了搜索功能用于查找附加的脚本,但该搜索是很粗糙的;有时还会遇到为了找出脚本链接,需要手动遍历检查场景中对象的情况。这些情况虽然不常出现,但一旦出现还是会令人沮丧。

第二个缺点会让有经验的编程人员吃惊且失望,即 Unity 不支持链接外部代码库。旧版本的 Unity 实际上根本不支持外部代码库,所以必须手动复制库到每个项目中。现在 Unity 自带了 Package Manager,库(或包)是从一个中心共享位置引用的。这些包对于 Unity 本身提供的可选功能非常有效(Unity 不会自动包含每个项目都不需要的功能),并且后面的章节仅偶尔需要安装一些像处理高级字体的包。然而,创建自己的包可能会很棘手,这使得在多个项目中共享代码很尴尬。这时候通过手动在项目间复制代码,并对版本不匹配的地方进行处理,反而还容易些,但这也并不是一个理想的解决之道。

> **注意**　难以使用版本控制系统(如 Subversion、Git)在过去是 Unity 的一个致命弱点,但现在 Unity 的一些版本已经可以使用它们。在一些过时的学习资源中会提到 Unity 不能使用版本控制,但是一些新的资源会说明,项目中的哪些文件和文件夹需要放在资源库里,哪些不用。若要使用版本控制系统,请阅读 Unity 的文档(详见链接[2])或查看 GitHub 维护的.gitignore 文件(详见链接[3])。

第三个缺点与有时令人眼花缭乱的选择有关。Unity 为某些功能提供了多种方法，应该使用哪种方法并不总是很清楚。在某种程度上，对于一个正在积极开发的工具来说，这种情况是不可避免的，但仍然会给用户带来困惑和不适。这种演变的混乱甚至会让 Unity 老手感到困惑，所以 Unity 新手有时肯定会面临困惑。本书重点介绍了这些特性并提供了指导。

例如，第 7 章解释了如何为 Unity 游戏开发用户界面(UI)。Unity 实际上有三个 UI 系统(详见链接[4])，因为相继开发的系统都在其前身的基础上进行了改进。本书涵盖了第二个 UI 系统(Unity UI，或 uGUI)，因为它仍然比不完整的第三个 UI 系统(UI Toolkit)更受欢迎。而 UI Toolkit 很可能会在未来几年内成熟到可以投入生产，但在这期间，新手会很难决定使用哪个 UI 方法。

1.1.3　使用 Unity 构建的游戏示例

前面已经介绍了 Unity 的优缺点，但如果仍然需要确信 Unity 作为开发工具是最好的选择，请访问 Unity 案例库(详见链接[5])，看一看使用 Unity 开发的游戏和仿真程序。这个列表包含成百上千个游戏和仿真程序，且在持续更新中。本节仅介绍一小部分游戏，展示多种游戏类型和部署平台。所有游戏名称都是各自游戏公司的商标，截图也受到这些公司的版权保护。

1. 桌面(Windows、Mac、Linux)和主机平台(PlayStation、Xbox、Switch)

Unity 编辑器运行在同一个平台上，并通常部署到诸如 Windows 或 Mac 这样较常见的目标平台上。同时，基于 Unity 开发的主机游戏通常也会在 PC 上发行，这要归功于 Unity 的跨平台部署。下面给出一些不同类型的桌面和主机游戏示例。

- *Fall Guys* (见图 1.2)，由 Mediatonic 公司开发的一款乱斗类型的 3D 动作游戏。

图 1.2　*Fall Guys* 游戏

- *Cuphead*(见图 1.3)，由 Studio MDHR 开发的 2D 平台游戏。

图 1.3　*Cuphead* 游戏

2. 移动平台(iOS 和 Android)

Unity 能将游戏部署到移动平台上，比如 iOS(iPhone 和 iPad)和 Android(手机和平板电脑)。下面是一些不同类型的移动平台游戏。

- *Monument Valley 2* (见图 1.4)，由 ustwo 开发的解密类游戏。

图 1.4　*Monument Valley 2* 游戏

- *Guns of Boom* (见图 1.5)，这是由 Game Insight 开发的第一人称射击游戏。

图 1.5　*Guns of Boom* 游戏

● *Animation Throwdown* (见图 1.6)，由 Kongregate 开发的收集类卡牌游戏。

图 1.6　*Animation Throwdown* 游戏

3. 虚拟现实(Oculus、VIVE、PlayStation VR)

Unity 能将游戏部署到 XR 平台，包括虚拟现实头戴式设备。以下是一些不同类型的 VR 游戏的示例。

● *Beat Saber* (见图 1.7)，一款由 Beat Games 开发的音乐节奏类游戏。

图 1.7　*Beat Saber* 游戏

- *I Expect You to Die* (见图 1.8)，这是一款由 Schell Games 开发的解密逃生类游戏。

图 1.8　*I Expect You to Die* 游戏

从这些示例可以看到，Unity 的强大功能肯定可应用到商业品质的游戏中。虽然 Unity 超越其他游戏开发工具的优势明显，但新手可能会忽视编程在开发流程中的地位。

Unity 通常被描述为不需要编程的功能集合，这是一种错误的观点，它无法让人们明白制作一款商业游戏都需要学会哪些知识。尽管的确可以通过简单的操作将 Unity 预先提供的组件组装成一个相当精致的游戏原型（这本身就已经很了不起），甚至完全不需要编程者的参与，然而要将一个有趣的游戏原型打磨成一个待发售的游戏，严谨的编程是必需的。

1.2　如何使用 Unity

上一节讨论了很多通过 Unity 的可视化编辑器提高工作效率的问题，因此下面介绍 Unity 的界面以及如何操作它。如果你尚未下载 Unity，请访问链接[1]，单击 Get Started，下载程序。在这里，会显示提供的各种订阅计划的明细。本书中的所有内容都是免费的，所以选择 Individual 选项卡，单击 Personal 免费版本下的按钮。Unity 付费版本与免费版本的区别主要在于商业许可条款，底层功能没有差别。

网站为新老用户分别提供了不同的下载服务。不同之处在于，新用户的下载将进入一个软件向导，引导用户进入新手教程，而面向老用户的下载将直接进入主应用程序，没有介绍。所以即使是 Unity 新手，也可以像老用户一样下载并跳过介绍内容(毕竟与本书相比这些介绍有些多余)。

实际上，你下载的是一个轻量级的安装管理器，而不是 Unity 的主应用程序。这个管理器应用程序被称为 Unity Hub，它的存在是为了简化同时安装和使用多个版本的 Unity。如图 1.9 所示，启动 Unity Hub 时，首先要做的就是安装编辑器。请安装默认的推荐发行版，本书使用了 Unity 2020.3.12 (撰写本文时的默认推荐版本)。如果之后想要安装 Unity 的其他版本(更新版本)，单击 Unity Hub 侧面菜单上的 Install。

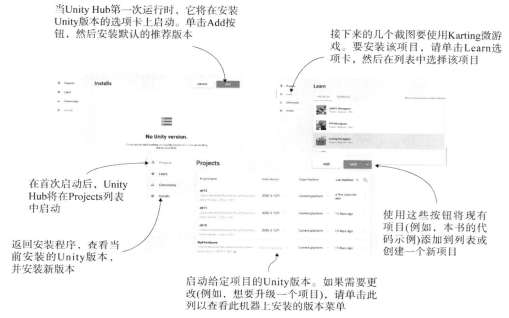

图 1.9　首次启动与再次启动的 Unity Hub

提示 当你读到本书时，新的 Unity 版本可能已发布。尽管部分高级功能可能会改变，甚至界面的外观也可能会有所不同，但本书所涵盖的基本概念仍然是正确的。本书中给出的解释仍适用于 Unity 的未来版本。

警告 项目会记住它们是在 Unity 的哪个版本中创建的，如果试图在不同的版本中打开它们，就会出现警告。有时这并不重要(例如，如果在打开本书的示例下载时出现警告，请忽略它)，但大部分时候我们不希望在错误的版本中打开项目。

安装好编辑器后让我们继续，进入 Learn 选项卡下载第一个项目。可以选择任意一个项目进行查看(尽管并不会用到)，但图 1.10 展示的是 Karting 这个项目。Unity 将下载并启动选定的项目。注意，你可能会收到关于导入文件以设置新项目的警告消息，并且导入文件可能会需要几分钟的时间。

当新项目最终加载后，选择 Load Scene 来关闭初始弹出窗口。如果它没有默认打开，在编辑器底部的文件浏览器中导航到 Assets/Karting/Scenes/，双击 MainScene(场景文件有 Unity 立方体图标)，屏幕显示应如图 1.10 所示。

Scene和Game标签分别用于观察3D场景和运行游戏

整个顶部的区域是工具栏。左边是查找和移动对象的按钮，中间是运行按钮

Inspector在右边，它显示当前选定对象的信息(主要是组件列表)

Hierarchy以文本列表的形式展示了场景中的所有对象，记录它们之间的关系。在Hierarchy中拖动对象来关联它们

Tutorials列表只出现在新手微游戏中，通常不会出现在这里

Project和Console标签分别用于查看项目中的所有文件和代码输出的消息

查看左侧的文件夹，然后双击MainScene

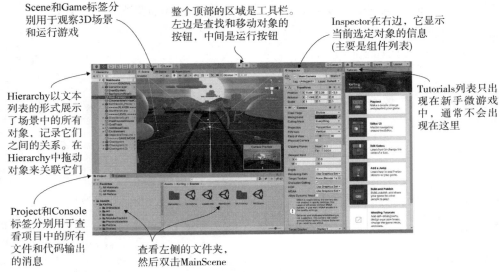

图1.10 Unity 中的部分界面

Unity 中的界面分为不同的部分：Scene 标签、Game 标签、工具栏、Hierarchy 标签、Inspector 标签、Projector 标签和 Console 标签。每个视图都有不同的用途，它们在游戏构建的生命周期中都很重要：

- 可以在 Project 标签中浏览所有文件。
- 使用 Scene 标签，可以在浏览 3D 场景的同时放置对象。
- 工具栏中的控件用于处理场景。
- 可以在 Hierarchy 标签中通过拖放来设置对象之间的关系。
- Inspector 列出了所选对象的信息，包括关联的代码。
- 可以在 Game 视图中测试游戏，并在 Console 标签中查看错误输出。

这是 Unity 中的默认布局，所有不同的视图都是标签化的，可以移动它们或调整它们的尺寸，将其停靠在屏幕中的不同位置。后面将介绍如何自定义布局，但目前看来，默认布局是理解所有视图用途的最佳方式。

1.2.1 Scene 视图、Game 视图和工具栏

界面中最突出的部分是中间的 Scene 视图。在这里可以观察游戏世界和移动对象。网格对象也会出现在场景中(后面将给出它的定义)。也能在场景中看到其他对象，它们由不同的图标和彩色线条表示：摄像机、光源、声源、碰撞区域等。注意在这个视图看到的东西和运行游戏时看到的不一样。可以在 Scene 视图中到处查看，而不会受到 Game 视图的约束。

定义　网格对象是 3D 空间中的可视对象。3D 中的可视对象是由很多连接的线和形状
　　　构成的，因此 3D 世界中的对象都是由网格构成的。

　　Game 视图不是屏幕中独立的部分，而是另一个视图，它位于 Scene 视图的右侧(在
视图左上角可以找到该视图标签)。界面上的很多地方会有这样的视图标签，如果单击
一个不同的视图标签，当前视图会被新激活的视图标签替换。当游戏运行时，这个视
图会切换成 Game 视图。在每次运行游戏时不需要手动切换视图标签，因为当游戏启
动时，视图会自动切换为 Game 视图。

提示　运行游戏时，可以切换回 Scene 视图，这样就能在运行的场景中检查对象。运
　　　行游戏时，这个功能非常适合于查看什么对象在执行什么操作，它是一个很有
　　　用的调试工具，而这正是大多数引擎所不具备的。

　　所谓运行游戏，就是简单地单击 Scene 视图上方的 Play 按钮。编辑器界面的顶部
是工具栏，Play 按钮正位于中间。图 1.11 为了展示顶部的工具栏，把整个编辑器界面
分开了，Scene/Game 标签位于工具栏的下面。

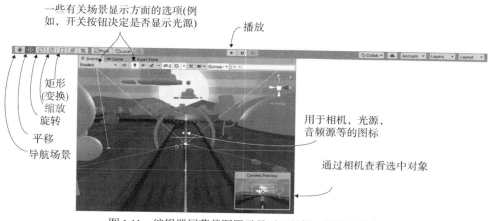

图 1.11　编辑器屏幕截图用于显示工具栏、场景和游戏

　　工具栏左边的按钮用于场景导航和变换对象——用于浏览场景和移动对象。建议
花一些时间练习浏览场景和移动对象，因为它们是 Unity 可视化编辑器中最重要的两
个操作(重要到后面会有两小节专门进行介绍)。

　　工具栏的右侧是 Layouts 界面布局和 Layers 图层的下拉菜单。如前所述，Unity
界面的布局很灵活，Layouts 菜单允许在布局之间来回切换。Layers 菜单具有高级功能，
现在可以先忽略它(后续章节中将介绍)。

1.2.2　使用鼠标和键盘

场景导航主要使用鼠标，通过结合修饰键来实现不同的鼠标操作。主要的三个导航工具是移动(Move)、旋转(Orbit)和缩放(Zoom)。具体的鼠标操作将在本书的附录 A 中介绍。这三种操作包括在按住 Alt(或 Mac 上的 Option)和 Ctrl(Mac 上的 Command)组合键的同时进行单击和拖动。建议花几分钟了解移动、旋转和缩放的作用。

提示　虽然 Unity 支持带一个或两个按键的鼠标，但强烈建议使用带三个按键的鼠标(三键鼠标也适用于 Mac)。

变换对象也是通过三种主要操作来实现，并且三种场景导航操作与三种对象变换操作类似：平移(Translate)、旋转(Rotate)和缩放(Scale)。图 1.12 演示了如何变换立方体。

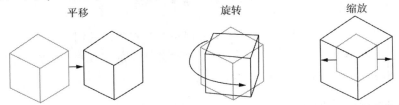

平移　　　　　　　　　旋转　　　　　　　　　缩放

图 1.12　应用三种变换：平移、旋转和缩放(颜色较浅的线图是对象在变换前的状态)

选中场景中的一个对象后，就能移动(数学上的专业术语是平移)、旋转或缩放它。在场景导航菜单项中，Move 是平移摄像机，Orbit 是旋转摄像机，Zoom 是缩放摄像机视角。除了使用工具栏的按钮之外，按下键盘的 W、E 或 R 键还能切换这些功能。当激活一个变换操作时，会有一系列彩色箭头或圆圈围绕着场景中的对象，这是 Transform(变换)的 Gizmo(Scene 视图中的可视化调试小工具)，可以单击或拖动 Gizmo 来进行变换。

在变换按钮旁边还有第四个工具，即 Rect(矩形变换)工具，它用于 2D 图形。该工具组合了移动、旋转和缩放功能。同样，第五个按钮是一个结合了 3D 对象的移动、旋转和缩放的组合式工具。就个人而言，我更喜欢分别操作这三个变换，但组合式工具可能更方便。

Unity 有许多其他键盘快捷键来加速不同的任务。可以参考附录 A 学习它们。下面介绍界面的其余部分！

1.2.3　Hierarchy 视图和 Inspector 面板

在屏幕的两侧，你会看到左侧的 Hierarchy 视图和右侧的 Inspector 视图(见图 1.13)。Hierarchy 列出了场景中每个对象的名称，并根据它们在场景中的层次结构链接将它们的名称嵌套在一起。基本上，这是一种按名称选择对象的方式，而不是在场景视图中逐个查找并单击它们。Hierarchy 可以从视觉上将对象关联为组，就像文件夹一样，允许你将整个组作为一个整体移动。

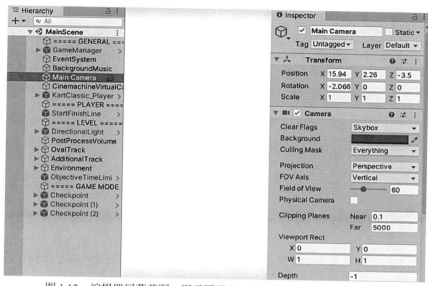

图 1.13　编辑器屏幕截图，用于展示 Hierarchy 标签和 Inspector 标签

Inspector 面板显示当前所选对象的信息。选择某个对象后，该对象的信息便会呈现在 Inspector 面板上。所显示的信息基本上是一个组件列表，你甚至可以在其中添加或移除对象的组件。所有游戏对象都至少有一个组件，即 Transform，所以在 Inspector 面板中至少可以看到有关位置和旋转的信息。通常，Inspector 面板中会列出对象的很多组件，包括它关联的脚本。

1.2.4　Project 和 Console 标签

屏幕底部是 Project 和 Console 标签(见图 1.14)。与 Scene 和 Game 标签一样，它们不是屏幕中两个独立的部分，可通过标签在它们之间切换。

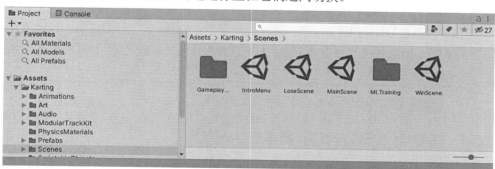

图 1.14　编辑器屏幕截图，用于展示 Project 标签和 Console 标签

Project 显示项目中所有的资源(美术、代码等)。具体而言,视图左边是项目中目录的列表。当选择一个目录时,视图右边会显示该目录中独有的文件。Project 中列出的目录类似于 Hierarchy 中的列表视图,但 Hierarchy 只显示场景中的对象,Project 则显示不包含在特定场景中的文件(包括场景文件——当保存场景时,它会显示在 Project 中)。

提示 Project 视图镜像了磁盘上的 Assets 目录,但通常不应该直接从 Assets 文件夹中移动或删除文件。如果在 Project 视图中执行这些操作,Unity 会与那些文件夹保持同步。

Console 标签是显示代码消息的地方。其中一些消息可能是专门输出用来调试程序的,但也有一些是 Unity 在脚本出问题时发出的报错消息。

1.3 开始使用 Unity 编程

现在来看看如何在 Unity 中进行编程。虽然可以在可视化编辑器中布局美术资源,但仍然需要编写代码来控制它们并让游戏变得可以交互。本书建议使用 C#作为编程语言来实现 Unity 中的复杂编程。

启动 Unity,创建一个新项目。在 Unity Hub 中选择 New,或在已运行的 Unity 中选择 File | New Project。输入项目名称,保留选中默认的 3D 模板(后续章节会介绍 2D),然后选择希望保存项目的位置。Unity 项目不过是一个包含各种资源和设置文件的目录,所以可以在计算机上的任何位置保存项目。单击 Create 按钮,之后 Unity 会暂时消失,此时它在建立项目目录。

或者,可以打开第 1 章的示例项目。但强烈建议你在一个新项目中遵循接下来的指示进行操作,并只在完成后再查看示例项目以验证结果(是否这么做由你决定)。在 Unity Hub 中选择 Add,将下载的项目文件夹添加到列表中,然后单击列表中的项目。

警告 如果打开书中的示例项目,而不是创建一个新项目,Unity 可能会发出警告: Rebuilding Library because the asset database could not be found!该警告指出项目的 Library 文件夹中包含由 Unity 生成且在工作时使用的文件,但这些文件是不必分发的。

当 Unity 重新出现时,会看到一个空的项目。下面介绍如何在 Unity 中执行程序。

1.3.1 在 Unity 中运行代码:脚本组件

Unity 中的所有代码执行都从场景中对象链接的代码文件开始。归根结底,代码的执行是前述组件系统的一部分。游戏对象由组件的集合构建而成，而这些集合可以包含要执行的脚本。

注意　Unity 将代码文件称为"脚本"，这里"脚本"的定义，与运行在浏览器中的 JavaScript 大致一样：代码运行在 Unity 游戏引擎中。但不要混淆这些概念，因为很多人对这个词的定义是不同的。例如"脚本"通常也指短小、独立的实用程序。Unity 中的脚本更像是独立的 OOP 类，附加到场景中对象上的脚本是对象的实例。

正如你从上述描述中推断的那样，Unity 中的脚本即是组件——但并非所有脚本都如此，注意，只有从 MonoBehaviour 继承的脚本才是组件，MonoBehaviour 是脚本组件的基类。MonoBehaviour 定义一些看不见的基础工作，使组件可以附加到游戏对象上，而继承它，会提供一系列自动运行的方法(见代码清单 1.1)，可以重写它们。这些方法包括 Start()，当对象变成激活状态时(通常是在加载该对象的场景时)会调用它一次。还包括 Update()，它会在每帧调用。因此，把代码放到这些预定义的方法中，代码就会运行。

定义　帧是游戏循环代码中的一个周期。几乎所有的电子游戏(不特指 Unity，而是泛指所有的电子游戏)都是围绕一个核心游戏循环建立的。当游戏运行时，代码会在每个周期中执行。每个周期都包括绘制画面，因此命名为帧(电影也由一系列的静态帧组成)。

代码清单 1.1　基本脚本组件的代码模板

```
using UnityEngine;
using System.Collections;            ←── 包含用于 Unity/Mono 类的
using System.Collections.Generic;        名称空间

public class HelloWorld : MonoBehaviour {    ←── 用于继承的语法
    void Start() {
        // do something once            ←── 把运行一次的代码放在这里
    }

    void Update() {
        // do something every frame      ←── 把每帧运行的代码放在这里
    }
}
```

这是创建新 C#脚本时文件包含的内容：定义一个合法的 Unity 组件需要的最少模板代码。Unity 有一个隐藏在应用内部的脚本模板，当创建新脚本时，它复制该模板，并重命名新类,使之匹配文件名(本示例中的名称为 HelloWorld.cs)。Unity 还包含 Start()

和 Update()的空 shell 脚本，因为我们大都在这两个脚本中调用自己的代码。

为了创建脚本，从 Create 菜单中选择 C# Script，Create 菜单在 Assets 菜单中(注意 Assets 和 GameObjects 都有 Create 的列表，但它们是不同的菜单)，或者在 Project 视图的右击菜单中输入新脚本的名称，如 HelloWorld。如本章后面所述(见图 1.16)，单击并拖动这个脚本文件到场景中的对象上。双击这个脚本，它就会在另一个程序中自动打开以进行编辑，如下所述。

1.3.2　使用附带的 IDE：Visual Studio

准确而言，编程并不是在 Unity 内部进行的，而是借助 Unity 指向的单独文件(保存代码)。虽然脚本文件能在 Unity 内创建，但仍需要使用文本编辑器或 IDE 在初始为空的文件中编写所有代码。Unity 带有 Visual Studio，它是一个 C#适用的 IDE(见图 1.15)。可以访问链接[6]进一步学习这个软件。

> 注意　如果 Unity 打开的 IDE 不是 Visual Studio，就可能需要切换 External Tools 首选项。进入 Preferences | External Tools | External Script Editor，选择 IDE。

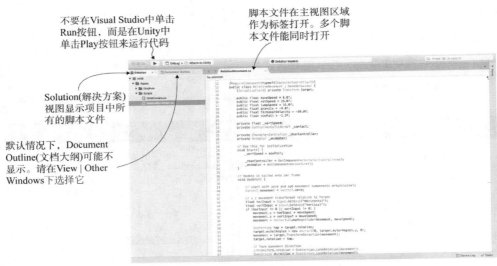

图 1.15　Visual Studio 中的部分界面

> 注意　Visual Studio 把文件组织到一个分组中，这个分组被称为解决方案(solution)。Unity 会自动生成一个解决方案，它包含所有脚本文件，因此通常不必担心。

可使用各种各样的 Visual Studio(许多程序员更喜欢 Visual Studio Code)，也可使用来自完全不同公司(如 JetBrains Rider)的 IDE。切换到不同的 IDE 就像在 Unity 的首选项中选择 External Tools 一样简单。我通常在 Mac 上使用 Visual Studio，但你可以使用不同的 IDE，并且不会对学习本书造成任何影响。除本章外，本书将不再过多地讨论 IDE。

记住一点，尽管代码是使用 Visual Studio 编写的，但并不在 Visual Studio 中运行。IDE 只是一个强大的文本编辑器，只有在 Unity 中单击 Play 按钮后，代码才会运行。

1.3.3　打印到 Console 视图：Hello World！

至此，项目中已有了一个空脚本，但场景中还需要一个对象来关联这个脚本。脚本是一个组件，因此需要将其设置为对象上的一个组件。

选择 GameObject | Create Empty，在 Hierarchy 列表中将出现一个空的 GameObject。现在从 Project 视图将脚本拖到 Hierarchy 视图，并放在那个空的 GameObject 上。如图 1.16 所示，Unity 将突出显示放置脚本的有效位置，将其放置在 GameObject 上会使脚本关联到该对象。

为验证脚本是否已关联到对象上，请选择 GameObject 并查看 Inspector 视图。其中会列出两个组件：一个是 Transform 组件，它是所有对象都具有的基本位置/旋转/缩放组件，而且不能移除；另一个组件是脚本。

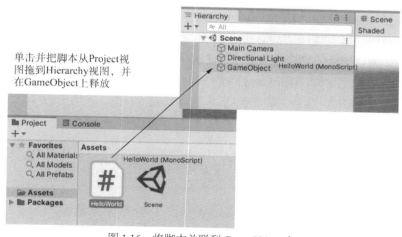

图 1.16　将脚本关联到 GameObject 上

注意　将对象从一个地方拖到其他对象上的操作很常见。Unity 中很多不同的关联都是通过将对象拖到其他对象上来创建的，不只是将脚本关联到对象上。

当脚本关联到对象后，结果将如图 1.17 所示，该脚本在 Inspector 面板中显示为一个组件。播放该场景时，脚本就会执行，不过现在还没有任何结果，因为还没编写任何代码。接着介绍下一步！

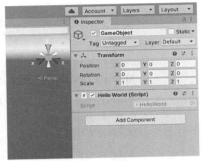

图 1.17　在 Inspector 面板中显示关联的脚本

双击脚本，打开它，回到代码清单 1.1。当学习新的编程语言环境时，最经典的做法是输出文本"Hello World!"，将这行文本添加到 Start() 方法中，如代码清单 1.2 所示。

代码清单 1.2　添加一个 Console 视图消息

```
...
void Start() {
    Debug.Log("Hello World!");        ← 在此添加了日志命令
}
...
```

Debug.Log() 命令将一个消息输出到 Unity 的 Console 视图中。与此同时，由于 Debug.Log 这行代码出现在 Start() 方法中，因此 Start() 方法会在对象激活时被调用。换句话说，Start() 方法会在单击编辑器中的 Play 按钮时调用一次。一旦将日志命令添加到脚本中，保存该脚本，单击 Unity 中的 Play 按钮并切换到 Console 视图，就会显示消息 "Hello World!"。恭喜，第一个 Unity 脚本已完成！后续章节中的代码会更复杂，但这是重要的第一步。

警告　一定要记得调整脚本后保存文件！一个常见的错误是调整代码后，就立即在 Unity 中单击 Play 按钮而不进行保存，从而导致游戏仍然使用调整前的代码。

"Hello World!" 简明步骤
下面回顾和总结一下前几页的步骤：
(1) 创建新项目。
(2) 创建新的 C# 脚本。
(3) 创建空的 GameObject。
(4) 将脚本拖到对象上。
(5) 给脚本添加日志命令。
(6) 单击 Play 按钮。

现在可以保存场景，这将创建一个带 Unity 图标的.unity 文件。场景文件是当前游戏中加载的所有内容的快照，用于稍后重新载入这个场景。保存这个场景没有什么价值，因为它太简单了(只是一个单独的空 GameObject)，但如果不保存这个场景，当退出 Unity 再回到这个项目时，就会发现它又变成了空场景。

脚本中的错误

为了查看 Unity 如何显示错误，故意在 HelloWorld 脚本中添加了一个拼写错误。例如，如果输入额外的圆括号，这个错误消息会出现在 Console 选项卡中，并带有红色的错误图标，如图 1.18 所示。

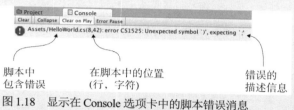

图 1.18 显示在 Console 选项卡中的脚本错误消息

请学会阅读这些错误消息，因为这是解决代码中问题的主要方法。请注意消息的结构：它首先指出哪个文件有错误，然后显示该文件中的行号，最后描述所发生的错误。

1.4 小结

- Unity 是一个多平台的开发工具。
- Unity 的可视化编辑器包括可以协同工作的多个部分。
- 脚本是作为组件附加到对象上的。
- 代码是使用 Visual Studio 在脚本中编写的。

第2章

构建一个令人置身
3D 空间的演示游戏

本章涵盖:
- 了解 3D 坐标空间
- 在场景中放置玩家
- 编写移动对象的脚本
- 实现 FPS 控制

第 1 章以传统的 "Hello World!" 程序结束，介绍了一种新的编程工具。现在是时候介绍非传统的 Unity 项目了，这是一个带有交互性和图形的项目。该项目将一些对象放到场景中，并编写代码，使玩家能在场景中走动。基本上，该项目就是一个没有怪物的 *Doom*(毁灭战士)，如图 2.1 所示。Unity 中的可视化编辑器允许新用户立即构建 3D 原型，而不需要先编写大量模板代码(例如，初始化 3D 视图或建立渲染循环)。

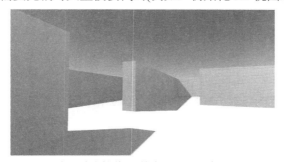

图 2.1　3D 演示游戏的截图(基本上就是没有怪物的 *Doom*)

在 Unity 中立刻开始构建场景很吸引人，尤其是(概念上的)如此简单的项目。但通常最好在开始构建时先计划一下要做什么，而这一步现在尤其重要，因为你还不熟悉这个流程。

注意 本章(和所有章节)的项目都可以从本书的网站上下载(见链接[1])。首先在 Unity 中打开项目，然后打开主场景(通常只命名为 Scene)并运行。在学习过程中，建议自己键入所有的代码，下载的示例只用作参考。

2.1 在开始之前

新手很容易上手 Unity，下面在构建整个场景前先复习一些知识点。尽管使用的是 Unity 这样灵活的工具，也需要明确自己的目标。还需要掌握 3D 坐标的操作方式，否则当尝试在场景中定位一个对象时，很快就会迷失方向。

2.1.1 对项目做计划

在开始任何编程之前，通常需要停下来问自己，"我现在在这里构建什么？"游戏设计本身就是一个宽泛的话题，有很多巨著专门阐述如何设计游戏。幸运的是，基于本例的目标，只需要对这个简单的演示游戏有个大概的了解，就能开发出基本的学习项目。这些入门项目不会有很复杂的设计，以让你集中精力学习编程思想。你可以(也应该)在掌握游戏开发的原理后，再了解高级的游戏设计理念。

第一个项目将构建一个基本的 FPS(First-Person Shooter，第一人称射击)场景。其中有一个供玩家行走的房间，玩家将从其角色的视角看到游戏世界，并能通过鼠标和键盘控制角色。为了专注于核心机制——在 3D 空间中移动，先剥离整个游戏的所有有趣且复杂的内容。图 2.2 描述了整个项目的路线图，该图基于我们在大脑中构建的一个列表：

(1) 设置房间：创建地面、外墙和内墙。
(2) 放置光源和摄像机。
(3) 创建玩家对象(包括在顶部安装摄像机)。
(4) 编写移动脚本：用鼠标旋转，用键盘移动。

不要被这个路线图吓跑！看起来好像本章涵盖了很多内容，但 Unity 会让它变得很简单。接下来关于移动脚本的介绍会比较具体，我们会详细地讲解每一行，以使你弄懂所有概念。

这个项目是第一人称的演示游戏，对美术资源的需求比较简单，因为我们看不到自己，所以使用顶部带摄像头的圆柱体来表示"玩家"。现在如果知道了 3D 坐标的工作原理，在可视化编辑器中放置任何对象都会很简单。

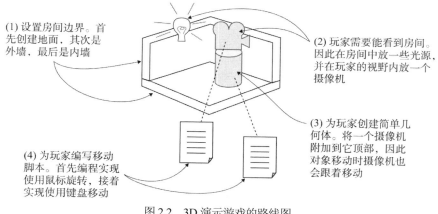

(1) 设置房间边界。首先创建地面，其次是外墙，最后是内墙

(2) 玩家需要能看到房间。因此在房间中放一些光源，并在玩家的视野内放一个摄像机

(3) 为玩家创建简单几何体。将一个摄像机附加到它顶部，因此对象移动时摄像机也会跟着移动

(4) 为玩家编写移动脚本。首先编程实现使用鼠标旋转，接着实现使用键盘移动

图 2.2　3D 演示游戏的路线图

2.1.2　了解 3D 坐标空间

如果考虑当前正要实现的简单计划，就知道它包含三个方面：房间、视图和控制。这些事项要求你能理解 3D 计算机仿真是如何表达位置和移动的，而如果是刚开始从事 3D 图形工作，就可能还不知道这些内容。

归根结底，这些数字表示空间中的点，并通过坐标轴和空间关联起来。我们在数学课上，使用 X 轴和 Y 轴给纸上的点指定坐标(如图 2.3 所示)，这被称为笛卡尔坐标系。

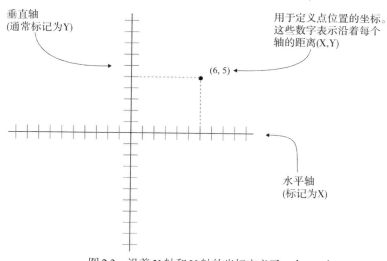

垂直轴
(通常标记为Y)

用于定义点位置的坐标。这些数字表示沿着每个轴的距离(X,Y)

(6, 5)

水平轴
(标记为X)

图 2.3　沿着 X 轴和 Y 轴的坐标定义了一个 2D 点

两个轴给出了 2D 坐标，所有点都在一个平面上。三个轴用于定义 3D 空间。X 轴

沿着纸面的水平方向，Y 轴沿着纸面的垂直方向，我们现在想象有第三个轴，它垂直于纸面，并且指向纸外，同时垂直于 X 轴和 Y 轴。图 2.4 描绘了用于 3D 坐标空间的 X、Y、Z 轴。在场景中具有特定位置的所有对象都有 X、Y 和 Z 坐标：玩家的位置，墙壁的定位等。

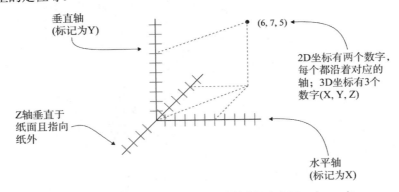

图 2.4　沿着 X、Y、Z 轴的坐标定义了一个 3D 点

在 Unity 的 Scene 视图中，你可以看到显示的这三个轴，而在 Inspector 面板中，可以输入定位对象所需的三个数字。你不仅可以使用这三个数字坐标编写代码来定位对象，还可以使用它们定义沿着每个轴移动的距离。

左手坐标和右手坐标

每个轴的正方向和负方向是任意的，而不管轴的方向指向哪里，坐标都有效。只需要在给定的 3D 图形工具(动画工具、游戏开发工具等)中保持一致。

但大多数情况下，X 指向右，而 Y 指向上；不同工具之间的区别在于 Z 是指向纸里还是纸外。这两种方向分别称为"左手坐标"或"右手坐标"；如图 2.5 所示，如果拇指指向 X 轴，而食指指向 Y 轴，那么中指就指向 Z 轴。

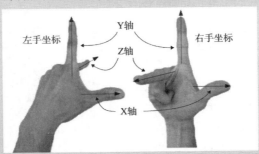

图 2.5　左手坐标和右手坐标的 Z 轴指向不同方向

Unity 和很多 3D 美术应用程序都使用左手坐标系统，很多其他的工具使用右手坐标系统(如 OpenGL)。因此，如果你看到不同的坐标方向，不要感到困惑。

现在已经有了项目的计划，知道如何使用坐标在 3D 空间中定位对象，下面就该构建场景了。

2.2　开始项目：在场景中放置对象

下面在场景中创建并放置对象。首先设置所有静态的布景——地面和墙。接着在场景周围放置光源，并定位摄像机。最后创建对象，即玩家，并在这个对象上附加脚本，使它在场景中移动。图 2.6 显示了一切就绪后编辑器中的场景。

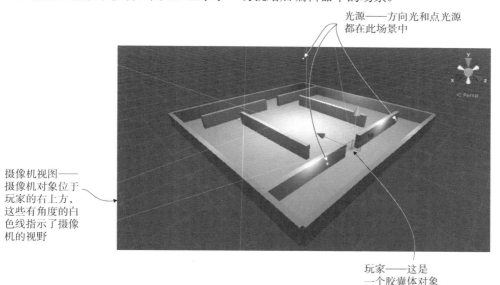

图 2.6　编辑器中的场景，包括地面、墙、光源、摄像机和玩家

第 1 章介绍了如何在 Unity 中创建新项目，现在就创建一个新项目。记住：选择 Unity Hub 中的 New(或者编辑器中的 File | New Project)，然后在弹出的窗口中为新项目命名。场景开始是空的，第一个要创建的对象是最显而易见的。

2.2.1　布景：地面、外墙和内墙

选择屏幕上方的 GameObject 菜单，将鼠标悬停到 3D Object 上，查看下拉菜单。然后选择 Cube，在场景中创建一个新的 Cube 对象(后面将使用其他形状，如球体和胶囊体)。调整这个对象的位置、比例和名称来制作地面。图 2.7 展示了在 Inspector 面板中 Floor 对象应该设置的值(在拉伸之前，它最初只是一个立方体)。

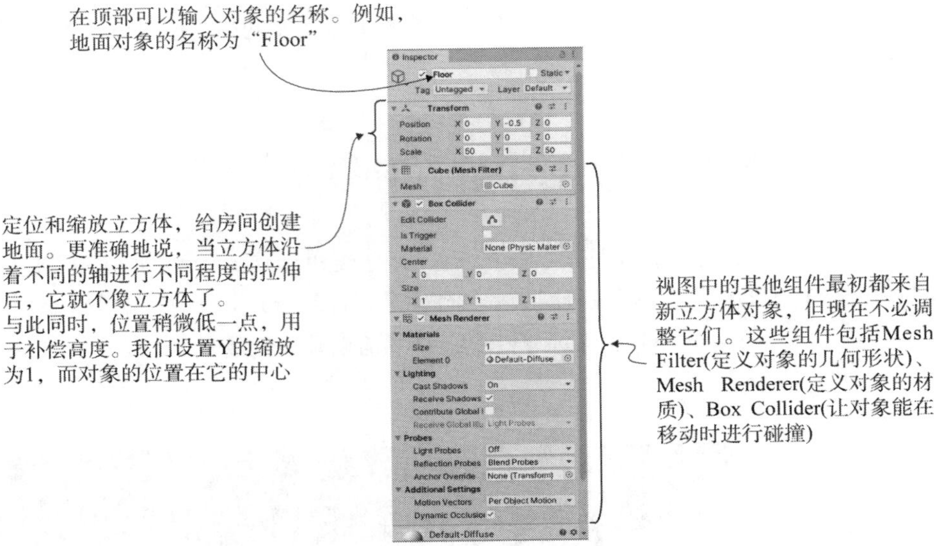

在顶部可以输入对象的名称。例如，
地面对象的名称为"Floor"

定位和缩放立方体，给房间创建
地面。更准确地说，当立方体沿
着不同的轴进行不同程度的拉伸
后，它就不像立方体了。
与此同时，位置稍微低一点，用
于补偿高度。我们设置Y的缩放
为1，而对象的位置在它的中心

视图中的其他组件最初都来自
新立方体对象，但现在不必调
整它们。这些组件包括Mesh
Filter(定义对象的几何形状)、
Mesh Renderer(定义对象的材
质)、Box Collider(让对象能在
移动时进行碰撞)

图2.7 Floor 对象的 Inspector 视图

注意 表示位置的数字可以是任意单位，只要单位在整个场景中保持一致即可。最常用的单位是米，这也是现在使用的单位，有时也使用步作为单位，甚至选择英寸作为单位！

　　重复刚才的步骤，给房间创建其他外墙。可以每次创建新的立方体，或者使用标准的快捷键来复制和粘贴已有的对象。移动、选择和缩放墙壁，形成地面的边界，试着使用不同的数字(如1、4、50来缩放)或使用 1.2.2 节中介绍的变换工具(记住 3D 空间中移动和旋转的数学术语是"变换")。

提示 回想第 1 章中的导航控件，可以从不同的角度查看场景，或缩小显示以获得鸟瞰视图。如果在场景中迷失了，按 F 键可以将视野重置到当前选择的对象上。

　　外墙就位后，就创建一些内墙用于导航。可以按照自己的意愿来放置这些墙。建议创建一些走廊和障碍物，这样一旦编写了移动代码，就可以绕着它们走。墙壁的精确变换值取决于如何旋转和缩放立方体，也取决于对象在 Hierarchy 视图中的关系。如果需要在一个例子中使用那些值，就下载示例项目，并参考项目中墙壁的变换值。

提示 在 Hierarchy 视图中拖动对象到另一个对象上可以建立链接。具有附加对象的对象称为父对象，附加到父对象上的对象称为子对象。移动(或者旋转和缩放)父对象时，子对象也会随之变换。

定义　根对象(与父对象和子对象的概念密切相关)是位于层次结构底部的对象，其本身没有父对象。因此，所有的根对象都是父对象，但不是所有的父对象都是根对象。

也可以创建空的游戏对象来组织场景。在 GameObject 菜单中，选择 Create Empty。通过将可见对象关联到根对象，能够折叠它们的 Hierarchy 列表。例如，在图 2.8 中，墙壁是空的根对象(名为 Building)的子对象，因此 Hierarchy 列表看起来很有条理。

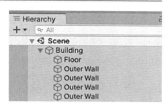

图 2.8　Hierarchy 视图显示由空对象组织的墙壁和地面

警告　在将任何子对象关联到根对象之前，都需要重置空的根对象的 Transform 选项[Position 和 Rotation 值为(0，0，0)，Scale 值为(1，1，1)]，以避免子对象中出现任何异常。

什么是 GameObject?

所有场景对象都是 GameObject 类的实例，这类似于所有脚本组件都继承自 MonoBehaviour 类。这个空对象的名称实际上也是 GameObject，无论该对象的名称是 Floor、Camera 还是 Player，该对象都是类 GameObject 的实例。

GameObject 实际上只是一些组件的容器。由于 GameObject 主要用作容器，因此可以把 MonoBehaviour 关联到它上面。对象在场景中具体是什么，取决于添加到 GameObject 上的组件。Cube 对象有 Cube 组件，Sphere 对象有 Sphere 组件等。

如果还没有保存，一定要现在就保存已发生更改的场景。现在场景中有一个房间，但里面没有任何光源。下一步就解决这个问题。

2.2.2　光源和摄像机

通常，在 3D 场景中使用一个方向光和一系列的点光源点亮场景。下面首先介绍方向光。场景可能已有一个默认的方向光，但如果没有，可以通过选择 GameObject | Light，然后选择 Directional Light 来创建方向光。

光源的类型

可以创建多种类型的光源，并根据投射光线的方式和位置来定义它们。三种主要的光源是点光灯、聚光灯和方向光。

点光源是一种从一点向所有方向射出光线的光源，就像真实世界中的灯泡。越靠近光源则越亮，因为光线在靠近光源的地方比较集中。

聚光灯是一种从一点向一个有限的锥形发射光线的光源。这个项目没有使用聚光灯，但它通常用于关卡中的高亮部分。

方向光是一种所有光线都平行、均匀的光源，场景中的所有对象都以相同的方式被照亮。它就像真实世界中的太阳。

方向光的位置不会影响它发射的光，只影响光源面向的方向，所以从技术上讲，可以把方向光放在场景中的任何位置。建议将方向光放置在房间的最高处，这样它直观上像太阳一样，而且在操作场景中的其他对象时，不会遮挡视线。旋转光源，观察房间的效果，建议沿着 X 轴和 Y 轴稍稍旋转它，会获得较好的效果。

在 Inspector 面板中可以看到 Intensity 设置，如图 2.9 所示。顾名思义，这个设置控制光源的亮度。如果这是唯一的光源，就必须更亮，但因为后面会增加一些点光源，所以这个方向光可以暗一点，如将 Intensity 设置为 0.6。这种光源也应该有一种轻微的黄色色调，就像太阳，而其他的光源是白色的。

图 2.9　Inspector 面板中的方向光设置

对于点光源，可以使用相同的菜单创建几个点光源，在房间的暗处放置它们，以确保所有墙都被照亮。不需要增加太多光源(当游戏有很多光源时，性能会降低)，但应该在每个角落都放置一个光源(建议把它们举到墙顶)，在场景的上方再增加一个光源(其 Y 坐标为 18)，让房间的光源有一些变化。

注意点光源的 Inspector 面板(如图 2.10 所示)增加了对 Range(范围)的设置。这控制了光线能到达的距离；而方向光发射的光线能覆盖整个场景，对象越靠近点光源就越亮，靠近地面的点光源的 Range 值应该在 18 左右，放置在高处的点光源的 Range 值应该在 40 左右，以照亮整个房间。对于靠近地面的光源，将 Intensity 值设置为 0.8，而高处的光源则是昏暗的额外光源，以填充空间，设置 Intensity 值为 0.4。

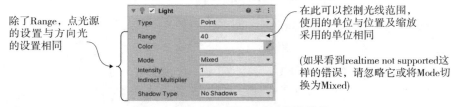

图 2.10　Inspector 面板中点光源的设置

为了让玩家能看到场景，还需要另一种对象：摄像机(camera)，但"空"场景有一个主摄像机(main camera)，所以就使用这个主摄像机。如果需要创建新摄像机(例如在多人游戏中采用分屏视图)，就同 Cube 和 Lights 一样选择 GameObject 菜单的另一个选项 Camera。将摄像机定位于玩家上方，以便以玩家的视角观察视图。

2.2.3　玩家的碰撞器和视点

这个项目会用一个简单的几何体代表玩家。在 GameObject 菜单中(记住，把鼠标悬停在 3D Object 上，就会展开该菜单)单击 Capsule。Unity 就会创建一个圆角圆柱体。这个几何体代表玩家。设定这个对象的 Y 坐标为 1.1(对象高度的一半，增加一点高度可以避免和地面重叠)。沿着 X 轴和 Z 轴随意移动该对象，只要它在房间内，不碰到任何墙壁即可。这个对象被命名为 Player。

注意在 Inspector 面板中，这个对象已指定了一个胶囊体碰撞器。对于 Capsule 对象，这是符合逻辑的默认选择，就像 Cube 对象默认有盒子碰撞器一样。但由于这个对象是玩家，因此需要的组件与大多数对象略有不同。单击该组件右上方的菜单图标来移除胶囊体碰撞器，如图 2.11 所示，这会显示包含 Remove Component 选项的菜单。碰撞器是围绕对象的绿色网格，所以删除胶囊体碰撞器时，绿色网格会消失。

除了胶囊体碰撞器，还要给这个对象赋予一个角色控制器。在 Inspector 面板底部有一个 Add Component 按钮，单击该按钮，打开能添加的组件菜单。在菜单的 Physics 部分可以找到 Character Controller，选择该选项。顾名思义，这个组件将允许对象像角色那样工作。

设置 Player 对象的最后一步是：附加 Camera 对象。前面 2.2.1 节中提到，可以在 Hierarchy 视图中将对象拖到另一个对象的上面。将 Camera 对象拖到 Capsule 对象上，以将 Camera 对象附加到 Player 对象上。现在定位摄像机，让它看起来像是玩家的眼睛，建议位置是(0,0.5,0)。若有必要，将摄像机的 Rotation 值重置为(0,0,0)；如果旋转了胶囊体，则会禁止执行这个操作。

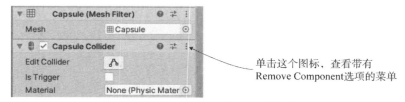

图 2.11　在 Inspector 面板中移除组件

前面创建了这个场景需要的所有对象，剩下的任务就是编写代码，以移动 Player 对象。

2.3　移动对象：应用变换的脚本

为了让玩家在场景中移动，下面编写关联到 Player 对象上的移动脚本。记住，组件是添加到对象上的模块化功能，脚本也是一类组件。最后这些脚本将响应键盘和鼠标的输入，不过首先需要让玩家在场景中改变方向。

下面简单地开始教你如何在代码中应用变换。记住三个变换是 Translate、Rotate 和 Scale。旋转一个对象意味着改变它的旋转值。但这个任务除了使对象旋转，还有其他一些内容需要你了解。

2.3.1　图示说明如何通过编程实现移动

实现对象的动画(例如让它旋转)归结于在每帧中都让它移动一点，而这些帧会反复播放。变换本身会立即应用，而不是随着时间的推移明显地移动。通过一次次应用变换，可以使对象看起来像是在运动，就像一系列静止的图像在不停地翻页。图 2.12 显示了这是如何实现的。

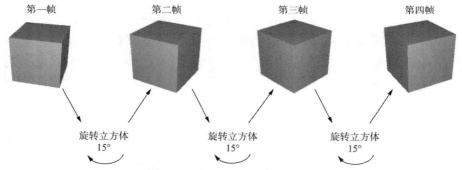

图 2.12　立方体看起来在运动：静态图片之间循环变换的过程

回顾一下，脚本组件有 Update() 方法，它会在每帧运行。为了旋转立方体，在 Update() 中添加代码，使立方体每次旋转一个小的角度。所添加的代码会在每帧运行。听起来很简单，是吧？

2.3.2　编程实现图中演示的运动

现在将上述概念付诸实现。创建一个新的 C# 脚本(记住选择 Assets 菜单的子菜单 Create)，命名为 Spin，并编写代码清单 2.1(不要忘记在输入之后保存文件)。

代码清单 2.1　使对象旋转

```
using System.Collections;
using System.Collections.Generic;        把 Unity 的类放入这个脚本
using UnityEngine;

public class Spin : MonoBehaviour {       声明一个公有变量,用于保存
    public float speed = 3.0f;            旋转速度

    void Update() {                       在此放置 Rotate 命令,以便
        transform.Rotate(0, speed, 0);    它能在每帧运行
    }
}
```

为将脚本组件添加到 Player 对象上，从 Project 视图拖动脚本到 Hierarchy 视图的 Player 上。现在单击 Play 按钮，会看到视图在旋转。这就是让对象运动的代码！这段代码大多是新脚本的默认模板，只增加了两行新代码，下面解释这两行代码的作用。

首先，在类定义的顶部添加一个用于记录速度的变量(数字后的 f 告诉计算机把这个变量作为浮点值来处理，否则，C#会把小数视为双精度数)。旋转速度定义为变量，而不是常量，是因为 Unity 可以方便地处理脚本组件中的公有变量，如下面的"提示"中所述。

提示　公有变量均显示在 Inspector 面板中，因此能在将组件添加给 game 对象之后再调整该组件的值。这称为"序列化"这个值，因为 Unity 会保存变量修改后的状态。

图 2.13 显示了当选择 Player 对象时 Inspector 面板中组件的情况。可以输入一个新数字，然后脚本将使用这个新数字，而不是代码中定义的默认值。这是在不同对象上调整组件设置的一种简便方法，在可视化编辑器中设置值，而不是硬编码每个值。

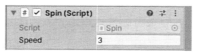

图 2.13　Inspector 面板显示脚本中声明的公有变量

代码清单 2.1 中的第二行是 Rotate()方法。它位于 Update()方法内，因此该命令会在每帧运行。Rotate()是 Transform 类的方法，所以在 this 对象的变换组件中使用点符号来调用它(在大多数面向对象语言中，this.transform 意味着可以输入 transform)。这个变换操作是每帧旋转 speed 角度，得到平滑的旋转运动。但为什么 Rotate()的参数是 (0, speed, 0)，而不是(speed, 0, 0)呢？

回想 3D 空间中有三个轴，标记为 X、Y 和 Z。这些轴和位置、移动的关系是很直观的，这些轴也能用于描述旋转。航空学也用类似的方式描述旋转，所以 3D 图形

学的编程人员通常会借用航空学的一系列术语：航向偏角(pitch)、偏航(yaw)、侧滚 (roll)。图 2.14 阐述了这些术语的含义：航向偏角是绕 X 轴旋转，偏航是绕 Y 轴旋转，侧滚是绕 Z 轴旋转。

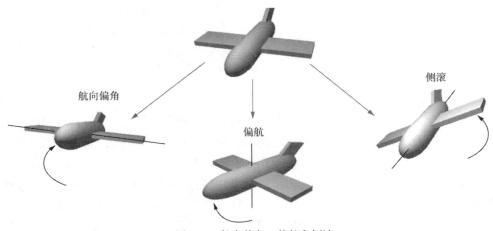

图 2.14　航向偏角、偏航和侧滚

　　假定绕 X、Y 和 Z 轴来描述旋转，这意味着 Rotate()的三个参数是 X、Y 和 Z 轴的旋转。因为我们只想让玩家绕着侧面旋转，而不是上下倾斜，所以只要给出 Y 轴的旋转值，X 和 Z 的旋转为 0 即可。

　　如果将参数改为(speed, 0, 0)，然后运行场景，猜猜会发生什么情况？现在就试试吧！关于旋转和 3D 坐标轴还有一个微妙之处，体现在 Rotate()方法的第四个可选参数上。

2.3.3　理解局部和全局坐标空间

　　默认情况下，Rotate()方法基于本地坐标来操作。可以使用的另一类坐标是全局坐标。通过为可选的第四个参数输入 Space.Self 或 Space.World，可以告诉 Rotate()方法使用局部或者全局坐标。例如：

```
Rotate(0, speed, 0, Space.World)
```

　　参考 2.1.2 节对 3D 坐标空间的解释，考虑这些问题：(0, 0, 0)在哪里？X 轴指向哪里？坐标系统自己能移动吗？

　　事实证明，每个对象都有自己的原点，都有三个轴向，而且这个坐标系统会跟着对象一起移动。这样的坐标称为局部坐标。3D 场景也有自己的原点和自己的三个轴向，但这个坐标系统从不会移动。这样的坐标称为全局坐标。因此，为 Rotate()方法指定局部或全局坐标时，是在告诉该方法应绕哪个坐标轴的 X、Y、Z 轴旋转(如图 2.15 所示)。

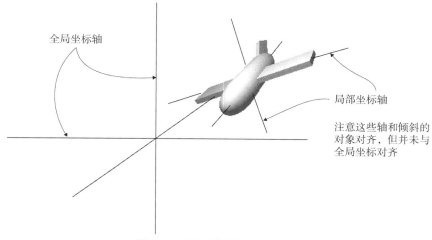

全局坐标轴

局部坐标轴

注意这些轴和倾斜的
对象对齐，但并未与
全局坐标对齐

图 2.15　局部坐标轴和全局坐标轴

如果刚接触 3D 图形，对这些概念多少会有点模糊。图 2.15 中描绘了两种不同的轴(注意飞机的"左边"和全局坐标的"左边"是不同的)，但通过一个例子来了解局部和全局坐标是最简单的方式。

首先，选择 Player 对象，然后使其稍微倾斜(比如绕 X 轴旋转 30°)。这将把局部坐标抛离地面，因此局部和全局旋转看起来是不同的。现在尝试分别运行包含和不包含 Space.World 参数的 Spin 脚本。如果很难想象发生了什么，请尝试从 Player 对象上移除 Spin 组件，然后旋转放在玩家前面的倾斜立方体上。将命令设置为局部或全局坐标时，会看到对象围绕不同的轴旋转。

2.4　用于观察周围情况的脚本组件: MouseLook

下面通过旋转来响应鼠标的输入(即旋转的对象是这个脚本附加到的对象，本例中即玩家)。这要通过几步来实现，逐步给角色添加新的运动能力。首先玩家只能从一边旋转到一边，然后玩家能上下旋转。最后玩家能旋转到任意方向(水平旋转的同时也能垂直旋转)，这个行为称为鼠标观察(mouse-look)。

考虑到有三种不同类型的旋转行为(水平、垂直、水平且垂直)，首先编写支持这三种旋转行为的框架。创建新的 C#脚本，命名为 MouseLook，并编写代码清单 2.2 所示的代码。

代码清单 2.2 为 Rotation 设置使用枚举的 MouseLook 框架

```
using System.Collections;
using System.Collections.Generic;
using UnityEngine;

public class MouseLook : MonoBehaviour {        定义枚举数据结构，将名称和
  public enum RotationAxes {                     设置关联起来
    MouseXAndY = 0,
    MouseX = 1,
    MouseY = 2                                              声明一个公有变量，以便
  }                                                         在 Unity 编辑器中设置它
  public RotationAxes axes = RotationAxes.MouseXAndY;

  void Update() {
    if (axes == RotationAxes.MouseX) {          此处仅放置水平旋转的
      // horizontal rotation here                代码
    }
    else if (axes == RotationAxes.MouseY) {
      // vertical rotation here
    }                                            此处仅放置垂
    else {                                       直旋转的代码
      // both horizontal and vertical rotation here
    }                                                      此处放置水平且
  }                                                        垂直旋转的代码
}
```

注意，枚举用于为 MouseLook 脚本选择水平或垂直旋转。定义枚举数据结构允许使用名称来设置值，而不是输入数字并且尝试记住每个数字的意义(水平旋转是 0 还是 1)。如果接着声明一个该枚举类型的公有变量，它在 Inspector 面板中将显示为下拉菜单(如图 2.16 所示)，这有利于选择设置。

图 2.16 Inspector 面板将公有的枚举变量显示为下拉菜单

移除 Spin 组件(和之前移除玩家的胶囊体碰撞器的方法一样，都是使用右上角的菜单)，将这个新的脚本添加到 Player 对象上。使用 Inspector 面板中的 Axes 下拉菜单切换旋转的方向。有了水平/垂直旋转设置后，就能编写条件语句中每个分支语句的代码。

警告 在更改此轴的菜单设置之前，务必要停止游戏。Unity 允许你在游戏期间编辑 Inspector 面板(以测试设置的变化)，但停止游戏后它会恢复更改。

命名空间
命名空间是可选的编程结构，用于组织项目中的代码。因为命名空间不是强制性

的，所以在 Unity 创建的脚本文件和本书的示例项目中都将其省略。事实上，如果你不熟悉命名空间，那么可以暂时跳过此讨论。

虽然本书的示例代码没有使用命名空间，但强烈建议你在自己的项目中使用它们，因为这将在大型代码库中建立更清晰的结构。命名空间包含相关的类和接口，将类放入命名空间可以解决命名冲突的问题。如果两个类位于不同的命名空间，它们可以具有相同的名称。

要将类放入命名空间，像下面这样将其括在花括号内：

```
using System.Collections;
using System.Collections.Generic;
using UnityEngine;

namespace UnityInAction {

  public class MouseLook : MonoBehaviour {
    ...
  }
}
```

要在其他代码中 (例如，在下一节介绍的 GetComponent 语句中) 访问这个类，要么其他代码也必须在同一个命名空间中，要么在代码中添加一条语句，如 using UnityInAction;语句。由于命名空间不会干扰脚本组件，所以仍然可以在 Unity 的编辑器中正常使用这个类。

2.4.1　跟踪鼠标移动的水平旋转

第一个且最简单的分支是水平旋转。先使用与代码清单 2.1 相同的旋转命令让对象旋转。不要忘记为旋转速度声明一个公有变量；在 axes 之后、Update()之前声明新变量，并把该变量命名为 sensitivityHor，因为一旦涉及多个旋转，speed 这个词就太普通了。这次把这个变量的值增加到 9，因为在接下来编写的几个代码清单中，这个值需要更大。调整后的代码如代码清单 2.3 所示。

将 MouseLook 组件的 Axes 菜单设置为水平旋转，并运行脚本；视图将如之前一样旋转。下一步是让旋转响应鼠标的移动，所以需要介绍一种新方法：Input.GetAxis()。Input 类有一系列方法用于处理输入设备(如鼠标)，而方法 GetAxis()返回和鼠标运动相关的数字(1 还是-1 取决于移动的方向)。GetAxis()会将所需轴的名称作为参数，水平轴称为 Mouse X。

代码清单 2.3　水平旋转，尚不能响应鼠标

```
...
public RotationAxes axes = RotationAxes.MouseXAndY;
public float sensitivityHor = 9.0f;

void Update() {
  if (axes == RotationAxes.MouseX) {
    transform.Rotate(0, sensitivityHor, 0);
  }
...
```

此处脚本中的斜体代码
只是为了便于参考

为旋转的速度声明一个
变量

在此放置旋转命令，因此它能
在每帧运行

如果将旋转速度乘以轴向的值，旋转将响应鼠标的移动。速度会根据鼠标的移动来调整，缩小到 0 甚至是反方向。Rotate 命令现在如代码清单 2.4 所示。

代码清单 2.4　为响应鼠标而调整的 Rotate 命令

```
...
transform.Rotate(0, Input.GetAxis("Mouse X") * sensitivityHor, 0);
...
```

注意使用 GetAxis()
获取鼠标的输入

警告　请确保在 Mouse X 中输入空格。这个命令的轴名是由 Unity 定义的，不是代码中的轴名。输入 MouseX 是一个常见的错误。

单击 **Play** 按钮并四处移动鼠标。随着把鼠标从一边移向另一边，视图也将从一边旋转到另一边。这样很酷！下一步介绍垂直旋转，而不是水平旋转。

2.4.2　有限制的垂直旋转

前面将 Rotate() 方法用于水平旋转，但垂直旋转将使用不同的方法。尽管 Rotate() 方法便于应用变换，但不太灵活。它仅能用于没有限制地增加旋转值，这很适合水平旋转，但垂直旋转需要限制视图上下倾斜的程度。代码清单 2.5 展示了 MouseLook 中垂直旋转的代码，紧随其后的是代码的详细解释。

代码清单 2.5　MouseLook 的垂直旋转

```
...
public float sensitivityHor = 9.0f;
public float sensitivityVert = 9.0f;

public float minimumVert = -45.0f;
public float maximumVert = 45.0f;

private float verticalRot = 0;

void Update() {
```

为垂直旋转声明
变量

为垂直角度声明
一个私有变量

```
if (axes == RotationAxes.MouseX) {
  transform.Rotate(0, Input.GetAxis("Mouse X") * sensitivityHor, 0);
}
else if (axes == RotationAxes.MouseY) {
  verticalRot -= Input.GetAxis("Mouse Y") * sensitivityVert;
  verticalRot = Mathf.Clamp(verticalRot, minimumVert, maximumVert);

  float horizontalRot = transform.localEulerAngles.y;

  transform.localEulerAngles = new Vector3(verticalRot, horizontalRot, 0);
}
...
```

基于鼠标增加垂直角度

保持 Y 的角度不变(也就是没有水平旋转)

将垂直角度限制在最小值和最大值之间

使用存储的旋转值创建新的向量

把 MouseLook 组件的 Axes 菜单设置为垂直旋转,并运行新脚本。现在视图不会往两侧旋转,但当上下移动鼠标时它会上下倾斜。在上下限的位置停止倾斜。

这段代码中有几个新概念需要解释一下。首先,这次没有使用 Rotate(),所以需要一个变量(这个变量名为 verticalRot,并且垂直围绕 X 轴旋转)来保存旋转的角度。Rotate()方法递增当前的旋转角度,而这段代码直接设置旋转的角度。换句话说,区别在于"角度增加 5"和"设置角度为 30"。旋转角度依然需要递增,这就是为什么代码中要使用-=运算符:从旋转角度中减去一个值,而不是把旋转角度设置为那个值。若不使用 Rotate(),还可以以不同的方式处理旋转角度,而不仅仅是递增它。旋转值可以乘以 Input.GetAxis(),像水平旋转的代码一样,只是现在需要使用 Mouse Y,因为它是鼠标的垂直轴。

第二行代码进一步处理了旋转角度。Mathf.Clamp()用于将旋转角度保持在最小值和最大值之间。这些极值是之前代码声明的公有变量,它们确保视图只能上下倾斜45°。Clamp()方法不只是用于旋转,通常用于确保一个数值变量在限制的范围内。要查看 Clamp()方法的作用,可以尝试注释掉 Clamp()那一行;现在倾斜不会在上下限处停止,甚至可以旋转到上下颠倒! 显然,视图上下颠倒是不符合要求的,因此要对垂直旋转进行限制。

由于 transform 的 angles 属性是 Vector3,因此需要把旋转角度值传给构造函数,并创建一个新的 Vector3。Rotate()方法会自动处理这一步,递增旋转角度并创建一个新向量。

定义　向量把多个数字存储为一个单元。例如,Vector3 有 3 个数字(标记为 x、y、z)。

警告　需要创建一个新的 Vector3,而不是修改 transform 中已有的向量值,因为 transform 的那些值是只读的。这是一个常犯的错误。

欧拉角(Euler angle)和四元数(Quaternion)

为什么将属性命名为 localEulerAngles 而不是 localRotation？首先，需要了解四元数的概念。

四元数是描述旋转的另一个数学结构。它和欧拉角不同，欧拉角之前一直采用 X、Y、Z 轴的方式表示。还记得有关航向偏角、偏航和侧滚的讨论吗？这种描述旋转的方法便是欧拉角。四元数和欧拉角不同。很难解释四元数是什么，因为它是高等数学中的一个晦涩的概念，涉及通过四维表示运动。详细解释请参阅 Cprogramming.com 网站上的 *Using Quaternion to Perform 3D Rotations* 一文(详见链接[2])。

对于为什么四元数用于表示旋转有个比较简单的解释：使用四元数在旋转值之间进行插值(就是通过一系列中间值逐渐从一个值变为另一个值)看起来更平滑、自然。

回到最初的问题，我们使用 localEulerAngles，是因为 localRotation 是一个四元数，而不是欧拉角。而 Unity 也提供欧拉角属性，使旋转操作更容易理解；欧拉角属性和四元数之间可以来回自动转换。Unity 会在后台自动处理数学难题，不必你自己去处理。

MouseLook 还有一个旋转设置需要编写代码：同时进行水平和垂直旋转。

2.4.3　同时进行水平和垂直旋转

最后一段代码也不会使用 Rotate()，其原因和前面相同：垂直旋转角度在递增之后要限制在某个范围内。这意味着水平旋转现在也需要直接计算。记住，Rotate()会自动递增旋转角度，如代码清单 2.6 所示。

代码清单 2.6　MouseLook 中的水平且垂直旋转

```
...
else {
 verticalRot -= Input.GetAxis("Mouse Y") * sensitivityVert;
 verticalRot = Mathf.Clamp(verticalRot, minimumVert, maximumVert);

 float delta = Input.GetAxis("Mouse X") * sensitivityHor;
 float horizontalRot = transform.localEulerAngles.y + delta;

 transform.localEulerAngles = new Vector3(verticalRot, horizontalRot, 0);
}
...
```

delta 是旋转的变化量

使用delta递增旋转角度

处理 verticalRot 的前几行代码和代码清单 2.5 完全一样。只是要记住围绕对象的 X 轴的旋转是垂直旋转。因为水平旋转不再通过 Rotate()方法处理，而是由 delta 和 horizontalRot 代码行完成。delta 是一个通用的数学术语，表示"变化量"，因此 delta 计算的正是旋转角度应该改变的量。接着把该变化量加到当前的旋转角度上，得到所需的最新旋转角度。

最后使用围绕水平轴和垂直轴旋转的角度值创建一个新的向量，接着将它赋给 transform 组件的 angle 属性。

禁止对玩家进行物理旋转

尽管这个项目还不需要用到，但在大多数现代 FPS 游戏中，有一个复杂的物理仿真会影响场景中的所有对象。这种模拟会导致对象四处弹跳和翻滚。这种碰撞行为看起来不错，很适合大多数对象，但玩家的旋转需要由鼠标单独控制，不能受该物理仿真的影响。

因此，鼠标输入脚本通常在玩家的 Rigidbody 上设置 freezeRotation 属性。将下面的 Start()方法添加到 MouseLook 脚本中：

```
...
void Start() {
    Rigidbody body = GetComponent<Rigidbody>();
    if (body != null) {                          ◄──── 这个组件可能未被添加，因此
        body.freezeRotation = true;                     检查该组件是否存在
    }
}
```

Rigidbody 是对象包含的一个额外组件。物理仿真能作用于 Rigidbody 组件，并处理它们所关联的对象。

如果你忘记在何处进行已经讨论过的各种修改并添加内容，下面复习一下，代码清单 2.7 给出了完整的脚本代码，也可以下载该示例项目。

代码清单 2.7　完整的 MouseLook 脚本

```
using System.Collections;
using System.Collections.Generic;
using UnityEngine;

public class MouseLook : MonoBehaviour {
  public enum RotationAxes {
    MouseXAndY = 0,
    MouseX = 1,
    MouseY = 2
  }
  public RotationAxes axes = RotationAxes.MouseXAndY;

  public float sensitivityHor = 9.0f;
  public float sensitivityVert = 9.0f;

  public float minimumVert = -45.0f;
  public float maximumVert = 45.0f;

  private float verticalRot = 0;
```

```
void Start() {
  Rigidbody body = GetComponent<Rigidbody>();
  if (body != null) {
      body.freezeRotation = true;
  }
}

void Update() {
  if (axes == RotationAxes.MouseX) {
    transform.Rotate(0, Input.GetAxis("Mouse X") * sensitivityHor, 0);
  }
  else if (axes == RotationAxes.MouseY) {
    verticalRot -= Input.GetAxis("Mouse Y") * sensitivityVert;
    verticalRot = Mathf.Clamp(verticalRot, minimumVert, maximumVert);

    float horizontalRot = transform.localEulerAngles.y;

    transform.localEulerAngles = new Vector3(verticalRot, horizontalRot, 0);
  }
  else {
    verticalRot -= Input.GetAxis("Mouse Y") * sensitivityVert;
    verticalRot = Mathf.Clamp(verticalRot, minimumVert, maximumVert);

    float delta = Input.GetAxis("Mouse X") * sensitivityHor;
    float horizontalRot = transform.localEulerAngles.y + delta;

    transform.localEulerAngles = new Vector3(verticalRot, horizontalRot, 0);
  }
}
```

当设置 Axes 菜单并运行新代码时，可以在移动鼠标时向周围的各个方向查看。太棒了！但你依然被困在一个地方，环顾四周，好像被固定在一个炮塔上。下一步是在场景中移动。

2.5　键盘输入组件：第一人称控制

响应鼠标输入来查看四周是第一人称控制中的重要部分，但仅有这一点还不够。玩家还需要根据键盘输入进行移动。下面编写键盘控制组件来补充鼠标控制组件；新创建一个名为 FPSInput 的 C#脚本，并把它附加到玩家上(在 MouseLook 脚本旁边)。目前 MouseLook 组件暂时设置为只做水平旋转。

提示　这里讲解的键盘和鼠标控制被分成了单独的脚本。可以不用这种方式组织代码，而将所有代码打包到一个 player control 脚本中，但如果把功能分解到每个小组件中，组件系统(诸如 Unity 的组件系统)会变得更灵活、更高效。

前一节编写的代码只影响旋转，现在要改变对象的位置。参考代码清单 2.1，将其中的代码输入 FPSInput 中，但把 Rotate()改为 Translate()。当单击 Play 按钮时，视图会上升而不是旋转。

尝试修改参数的值，看看运动会如何变化(特别是在交换第一个和第二个参数的情况下)。做完上述尝试后，可继续添加键盘输入的代码，如代码清单 2.8 所示。

代码清单 2.8   使用代码清单 2.1 的旋转代码，并做些许修改

```
using System.Collections;
using System.Col  lections.Generic;
using UnityEngine;

public class FPSInput : MonoBehaviour {          开始时太快，稍后会改正
  public float speed = 6.0f;              ◄

  void Update() {
    transform.Translate(0, speed, 0);    ◄── 将 Rotate()修改为 Translate()
  }
}
```

2.5.1   响应按键

根据用户按键情况进行移动的代码(如代码清单 2.9 所示)类似于根据鼠标输入来旋转的代码。这里也以相似的方式使用 GetAxis()方法。代码清单 2.9 展示了如何使用 GetAxis 方法。

代码清单 2.9   响应按键而移动位置

```
...
void Update() {
  float deltaX = Input.GetAxis("Horizontal") * speed;   Horizontal 和 Vertical 是
  float deltaZ = Input.GetAxis("Vertical") * speed;  ◄  键盘映射的间接名称
  transform.Translate(deltaX, 0, deltaZ);
}
...
```

如前所述，GetAxis()的值乘以 speed 就确定了移动量。以前请求的轴都是"Mouse something"，而现在传入 Horizontal 或 Vertical。这些名称是对 Unity 中输入设置的抽象表示；如果在 Project Settings 下的 Edit 菜单中查看，Input Manager 菜单下将会显示一个抽象输入名称列表，以及与这些名称对应的具体控制。左/右箭头按键和字母键 A/D 都映射到 Horizontal，而上下箭头按键和字母键 W/S 都映射到 Vertical。

注意，移动的值被应用到 X 和 Z 坐标。在实验 Translate()方法时你可能注意到，X 坐标从屏幕一边移到另一边，Z 坐标从前面移到后面。

输入下面新的移动代码，则按下箭头键或 W、 A、 S、 D 字母键就可以四处移动，这是大多数 FPS 游戏的标准。移动脚本就要完成了，但还要做一些调整。

2.5.2　设置独立于计算机运行速度的移动速率

现在还不明显，因为代码只是在一台(自己的)计算机上运行，但如果在不同的机器上运行代码，代码运行的速度则会不同。这就是一些计算机处理代码和图形的速度比其他计算机快的原因所在。现在，玩家在不同的计算机上会以不同速度移动，因为移动代码与计算机的速度相关。这称为帧率依赖(frame rate dependent)，因为移动代码依赖于游戏的帧率。

假定在两台不同的计算机上运行这个示例，一台计算机的速率是 30 帧/秒，而另一台是 60 帧/秒。这意味着在第二台计算机上，Update()的调用频率是第一台的两倍，而且每次都使用相同的速度值 6。在 30 帧/秒的机器上，移动速度会是 180 单位/秒，而在 60 帧/秒的机器上，移动速度则是 360 单位/秒。对于大多数游戏而言，这样的速度差异其实并不是好事。

解决方案是调整移动代码，使它独立于帧率。这意味着要让移动速度不依赖游戏的帧率。为此就不能在每个帧率中应用相同的速度值。而是根据计算机运行的快慢提高或降低速度值。因此应把速度值和另一个称为 deltaTime 的值相乘，如代码清单 2.10 所示。

代码清单 2.10　使用 deltaTime 使移动独立于帧率

```
...
void Update() {
  float deltaX = Input.GetAxis("Horizontal") * speed;
  float deltaZ = Input.GetAxis("Vertical") * speed;
  transform.Translate(deltaX * Time.deltaTime, 0, deltaZ * Time.deltaTime);
}
...
```

上面的修改很简单。Time 类有一些对计时有用的属性和方法，其中一个属性是 deltaTime。我们知道 delta 表示变化量，所以 deltaTime 是时间的变化量。明确地说，deltaTime 是两帧之间的间隔时间。在不同的帧率下，两帧之间的时间是不同的(例如，对于 30 帧/秒，deltaTime 是每秒的 1/30)，因此把速度值乘以 deltaTime，将提高或降低不同计算机上的速度值。

现在移动速度在所有的计算机上都是一样的，但是移动脚本还没有全部完成。在房间中四处移动时，还能穿过墙，因此需要调整代码，来阻止这种情况。

2.5.3　移动 CharacterController 以检测碰撞

直接修改对象的变换并不会应用碰撞检测，因此角色将穿过墙。为了应用碰撞检测，需要使用 CharacterController。这个组件会让对象移动起来更像是游戏中的角色，包括和墙壁碰撞。回想一下，设置玩家时，我们附加了一个 CharacterController，所以现在提供 FPSInput 中的移动代码来使用该组件(如代码清单 2.11 所示)。

代码清单 2.11　使用 CharacterController 替代 Transform

```
...
private CharacterController charController;          ◄── 用于引用 CharacterController
                                                        的变量
void Start() {
  charController = GetComponent<CharacterController>();   ◄── 使用附加到
}                                                            相同对象上
                                                             的其他组件
void Update() {
  float deltaX = Input.GetAxis("Horizontal") * speed;
  float deltaZ = Input.GetAxis("Vertical") * speed;        将沿对角线移动
  Vector3 movement = new Vector3(deltaX, 0, deltaZ);       的速度限制为与
  movement = Vector3.ClampMagnitude(movement, speed);  ◄── 沿轴移动相同的
                                                           速度
  movement *= Time.deltaTime;
  movement = transform.TransformDirection(movement);  ◄── 把 movement 向量从局部
  charController.Move(movement);                           坐标变换为全局坐标
}                              ◄── 告知 CharacterController
...                               按 movement 向量移动
```

这段代码引入一些新概念。第一个要指出的概念是引用 CharacterController 的变量。这个变量创建一个到对象的局部引用(code 对象——不要和 scene 对象混淆)；多个脚本都能引用这个 CharacterController 实例。

变量开始是空的，因此在使用这个引用之前，需要指定一个对象来进行引用。这就是 GetComponent()的作用，这个方法返回附加到相同 GameObject 上的其他组件。这里不是将参数传入圆括号中，而是使用 C#在尖括号<>中定义类型。

一旦引用了 CharacterController，就能调用控制器的 Move()方法。向 Move()传入一个向量，就像鼠标旋转代码使用一个向量作为旋转值一样。同时像限制旋转值一样，使用 Vector3.ClampMagnitude()把向量的大小限制为移动速度。在此使用 clamp，否则对角移动的速度将比直接沿着轴移动的速度大(想象直角三角形的直角边和斜边)。

但此处的移动向量还有一个棘手的问题，它与使用局部坐标还是全局坐标有关，如之前讨论的旋转一样。下面创建一个向量用于移动，其中的一个值表示左移。这里是指玩家的左边，然而，它的方向可能和全局坐标的左边完全不同。即我们讨论的左边是针对局部空间的，而不是针对全局空间的。

需要给 Move()方法传入一个在全局空间中定义的移动向量，因此需要把局部空间向量转为全局空间的向量。进行这个转换是一个很复杂的数学过程，但幸好 Unity 会自动完成这个数学过程，我们只需要调用 TransformDirection()方法，就可以变换方向。

定义　在这个上下文中，Transform 意味着从一个坐标空间变换为另一个坐标空间(如果不记得什么是坐标空间，请参阅 2.3.3 节)。不要与变换的其他定义混淆，包括 Transform 组件和在场景中移动对象的操作。这个术语有不同的语义，但所有这些含义都指向同一个基本概念。

现在尝试运行移动代码。如果还没这么做，将 MouseLook 组件设置为同时水平和垂直旋转。可以通过键盘控制浏览整个场景，并在场景中飞来飞去。如果想让玩家能在场景中飞翔，这确实不错，但如果想让玩家只能在地面行走，该怎么办呢？

2.5.4　将组件调整为走路而不是飞翔

现在碰撞检测已经奏效，可以为脚本添加重力设置，让玩家一直停留在地面上。声明 gravity 变量，并将该值用于 Y 轴，如代码清单 2.12 所示。

代码清单 2.12　在移动代码中添加重力设置

```
...
public float gravity = -9.8f;
...
void Update() {
  ...
  movement = Vector3.ClampMagnitude(movement, speed);

  movement.y = gravity;          ◀─┐ 使用重力值而
                                    │ 不只是 0
  movement *= Time.deltaTime;
  ...
```

现在玩家将受到一个持续向下的作用力，但该力并不总是垂直向下的，因为玩家对象可以用鼠标上下倾斜作用力。幸运的是，我们需要修复的一切都已到位，因此只需要对玩家身上组件的设置方式进行些许调整。首先将 Player 对象的 MouseLook 设置为仅水平旋转。接着给 Camera 对象添加一个 MouseLook 组件，并将它设置为仅垂直旋转。现在，就有了两个响应鼠标的不同对象！

因为 Player 对象现在只能水平旋转，所以重力向下倾斜的问题就不存在了。Camera 对象是 Player 对象的父对象(还记得在 Hierarchy 视图中的操作吗？)，所以即使 Camera 对象独立于玩家垂直旋转，它也会跟着 Player 对象一起水平旋转。

打磨已完成的脚本
使用 RequireComponent 属性确保脚本还附加了其他需要的组件。有时一些组件是可选的(也就是，代码指明"如果附加了这个组件，则……")，但某些时候，你希望强制使用其他组件。在脚本的顶部添加 RequireComponent 以强制实施该依赖项，并将所需的组件作为参数放在圆括号内。

与此类似，如果将 AddComponentMenu 属性添加到脚本的顶部，该脚本将被添加到 Unity 编辑器的组件菜单中。如果告诉属性你要添加的菜单项名称，那么当单击 Inspector 面板底部的 Add Component 时就能选择这个脚本。太简单了！

将两个属性添加到脚本顶部的代码如下：

```
using System.Collections;
using System.Collections.Generic;
using UnityEngine;


[RequireComponent(typeof(CharacterController))]
[AddComponentMenu("Control Script/FPS Input")]
public class FPSInput : MonoBehaviour {
...
```

代码清单 2.13 展示了全部完成后的脚本。调整玩家的组件设置方式，玩家就能在房间中行走。即使应用了 gravity 变量，依然可以在 Inspector 面板中将 gravity 设置为 0，然后使用这个脚本让玩家角色飞起来。

代码清单 2.13　完成后的 FPSInput 脚本

```
using System.Collections;
using System.Collections.Generic;
using UnityEngine;

[RequireComponent(typeof(CharacterController))]
[AddComponentMenu("Control Script/FPS Input")]
public class FPSInput : MonoBehaviour {
  public float speed = 6.0f;
  public float gravity = -9.8f;

  private CharacterController charController;

  void Start() {
    charController = GetComponent<CharacterController>();
  }

  void Update() {
    float deltaX = Input.GetAxis("Horizontal") * speed;
    float deltaZ = Input.GetAxis("Vertical") * speed;
    Vector3 movement = new Vector3(deltaX, 0, deltaZ);
    movement = Vector3.ClampMagnitude(movement, speed);

    movement.y = gravity;

    movement *= Time.deltaTime;
    movement = transform.TransformDirection(movement);
    charController.Move(movement);
  }
}
```

恭喜你完成了这个 3D 项目的构建！本章为后续的学习奠定了一些基础，现在我们知道如何在 Unity 中编写移动代码。尽管第一个演示游戏令人激动，但要想让它成为一个完整的游戏，还有很长的路要走。毕竟，项目计划中把这个游戏描述为基础的 FPS 场景，而如果不能射击，又怎能称得上是射击类游戏？所以在本章的项目之后适当鼓励一下自己，然后为下一步做好准备。

2.6　小结

- 用 X、Y、Z 轴定义 3D 坐标空间。
- 房间中的对象和光源构成场景。
- 第一人称场景中的玩家本质上是一个摄像机。
- 移动代码不停地在每帧应用小的变换。
- FPS 控制包括鼠标旋转和键盘移动。

第3章

在 3D 游戏中添加敌人和子弹

本章涵盖：

- 针对玩家和敌人的瞄准及射击
- 检测并反馈命中
- 生成四处走动的敌人
- 在场景中生成新对象

第 2 章的移动演示游戏很酷，但依然不是一款真正的游戏。下面将该移动演示游戏变成第一人称射击游戏。如果现在考虑一下还需要什么，则显然需要射击的能力和可以射击的东西。

首先编写脚本，使玩家能在场景中向对象射击。接着构建敌人来填充场景，包括编写代码实现漫无目的的徘徊的敌人并使其对受击做出反应。最后允许敌人回击，向玩家发射火球。第 2 章的脚本不需要修改，本章将在该项目中添加新脚本，以处理新增的特性。

这个项目选择第一人称射击有一些原因。一个简单的原因是 FPS 游戏较流行，人们喜欢射击类游戏，所以我们选择制作一款射击游戏。另一个原因则与我们要学习的技术有关，这个项目是学习 3D 仿真中几个基本概念的一种绝佳方式。例如，射击游戏是学习射线投射的绝佳方式。稍后讲解射线投射的细节，现在只需要知道，射线投射适合在 3D 仿真中实现不同的任务。尽管射线投射在各种情况下都能派上用场，但最直观的感觉是，它能用于射击。

为了创建用于射击的漫游目标，需要探索由计算机控制的角色的相关代码，以及发送消息及生成对象要用到的技术。实际上，这种漫游行为也使用了射线投射来实现，所以在首次通过射击游戏学习射线投射之后，我们就开始关注这项技术的不同应用。

类似地，项目中演示的消息发送方法也可应用于其他场合。后续章节将介绍这些技术的其他应用，甚至在这个项目中我们也将介绍其他的应用情况。

最后，这个项目每次只实现一个新功能，使游戏在每一步都具有可玩性，但也总让人觉得下一步需要实现缺失的功能。路线图将步骤分解为多个可理解的小步骤，每步仅添加一个新功能。

(1) 编写代码，允许玩家在场景中射击。

(2) 创建静态目标，在被击中时进行响应。

(3) 让目标四处走动。

(4) 自动生成四处走动的目标。

(5) 让目标/敌人向玩家发射火球。

注意 本章的项目假设已经构建了第一人称的移动演示游戏。第 2 章创建了移动的演示游戏，但如果跳过了第 2 章，就需要下载该章的示例文件。

3.1 通过射线投射射击

3D 演示游戏中要介绍的第一个新功能是射击。四处查看并移动肯定是第一人称射击游戏中的重要功能，但仅当玩家能影响仿真并应用其技能时，它才是游戏。3D 游戏中的射击可以通过几种不同的方法来实现，但最重要的方法是射线投射(raycast)。

3.1.1 什么是射线投射

顾名思义，射线投射就是向场景投射一条射线。很清楚，是吧？那么射线究竟是什么？

定义 射线是场景中虚拟的或看不见的线，它从原点开始，沿着指定的方向延伸出去。

创建一条射线，并判断它和什么对象相交，这就是射线投射。图 3.1 阐述了这个概念。比如从枪中发射子弹的情景：子弹从枪口发出，沿着直线向前飞行，直到它撞到某个东西。射线类似子弹的路径，射线投射则类似发射子弹，看它会碰撞到何物。

可以想象，射线投射蕴含了复杂的数学知识。不仅计算直线和 3D 平面的交点很棘手，还需要对场景中所有网格对象的所有多边形进行计算(记住，网格对象是由一些连线和形状构成的 3D 可视化结构)。幸运的是，Unity 处理了射线投射背后的数学难题，但我们依然需要了解高级概念，例如射线从哪里开始投射以及为什么投射。

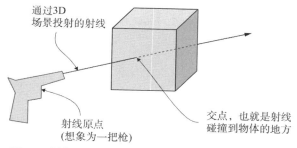

图3.1　射线是虚拟的线，射线投射就是找到该线的交点

在这个项目中，后者(为什么投射)的答案是为了模拟子弹射入的场景。对于第一人称射击游戏而言，射线通常开始于摄像机位置，并通过摄像机视图中心往外延伸。换句话说，就是检查摄像机正前方的对象。而 Unity 提供的命令可以简化这个任务，下面介绍这些命令。

3.1.2　使用 ScreenPointToRay 命令射击

在实现射击时，会投射一条射线，该射线源于摄像机，并通过摄像机视图中心往前方延伸。Unity 提供了 ScreenPointToRay()方法来执行这个操作。

图 3.2 阐述了调用该方法所执行的操作。该方法创建一个从摄像机开始的射线，以一定角度投射并射向给定的屏幕坐标。通常，鼠标拾取使用的是鼠标位置的坐标(选择鼠标下方的对象)，但对于第一人称射击游戏，则使用屏幕中心。一旦有了射线，它就能传入 Physics.Raycast()方法，从而使用该射线执行射线投射。

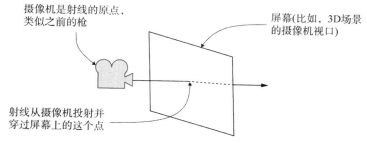

图3.2　ScreenPointToRay()从摄像机投射射线，穿过给定的屏幕坐标

下面使用刚刚讨论的方法编写代码。在 Unity 中创建新的 C#脚本，命名为 RayShooter。把脚本附加到 Camera 对象上(不是 Player 对象)，然后在其中输入代码清单 3.1 所示的代码。

代码清单 3.1　附加到 camera 对象上的 RayShooter 脚本

```
using System.Collections;
using System.Collections.Generic;
using UnityEngine;

public class RayShooter : MonoBehaviour {
  private Camera cam;

  void Start() {
    cam = GetComponent<Camera>();          ◄──── 访问相同对象上
  }                                              附加的其他组件

  void Update() {                                响应鼠标左侧
    if (Input.GetMouseButtonDown(0)) {   ◄──── (第一个)按键
      Vector3 point = new Vector3(cam.pixelWidth/2, cam.pixelHeight/2, 0);
      Ray ray = cam.ScreenPointToRay(point);   ◄──  使用 ScreenPointToRay()在
      RaycastHit hit;                               摄像机所在位置创建射线
      if (Physics.Raycast(ray, out hit)) {  ◄──  Raycast 用信息
        Debug.Log("Hit " + hit.point);   ◄──     填充引用的变量
      }
    }                                          检索射线
  }                                            击中的坐标
}
```

屏幕中心是其宽高的一半

在这个代码清单中，应该注意一些事项。首先，在 Start()中检索 Camera 组件，就像之前章节中的 CharacterController 一样。接着，剩下的代码放到 Update()中，因为需要重复检查鼠标，而不是只检查一次。Input.GetMouseButtonDown()方法是返回 true 还是 false，取决于是否单击了鼠标，因此该命令被放到一个条件语句中，这意味着只有单击了鼠标，才运行其中的代码。由于玩家单击鼠标是为了射击，因此应执行该条件语句，检查鼠标按钮是否被按下。

创建向量是为了定义射线的屏幕坐标(向量就是把几个相关的数字保存在一起)。摄像机的 pixelWidth 和 pixelHeight 值指定了屏幕的大小，因此将这两个值除以 2 可以获得屏幕的中心位置。尽管屏幕坐标是二维的，只有水平和垂直分量，而没有深度，但依然要创建三维向量 Vector3，因为 ScreenPointToRay()需要 Vector3 数据类型(或许是因为射线的计算涉及 3D 向量的计算)。使用这组坐标来调用 ScreenPointToRay()，会产生一个 Ray 对象(一个代码对象，而不是游戏对象；这两者有时会混淆)。

接着射线传入 Raycast()方法，但它不是传入的唯一对象，还传入了 RaycastHit 数据结构。RaycastHit 是关于射线交叉的一组信息，包括在哪里交叉以及与哪个对象发生交叉。C#语法 out 确保在命令内操作的数据结构就是命令外部的同一个对象，而不是在不同函数作用域中作为单独副本的对象。

有了这些参数，就可以使用 Physics.Raycast()方法了。该方法检测与给定射线的交叉，填入关于该交叉的数据，并且在射线击中任何事物时返回 true。因为返回的是布尔值，所

以这个方法可以放到条件检查语句中，就像前面使用 Input.GetMouseButtonDown()时那样。

现在代码发出一个 Console 视图消息，表明交叉何时发生。Console 视图消息显示射线击中点的 3D 坐标(第 2 章讨论的 XYZ 值)。但这很难形象地表示射线具体击中了何处，同样，现在也很难确定屏幕中心的位置(即射线穿过的地方)。下面添加可视化指示器来处理这两个问题。

3.1.3　为瞄准点和击中点添加可视化指示器

下一步是添加两种类型的可视化指示器：在屏幕中心的瞄准点和场景中射线击中的位置。对于第一人称射击游戏，后者通常是弹孔，但现在只需要放一个空球体在该点(并使用一个协程在 1 秒后移除球体)。结果如图 3.3 所示。

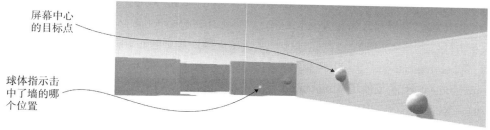

屏幕中心
的目标点

球体指示击
中了墙的哪
个位置

图 3.3　在为瞄准点和击中点添加可视化指示器之后重复射击

定义　协程(coroutine)是 Unity 处理任务的特有方式，这些任务随着时间的推移逐步执行，这种方式与大多数函数让程序等待直到它们完成相反。

首先，添加指示器来标记射线击中的位置。代码清单 3.2 展示了完成这个添加操作之后的代码。在场景中四处开枪，将看到很有趣的球体指示器！

代码清单 3.2　添加了球体指示器的 RayShooter 脚本

```
using System.Collections;
using System.Collections.Generic;
using UnityEngine;

public class RayShooter : MonoBehaviour {
  private Camera cam;

  void Start() {
    cam = GetComponent<Camera>();
  }
                                          该函数与代码清单 3.1 中的射线投射代码基本一样
  void Update() {
    if (Input.GetMouseButtonDown(0)) {
      Vector3 point = new Vector3(cam.pixelWidth/2, cam.pixelHeight/2, 0);
```

```
      Ray ray = cam.ScreenPointToRay(point);
      RaycastHit hit;
      if (Physics.Raycast(ray, out hit)) {          ← 运行协程来
        StartCoroutine(SphereIndicator(hit.point));    响应击中
      }
    }
  }

  private IEnumerator SphereIndicator(Vector3 pos) {  ← 协程使用
    GameObject sphere = GameObject.CreatePrimitive(PrimitiveType.Sphere);  IEnumerator 函数
    sphere.transform.position = pos;
                                                      yield 关键字告诉
    yield return new WaitForSeconds(1);    ←          协程在何处暂停

    Destroy(sphere);    ←        移除 GameObject 并清除
  }                            它占用的内存
}
```

在此添加了新方法 SphereIndicator(),并在已有的 Update()方法中修改了一行代码。这个方法在场景中的某个点创建球体,接着在 1 秒钟后删除它。在射线投射代码中调用 SphereIndicator(),可以确保可视化指示器能精确显示射线击中的位置。SphereIndicator()函数使用 IEnumerator 定义,并且 IEnumerator 类型和协程的概念相关。

从技术上讲,协程不是异步的(异步操作不会停止其他代码的运行,比如在网站的脚本中下载图片),但通过巧妙地利用枚举,Unity 使协程变得很像异步函数。协程的秘密在于使用了 yield 关键字,这个关键字会使协程临时暂停,挂起程序流并在下一帧继续运行。通过这种方式,重复运行部分程序,并返回程序的剩余部分,使协程看起来像是在程序后台运行。

顾名思义,StartCoroutine()启动一个协程。一旦协程启动,它就会一直运行,直到函数结束;它只是在运行过程中暂停。注意这个微妙的要点是,传入 StartCoroutine() 的方法名称后面跟着一对括号,而不是只传入它的名称:这个语法意味着调用该函数。被调用的函数一直运行,直到它遇到 yield 命令,该函数暂停。

SphereIndicator()在指定点创建一个球体,在遇到 yield 语句时暂停,接着在协程恢复运行之后销毁球体。暂停的时间长度取决于 yield 返回的值。协程上可以使用一些不同类型的返回值,但最直接的方式是返回指定的等待时长。返回 WaitForSeconds(1)则表示协程暂停 1 秒。创建球体,暂停 1 秒,然后销毁球体:SphereIndicator()方法中的代码序列建立了一个临时的可视化指示器。

代码清单 3.2 给出了用于标记射线击中位置的指示器。但还需要在屏幕中心设置瞄准点,这正是代码清单 3.3 的作用所在。

代码清单 3.3　用于设置瞄准点的可视化指示器

```
...
void Start() {
  cam = GetComponent<Camera>();

  Cursor.lockState = CursorLockMode.Locked;    隐藏屏幕中心
  Cursor.visible = false;                      的光标
}

void OnGUI() {                          这只是该字体
  int size = 12;                        的大致大小
  float posX = cam.pixelWidth/2 - size/4;
  float posY = cam.pixelHeight/2 - size/2;            GUI.Label()命令在
  GUI.Label(new Rect(posX, posY, size, size), "*");   屏幕上显示文本
}
...
```

添加到 RayShooter 类中的另一个新方法为 OnGUI()。Unity 既有基础的 UI 系统也有高级的 UI 系统，由于基础的 UI 系统存在很多限制，因此后续章节将使用更灵活的高级 UI 系统，但现在使用基础 UI 能更容易地在屏幕中心显示一个点。类似 Start()和 Update()方法，每个 MonoBehaviour 都会自动响应 OnGUI 方法。OnGUI 函数在渲染 3D 场景后立即运行每一帧，导致 OnGUI()运行期间绘制的所有内容都出现在 3D 场景的顶部(想象一下将贴纸贴到风景画上的情景)。

定义　渲染是计算机绘制 3D 场景的像素的操作。虽然场景使用 XYZ 坐标定义，但真正显示在显示器上的是彩色像素的 2D 网格。因此为了显示 3D 场景，计算机需要在 2D 网格中计算所有像素的颜色，运行这种算法的过程称为渲染。

在 OnGUI()内，代码定义了用于显示的 2D 坐标(由于标签的大小，轻微做了偏移)并调用了 GUI.Label()。GUI.Label()方法将显示文本标签；因为传入标签的字符串是星号(*)，所以最终会在屏幕中心看到星号字符。现在，在这个新兴的 FPS 游戏中更容易瞄准目标了！

代码清单 3.3 也在 Start()方法中添加了一些光标设置，并为光标的可见性和锁定设置值。如果忽略光标的值，这个脚本也能正常运行，但是这些设置使第一人称控制更加流畅。鼠标光标将一直停留在屏幕中心，以避免造成混乱，它将不显示，并且只有按下 Esc 键才会重新出现。

警告　永远要记住，可以按 Esc 键解锁鼠标光标，以便将其从 Game 视图的中间移开。当锁定鼠标光标时，就无法单击 Play 按钮并停止游戏。

上面完成了第一人称射击游戏的代码，也完成了玩家交互的收尾工作，接下来还

需要关注射击的目标。

3.2　编写反应性目标脚本

玩家在游戏中可以射击了，但现在没有目标可供玩家射击。下面创建一个目标对象，并编写一个脚本，来响应被击中。更精确地说，我们将稍微修改射击代码，在目标被击中时通知它，接着附加在目标上的脚本将在收到通知时做出反应。

3.2.1　确定被击中的对象

首先需要创建一个用于射击的新对象。创建一个新立方体对象(GameObject | 3D Object | Cube)，然后将 Y 比例设置为 2，将 X 和 Z 比例设置为 1，在垂直方向上拉伸它。在(0, 1, 0)处定位新对象，将它放在房间中间的地面上，并将该对象命名为 Enemy。

创建一个新的脚本 ReactiveTarget，并将其附加到新建的立方体上。稍后为这个脚本编写代码，但现在保持默认状态。需要提前创建这个脚本文件，因为接下来的代码清单 3.4 需要使用它进行编译。

回到 RayShooter 并按照代码清单 3.4 修改射线投射的代码。运行新代码，并向新目标射击。调试消息会显示在 Console 视图中，而不是在场景中出现球体指示器。

代码清单 3.4　检测是否击中目标对象

```
...
if (Physics.Raycast(ray, out hit)) {                    检索射线击
  GameObject hitObject = hit.transform.gameObject;      中的对象
  ReactiveTarget target = hitObject.GetComponent<ReactiveTarget>();
  if (target != null) {                检查对象上是否有
    Debug.Log("Target hit");           ReactiveTarget 组件
  } else {
    StartCoroutine(SphereIndicator(hit.point));
  }
}
...
```

注意从 RaycastHit 中检索所击中的对象，就像获取球体指示器的坐标一样。从技术上讲，击中信息不会返回所击中的 game 对象，它指明了所击中的 Transform 组件。可以通过 transform 的属性来访问 gameObject。

接着，使用对象的 GetComponent()方法来检查它是不是一个反应性目标(即是否附加了 ReactiveTarget 脚本)。如前所述，GetComponent()方法返回附加到 GameObject 的特定类型的组件。如果对象没有添加这个类型的组件，则 GetComponent()不会返回任何组件。可以检查 GetComponent()是否返回 null 并在每个分支执行不同的代码。

　　如果击中的对象是一个反应性目标，代码就发送一个调试消息，而不是启动球体指示器的协程。现在告知目标对象，它已被击中，以便它做出反应。

3.2.2　警告目标被击中

　　为此，只需要改变一行代码即可，如代码清单 3.5 所示。

代码清单 3.5　将消息发送给 target 对象

```
...
if (target != null) {                   ← 调用target的方法而不仅仅
  target.ReactToHit();                      是发送调试消息
} else {
  StartCoroutine(SphereIndicator(hit.point));
}
...
```

　　现在射击代码调用 target 对象的方法，因此需要编写 target 方法。在 ReactiveTarget 脚本中，编写代码清单 3.6 所示的代码。当射击 target 对象时，它将倾倒然后消失，如图 3.4 所示。

代码清单 3.6　当被击中时 ReactiveTarget 脚本终止

```
using System.Collections;
using System.Collections.Generic;
using UnityEngine;

public class ReactiveTarget : MonoBehaviour {

  public void ReactToHit() {              ← 通过射击脚本
    StartCoroutine(Die());                   调用的方法
  }

  private IEnumerator Die() {             ← 推倒敌人，等待 1.5 秒
    this.transform.Rotate(-75, 0, 0);        后销毁敌人

    yield return new WaitForSeconds(1.5f);

    Destroy(this.gameObject);            ← 脚本能自行销毁
  }                                         (就像它可以销毁一个独立的对象一样)
}
```

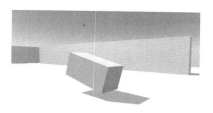

图 3.4　当 target 对象被击中时倾倒

你应该很熟悉这段代码的大部分内容，因此这里只是简单回顾一下。首先定义方法 ReactToHit()，因为该方法在射击脚本中被调用。ReactToHit()方法启动了一个协程，该协程类似于之前球体指示器的代码，主要区别在于该方法将操作这个脚本的对象，而不是创建一个独立的对象。类似 this.gameObject 这样的表达式引用脚本所附加的 GameObject(而 this 关键字是可选的，因此代码可以使用 gameObject 而不需要任何前缀)。

协程函数 Die()的第一行代码会让对象倾斜。如第 2 章所述，可以将旋转定义为绕三个坐标轴 X、Y 和 Z 旋转的角度。因为对象不应从一边旋转到另一边，因此让 Y 和 Z 的旋转角度为 0，而将 X 轴的旋转角度设置为某个值。

注意 这个变换是即刻生效的，但你可能更希望看到对象在倾倒时发生移动。如果想要了解一些高级主题来拓宽视野，你可能需要查阅 tweens，它是一种使对象随着时间流逝而平滑移动的系统。

Die()方法的第二行使用了 yield 关键字，它对协程来说至关重要，而且它会返回恢复前需要等待的秒数。最后，game 对象在 Die()函数的最后一行销毁自己。在等待指定时间之后调用 Destroy(this.gameObject)，就像之前调用 Destroy(sphere)的代码那样。

警告 要确认对 this.gameObject 调用的是 Destroy 而不是简单的 this！不要混淆这两者。this 只是指向这个脚本组件，然而 this.gameObject 指向的是脚本所关联的对象。

现在 target 对象会对被击中做出响应。很好！但它什么都没有做，因此下面添加更多的操作，让这个 target 对象成为更合适的敌人角色。

3.3　漫游 AI 基础

静止的目标一点趣味也没有，因此下面编写代码让敌人到处闲逛。这种用于漫游的代码是人工智能(AI)或计算机控制实体最简单的示例。在这种情况下，实体就是游戏中的敌人，但它也可以是现实世界的机器人等。

3.3.1　图解基础 AI 的工作原理

实现 AI 有很多不同的方法(严格来讲，AI 是计算机科学一个重要的研究领域)，但出于演示目的，我们将采用简单的方法。随着你经验越来越丰富，游戏越来越复杂，你可以研究实现 AI 的不同方法。

图 3.5 描述了基础流程。在每一帧中，AI 代码将扫描它周围的环境，以确定是否需要做出反应。如果路上出现障碍物，敌人就会转向另一个方向。不管敌人是否需要转向，它都会稳步前进。因此敌人在房间里面来回走动，一直往前移动，并在遇到墙壁时转向。

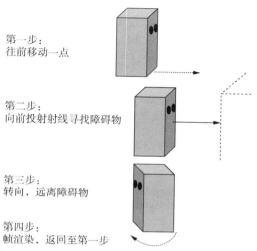

第一步：
往前移动一点

第二步：
向前投射射线寻找障碍物

第三步：
转向，远离障碍物

第四步：
帧渲染，返回至第一步

图 3.5　基础 AI：周期性地处理向前移动和躲避障碍物

这段代码看起来很熟悉，因为向前移动敌人所使用的命令和向前移动玩家相同。AI 代码还将使用类似于射击的射线投射，但是所在的上下文不同。

3.3.2　使用射线投射发现障碍物

如前所述，射线投射是用于处理 3D 仿真中多个任务的一项技术。一个易于理解的任务就是射击，但射线投射的另一个用途还包括扫描场景。使用射线投射扫描场景是 AI 代码中的一个步骤，这意味着 AI 代码使用了射线投射。

前面我们在摄像机位置创建了射线，因为那是玩家面向场景的位置。这次将创建一条源于敌人的射线。第一条射线从摄像机射出并穿过屏幕中心，但是这次射线将往角色前方投射，如图 3.6 所示。接着就像射击代码中使用 RaycastHit 信息来确定是否有物体被击中及在哪里击中一样，AI 代码也使用 RaycastHit 信息来判断敌人前面是否有障碍物，如果有，则判断距离有多远。

用于射击的射线投射和用于 AI 的射线投射的一个区别是射线的半径不同。对于射击，射线的半径是无限小的，而 AI 的射线有一个相当大的横截面。这意味着代码使用的是 SphereCast()，而不是 Raycast()。出现这种差异的原因是子弹很小，而检查角色前面的障碍物需要考虑角色的宽度。

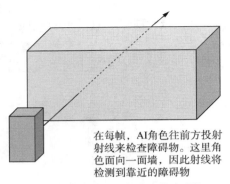

在每帧，AI角色往前方投射射线来检查障碍物。这里角色面向一面墙，因此射线将检测到靠近的障碍物

图3.6　使用射线投射来查找障碍物

创建一个新脚本 WanderingAI，将其关联到 target 对象上(在 ReactiveTarget 脚本旁边)，并编写代码清单 3.7 所示的代码。现在运行场景，就应看到敌人在房间中徘徊；我们依然能射击目标，它会按照之前的方式做出反应。

代码清单 3.7　基本的 WanderingAI 脚本

```
using System.Collections;
using System.Collections.Generic;
using UnityEngine;

public class WanderingAI : MonoBehaviour {                    移动速度的值和对障碍物
  public float speed = 3.0f;                                  做出反应的距离
  public float obstacleRange = 5.0f;

  void Update() {                                             每帧持续向前移
    transform.Translate(0, 0, speed * Time.deltaTime);       动，不管转向
    Ray ray = new Ray(transform.position, transform.forward);   和角色位于相同位
    RaycastHit hit;                                          置的射线，并且指向
    if (Physics.SphereCast(ray, 0.75f, out hit)) {          相同的方向
      if (hit.distance < obstacleRange) {           沿着射
        float angle = Random.Range(-110, 110);      线的周长进行射线投射
        transform.Rotate(0, angle, 0);
      }
    }                                              转向一个半随机
  }                                                的新方向
}
```

代码清单 3.7 添加了一些变量来表示移动速度和 AI 对障碍物的反应距离。接着将 transform.Translate()方法添加到 Update()方法中，用于持续向前移动(包括使用 deltaTime 使移动独立于帧率)。在 Update()中，射线投射的代码看起来和之前射击脚本中的代码一样。此外，这里也使用射线投射技术而不是射击来查找障碍物。射线根据敌人的位置和方向而产生，而不是使用摄像机来创建。

如前所述，使用方法 Physics.SphereCast()来处理射线投射的计算。这个方法使用半径参数来决定在多大范围内进行碰撞检测，但在其他方面，它和 Physics.Raycast()

完全一样。这种相似性不仅在于命令以相同方式填写命中信息，还像之前一样检查碰撞，而且使用 distance 属性确保仅当敌人接近障碍物时才做出反应(而不是穿越房间里的墙)。

当敌人前面有靠近的障碍物时，代码将角色旋转到一个半随机的新方向。这里的"半随机"是指旋转角度在最大值和最小值之间。具体而言，我们使用 Unity 提供的 Random.Range()方法来获取最大值和最小值之间的一个随机数。在这种情况下，最大值和最小值可以在小范围内浮动，以允许角色充分旋转来避免障碍物。

3.3.3　跟踪角色的状态

当前角色的行为有个奇怪之处是当敌人受击跌倒后，还继续往前移动。这是因为现在每帧都会运行 Translate()方法。下面对代码做一些小调整，以跟踪角色是否还存活——或者用另一种专业术语来表达，就是追踪角色的"alive"状态。

让代码不断跟踪对象的当前状态，并据此做出不同的反应，这是编程领域随处可见的一种代码模式，而不仅是在 AI 中。这种更复杂的实现称为状态机，或称为有限状态机。

定义　有限状态机(finite state machine，FSM)是一种代码结构，用于跟踪对象的当前状态。状态间存在明确定义的转换，且代码基于状态而有所不同。

我们不会实现完整的 FSM，但很多讨论 AI 的地方都会谈及 FSM，这绝非偶然。完整的 FSM 会有很多状态对应于复杂 AI 中的所有不同行为。但在这个基础 AI 中，只需要跟踪角色是否活着。代码清单 3.8 在脚本顶部添加了布尔值 isAlive，代码偶尔需要对该值进行条件检查。有了这些检查，移动代码只会在敌人还活着时运行。

代码清单 3.8　添加"alive"状态的 WanderingAI 脚本

```
...
private bool isAlive;          ◄── 布尔值用于跟踪
                                   敌人是否存活

void Start() {
  isAlive = true;              ◄── 初始化该值
}

void Update() {                   只有当角色
  if (isAlive) {               ◄── 存活时才移动
    transform.Translate(0, 0, speed * Time.deltaTime);
    ...
  }
}
                                  公有方法允许
public void SetAlive(bool alive) {  ◄── 外部代码影响"alive"状态
  isAlive = alive;
```

```
}
...
```

现在，ReactiveTarget 脚本能告诉 WanderingAI 脚本敌人是否存活(查看代码清单 3.9)。

代码清单 3.9 ReactiveTarget 告诉 WanderingAI 敌人什么时候死亡

```
...
public void ReactToHit() {
    WanderingAI behavior = GetComponent<WanderingAI>();
    if (behavior != null) {          ◄──────  检查角色是否有 WanderingAI
        behavior.SetAlive(false);             脚本；可能没有
    }
    StartCoroutine(Die());
}
...
```

> **AI 代码结构**
>
> 本章的 AI 代码包含在一个类中，所以学习和理解它很简单。对于简单的 AI 需求，这个代码结构非常合适，所以不要害怕做"错"事，也不必执着于更复杂的代码结构。对于更复杂的 AI 需求(例如，游戏有一些高智能角色)，更健壮的代码结构将有助于简化 AI 开发。
>
> 正如第 1 章示例中提及的组合和继承，有时你想把 AI 切分到独立的脚本中。这样就可以组合和搭配组件，为每个角色生成独一无二的行为。不妨思考角色之间的相同点和不同点，在设计代码架构时，这些不同点将为你提供灵感。例如，如果游戏中的一些敌人径直冲向玩家，而另一些敌人在暗处潜行，就可以让 Locomotion 成为一个独立的组件。接着就可以为 LocomotionCharge 和 LocomotionSlink 创建脚本，对不同的敌人使用不同的 Locomotion 组件。
>
> 精确的 AI 代码结构取决于特定游戏的设计，实现它没有所谓"正确"的方法。在 Unity 中更容易设计灵活的代码架构。

3.4 生成敌人预制体

此时，场景中只有一个敌人，在它死亡后，场景就空了。下面让游戏产生敌人，这样每当某个敌人死亡时，就会出现一个新的敌人。在 Unity 中使用预制体(prefab)很容易实现该功能。

3.4.1　什么是预制体

预制体是一种可视化定义交互对象的灵活方法。简言之，预制体是完全具象化的游戏对象(已经附加了设置好的组件)，它不存在于任何特定场景中，却能作为资源存在，能被复制到任何场景中。

这个复制操作能手动处理，以确保敌人对象(或其他预制体)在每个场景中都一样。更重要的是，预制体也能从代码中产生。可以使用脚本中的命令在场景中放置对象的副本，而不仅仅是在可视化编辑器中手动完成。

> **定义**　asset(资源)是 Project 视图中显示的任意文件，它们可以是 2D 图像、3D 模型、代码文件、场景等。我在第 1 章简要提过这一术语，但直到现在才详述它。

预制体的副本称为实例，类似于从类中创建的特定代码对象。为了让术语清晰：预制体是指任何场景外存在的游戏对象，而实例指放到场景中的对象副本。

> **定义**　类似面向对象术语，实例化是指创建实例这一操作。

3.4.2　创建敌人预制体

为了创建预制体，首先在场景中创建一个要变成预制体的对象。因为敌人对象将变成预制体，所以第一步已经完成了。现在只需要将对象从 Hierarchy 视图拖到 Project 视图中。这将自动把对象保存为预制体(见图 3.7)。

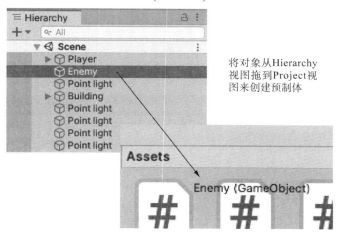

将对象从 Hierarchy 视图拖到 Project 视图来创建预制体

图 3.7　将对象从 Hierarchy 视图拖到 Project 视图来创建预制体

回到 Hierarchy 视图，源对象的名称将变成蓝色，这意味着它现在关联到一个预制体。实际上我们不再需要场景中的对象(我们将生成预制体，而不是使用场景中已经存在的实例),所以现在删除敌人对象。如果要进一步编辑这个预制体,只需要双击 Project 视图中的预制体打开它,然后单击 Hierarchy 视图左上方的后退箭头再次关闭它。

警告　与 Unity 的早期版本相比,使用预制体的界面已经有了很大改进,但编辑预制体仍然会造成混乱。例如,在双击预制体后,从技术上讲,你并没有进入任何场景,所以当完成编辑预制体时,请记得单击 Hierarchy 视图中的后退箭头。此外,如果你嵌套预制体(以便一个预制体包含其他预制体),那么使用它们可能会造成困扰。

现在已经在场景中生成了实际的预制体对象,因此下面编写代码来创建预制体的实例。

3.4.3　在不可见的 SceneController 中实例化

虽然预制体自身不存在于场景中,但场景中需要有一些对象来关联产生敌人的代码。为此需要创建一个空的游戏对象。可以将脚本关联到它上面,但这个对象在场景中是不可见的。

提示　使用空 GameObject 来关联脚本组件是 Unity 开发中的一种常见模式。这个窍门适用于那种不应用到场景中任何特定对象上的抽象任务。Unity 脚本一般要关联到可见对象上,但不是每个任务都要如此。

选择 GameObject | Create Empty,将新对象重命名为 Controller,接着将它的位置设置为(0,0,0)。从技术上说,这个位置不重要,因为对象不可见,但如果要让它成为其他对象的父对象,将其放在原点会更简单。创建脚本 SceneController,如代码清单 3.10 所示。

代码清单 3.10　产生敌人预制体的 SceneController

```
using System.Collections;
using System.Collections.Generic;
using UnityEngine;

public class SceneController : MonoBehaviour {        序列化变量,
  [SerializeField] GameObject enemyPrefab;            用于关联 prefab 对象
  private GameObject enemy;
                                                      一个私有变量,跟踪
                                                      场景中敌人的实例
  void Update() {
                                                      只有当场景中没有敌人
    if (enemy == null) {                              时才生成一个新敌人
      enemy = Instantiate(enemyPrefab) as GameObject;
      enemy.transform.position = new Vector3(0, 1, 0);   复制 prefab
                                                          对象的方法
```

```
        float angle = Random.Range(0, 360);
        enemy.transform.Rotate(0, angle, 0);
    }
  }
}
```

把这个脚本关联到 Controller 对象上，而在 Inspector 面板中会显示一个用于设置敌人预制体的变量槽。这和公有变量的用法类似，但有重要的区别。

> **提示**　要在 Unity 的编辑器中引用对象，建议用 SerializeField 来装饰变量，而不是将其声明为公共变量。如第 2 章所述，公共变量出现在 Inspector 面板中(换句话说，它们被 Unity 序列化)，所以大多数教程和示例代码对所有序列化值都使用公有变量。但是这些变量也可由其他脚本修改(毕竟它们是公共变量)，而 SerializeField 属性允许将这些变量保持为私有变量。如果一个变量未被显式地声明为 public，C#默认它为 private，大多数情况下这是一种更好的做法，因为我们只希望在 Inspector 面板中公开这个变量，而不想让其他脚本修改该值。

> **警告**　在版本 2019.4 之前，Unity 存在一个错误，即 SerializeField 会导致编译器发出关于该字段未被初始化的警告。如果出现这个错误，而脚本仍然可以正常运行，那么从技术上讲，可以忽略这些警告，或者通过在这些字段中添加= null 来消除它们。

将预制体资源从 Project 视图拖到空变量槽。当鼠标靠近时，变量槽会高亮显示，表示对象能关联到这里(见图 3.8)。一旦敌人预制体关联到 SceneController 脚本，就可以运行场景，查看代码的行为。像之前一样，房间中心会出现敌人，但如果现在向一个敌人射击，他将会被新敌人代替。这比永远只有一个敌人好多了！

> **提示**　在众多不同的脚本中，这种将对象拖到 Inspector 变量槽的方法十分便利。现在将预制体链接到脚本，也可以链接到场景中的对象上，甚至链接到指定的组件上(而不是整个 GameObject)。后面的章节将继续使用这种方法。

这个脚本的核心是 Instantiate()方法，因此请注意该行代码。当实例化预制体时，就在场景中创建了一份副本。默认情况下，Instantiate()返回的新对象是通用的 Object 类型，但 Object 几乎没什么用，而我们想把它作为 GameObject 处理。在 C#中，使用 as 关键字可将一种类型的代码对象转换为另一种类型(使用语法 original-object as new-type)。

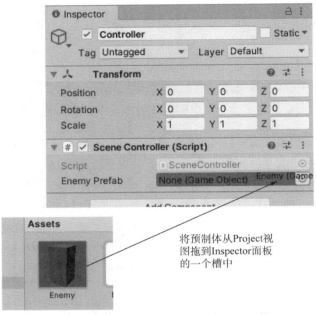

图 3.8　将敌人预制体关联到脚本的 Prefab 槽

　　实例化的对象保存在 enemy 中，它是一个 GameObject 类型的私有变量(要弄清楚预制体和预制体实例的区别：enemyPrefab 保存预制体，而 enemy 保存实例)。if 语句检查保存的对象，确保仅当 enemy 为空(编码术语为 null)时调用 Instantiate()。enemy 变量开始时为空，因此在开始会话之后，运行一次实例化代码。接着，由 Instantiate() 返回的对象保存在 enemy 中，这样不会再次运行实例化代码。

　　由于敌人被射中时会销毁自己，因此使 enemy 变量变为空，再次运行 Instantiate()。这样，场景中始终有一个敌人。

销毁 GameObject 和内存管理

　　当对象销毁自身时，已有引用会变为 null，这有点出乎预料。在像 C#一样的内存管理编程语言中，通常不能直接销毁对象，只能解除对它们的引用以便它们能自动销毁。这在 Unity 中依然适用，但 GameObject 是在后台处理的，这让它看起来像是直接销毁的。

　　为了显示场景中的对象，Unity 需要在场景图中引用所有对象。因此即使移除代码中所有对 GameObject 的引用，这个场景图引用依然会阻止对象自动销毁。因此，Unity 提供了 Destroy()方法来告诉游戏引擎"将这个对象从场景图中移除"。作为后台功能的一部分，Unity 也重载了==运算符，当检查结果为 null 时返回 true。技术上，对象依然存在于内存中，但它也可能不再存在，因此 Unity 让它显示为 null。可通过调用已销毁对象的 GetInstanceID()方法来确认这一点。

注意，Unity 开发者考虑将这种行为变成更标准的内存管理。如果他们这样做了，那么生成的代码也需要修改，可以通过将(enemy==null)检查替换为一个新参数(如 enemy.isDestroyed)来实现。

(如果不懂这些内容也不用担心，这些只是偏学术的技术讨论，适用于对这些细节感兴趣的读者)。

3.5　通过实例化对象进行射击

下面给敌人添加另一个功能。就像给玩家添加功能一样，首先让他们移动——现在，让他们射击！正如我在介绍射线投射时提到的，那只是一种实现射击的方法。另一种方法涉及实例化预制体，下面通过实例化预制体让敌人反击。本节的目标是在游戏过程中出现图 3.9 所示的结果。

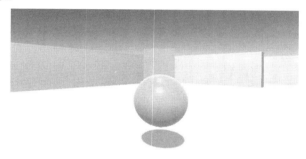

图 3.9　敌人向玩家发射火球

3.5.1　创建子弹预制体

接下来的射击将在场景中引入子弹。使用射线投射进行射击几乎是瞬间完成的，在鼠标按下时显示击中，但这次敌人将发射从空中飞过的火球。当然，火球移动得非常快，但不是立刻击中，这给玩家一个及时躲避的机会。我们将使用碰撞检测而不是射线投射来检测这种碰撞(该碰撞检测系统也能防止移动中的玩家穿越墙壁)。

代码将按照产生敌人的方式来产生火球：通过实例化预制体。如前面章节所述，创建预制体的第一步是在场景中创建一个要成为预制体的对象，因此，接下来先创建一个火球。

首先，选择 GameObject | 3D Object | Sphere。将新对象重命名为 Fireball。现在创建一个新脚本，也称为 Fireball，并将其关联到 Fireball 对象上。最后在这个脚本中编

写代码，现在先处理 Fireball 对象的其他部分，暂且将其作为默认代码。为了让它看起来像个火球而不只是一个灰色的球，将 Fireball 对象指定为明亮的橙色。类似"颜色"这样的表面属性是通过"材质"来控制的。

定义 材质(material)是一组信息，这些信息定义了附加该材质的 3D 对象的表面属性。这些表面属性包括颜色、光泽度甚至精细的粗糙度。

选择 Assets | Create | Material。命名新材质为 Flame，把它拖放到场景的对象上。在 Project 视图中选择材质，以便在 Inspector 面板中查看材质的属性。如图 3.10 所示，单击带 Albedo 标签的色卡(这是一个技术术语，指的是表面的主颜色)。单击后在它的窗口中会出现颜色拾取器；同时滑动彩虹颜色条和主要选择区，将颜色设置为橙色。

我们还要让材质更明亮，使它看起来更像火焰。调整 Emission 值(Inspector 面板中的其他属性之一)。默认情况下，复选框处于未选中状态，因此启用该复选框可以提高材质的亮度。

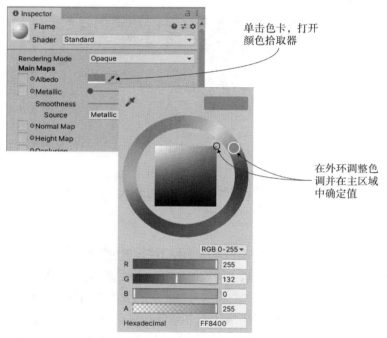

图 3.10　设置材质的颜色

现在通过把 fireball 对象从 Hierarchy 视图拖到 Project 视图，将该对象变成预制体，就像对敌人预制体所做的那样。与敌人预制体一样，现在只要有预制体即可，所以在 Hierarchy 中删除实例。太棒了——现在就有了一个新预制体用作子弹！接下来编写代码来发射新子弹。

3.5.2　发射子弹并和目标碰撞

为了让敌人发射火球，接下来对它做一些调整。因为识别玩家的代码需要一个新脚本(类似代码使用 ReactiveTarget 来识别目标)，所以先创建新脚本，并命名为 PlayerCharacter。将这个脚本附加到场景中的 Player 对象上。现在打开 WanderingAI 并添加代码清单 3.11 所示的代码。

代码清单 3.11　为 WanderingAI 添加发射火球的代码

```
...
[SerializeField] GameObject fireballPrefab;      ◄─── 在任何方法前添加这两个字段，
private GameObject fireball;                           就像在 Scene Controller 中那样
...
if (Physics.SphereCast(ray, 0.75f, out hit)) {
  GameObject hitObject = hit.transform.gameObject;     使用在 RayShooter 中检查
  if (hitObject.GetComponent<PlayerCharacter>()) {  ◄── target 对象的方式来检查玩家
和 SceneController    if (fireball == null) {
一样的空      fireball = Instantiate(fireballPrefab) as GameObject;  ◄── 这里的 Instantiate()方法和
GameObject        fireball.transform.position =                         SceneController 中的一样
逻辑           transform.TransformPoint(Vector3.forward * 1.5f);  ◄──
          fireball.transform.rotation = transform.rotation;      将火球放在敌人
    }                                                            前面并指向同一
  }                                                              方向
  else if (hit.distance < obstacleRange) {
    float angle = Random.Range(-110, 110);
    transform.Rotate(0, angle, 0);
  }
}
...
```

注意，代码清单中的所有注释和之前脚本的很像(或者一样)。之前的代码清单展示了发射火球所需的所有代码。现在把代码混在一起，重新组合，使之适应新的上下文。

就像 SceneController 一样，需要在脚本顶部添加两个 GameObject 字段：一个用于链接预制体的序列化变量，一个用于追踪代码创建的实例的私有变量。在射线投射之后，代码在受击对象上检查 PlayerCharacter。这和射击代码检查受击对象上的 ReactiveTarget 一样。当场景中不存在火球时，代码会实例化一个火球，就像实例化敌人的代码一样。然而位置和旋转角度不同。这次会把实例放到敌人前面，并指向和敌人一样的方向。

一旦所有新代码准备完毕，当选择 Enemy 预制体时，会看到 Inspector 面板中出现一个新的 Fireball Prefab 槽，与 Enemy Prefab 槽出现在 SceneController 组件中一样。单击 Project 视图中的 Enemy 预制体((双击实际上会打开预制体，只有单击会选择它)后，Inspector 面板将显示该对象的组件，就好像在场景中选择对象一样。尽管之前警告过 Unity 编辑预制体时提供的界面很粗糙，但这个界面很容易调整预制体上的组件，正好能够满足我们所需。如图3.11所示，从Project中将Fireball预制体拖到Inspector面板的Fireball Prefab槽上(也和之前在SceneController上做的一样)。

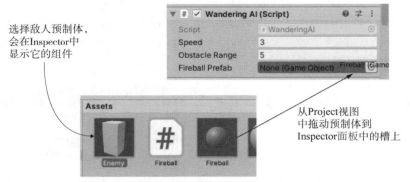

选择敌人预制体，会在Inspector中显示它的组件

从Project视图中拖动预制体到Inspector面板中的槽上

图3.11　把Fireball预制体链接到脚本的prefab槽

现在，当玩家在敌人前面时，敌人会向它开火……好，尝试开火。明亮的橙色球体会出现在敌人前面，但它只是停留在那里，因为我们还没对它编写脚本。现在开始编写脚本。代码清单3.12展示了Fireball脚本的代码。

代码清单 3.12　对碰撞做出反应的 Fireball 脚本

```
using System.Collections;
using System.Collections.Generic;
using UnityEngine;

public class Fireball : MonoBehaviour {
  public float speed = 10.0f;
  public int damage = 1;

  void Update() {
    transform.Translate(0, 0, speed * Time.deltaTime);   ←  朝它所面对
  }                                                          的方向前进

  void OnTriggerEnter(Collider other) {   ←  当其他对象和这个触发器碰
    PlayerCharacter player = other.GetComponent<PlayerCharacter>();   撞时调用这个方法
    if (player != null) {   ←  检查 other 对象是否
      Debug.Log("Player hit");      为 PlayerCharacter
    }
    Destroy(this.gameObject);
  }
}
```

这段代码最重要的新知识点为 OnTriggerEnter()方法，当对象被碰撞时(诸如和墙壁或玩家碰撞)会自动调用这个方法。此时这段代码还不能运行。如果运行它，由于Update()方法包含了Translate()代码，火球将向前飞出，但触发器不会执行，在摧毁当前火球之前新的火球会等待。这需要对 Fireball 对象的组件做些调整。第一个修改是

让碰撞器成为触发器。为此，进入 Inspector，选中 Sphere Collider 组件的 Is Trigger 复选框。

提示　将碰撞器组件设置为触发器，依然会对接触/重叠其他对象做出反应，但它不再阻止其他对象穿过它。

火球还需要一个 Rigidbody(刚体)，这个组件在 Unity 中由物理系统使用。为火球添加 Rigidbody 组件，确保物理系统能为对象注册碰撞触发器。在 Inspector 底部，单击 Add Component 按钮，选择 Physics | Rigidbody。在添加的组件中，取消选中 Use Gravity(见图 3.12)，以便火球不会因为重力而下落。

现在运行代码，当火球击中某物时将被摧毁。因为只要场景中不存在火球，就运行火球生成代码，所以敌人向玩家发射更多的火球。现在对于向玩家发射火球只剩一件事情要做：让玩家对受击做出反应。

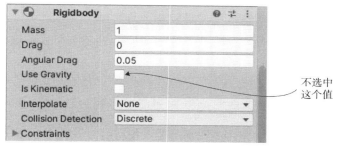

图 3.12　关闭 Rigidbody 组件的重力

3.5.3　伤害玩家

之前创建了 PlayerCharacter 脚本，但它还是一个空脚本。现在编写代码，让它对受击做出反应，如代码清单 3.13 所示。

代码清单 3.13　能受到伤害的玩家

```
using System.Collections;
using System.Collections.Generic;
using UnityEngine;

public class PlayerCharacter : MonoBehaviour {
  private int health;

  void Start() {
    health = 5;          ←———— 初始化血量值
  }

  public void Hurt(int damage) {      减少玩家
    health -= damage;                 的血量值
```

```
    Debug.Log($"Health: {health}");
  }
}
```
← 使用字符串
插值构造消息

代码清单中定义了一个字段用于存储玩家的血量值，并根据命令减少血量值。后续章节将重温文本显示，以在屏幕上显示信息，但现在，只需要使用调试消息显示关于玩家的血量值信息。

定义　字符串插值是一种将代码的求值(如变量的值)插入字符串中的机制。一些编程语言(包括C#)均支持字符串插值。例如，看看代码清单 3.13 中的血量值消息。

现在需要返回 Fireball 脚本，调用玩家的 Hurt()方法。将 Fireball 脚本中的调试代码替换成 player.Hurt(damage)，以通知玩家他们已被击中。而这是本章的最后一段代码！

本章的内容很多，介绍了很多代码。通过第 2 章和本章，我们现在已实现了第一人称射击游戏中的大多数功能。

3.6　小结

- 射线是投射到场景中的假想线。
- 射线投射操作对于射击和感知障碍物都很有用。
- 通过基础 AI 让角色四处行走。
- 通过实例化预制体生成新对象。
- 协程用于随着时间的推移逐步执行函数。

第4章

为游戏开发图形

本章涵盖：

- 了解游戏开发中使用的美术资源
- 通过白盒建立原型级别
- 在 Unity 中使用 2D 图像
- 导入自定义 3D 模型
- 构造粒子效果

之前主要关注游戏的功能，没有太多考虑游戏的外观。这并非偶然——本书主要介绍如何在 Unity 中编写游戏。然而，了解如何处理并提升视觉效果也很重要。在回到书中关于编码实现游戏不同功能的主要内容之前，先用一章的篇幅学习游戏美术，这样项目就不会在收尾时仍然到处是空盒子。

游戏中的所有可视化内容由美术资源(art asset)组成。但美术资源具体是指什么呢？

4.1 了解美术资源

美术资源是一个独立单元，包含游戏使用的可视化信息(通常是文件)。它是一个涵盖所有可视化内容的术语：图像文件是美术资源，3D 模型也是美术资源。实际上，术语"美术资源"仅仅是资源的一个特例，之前学习的用于游戏的任何文件都是资源(如脚本)，因此它们位于 Unity 的主 Assets 文件夹中。表 4.1 列出并描述了用于构建游戏的五种主要类型的美术资源。

表 4.1　美术资源的类型

美术资源的 类型	类型定义
2D 图像	扁平的图片。以真实世界作类比，2D 图像就像图画和图片
3D 模型	3D 虚拟对象(通常是"网格对象"的同义词)。以真实世界作类比，3D 模型就像雕塑
材质	该组信息定义了附加材质的对象的表面属性。这些表面属性包括颜色、光泽度，甚至精细的粗糙度
动画	该组信息定义了关联对象的移动。这些信息描述了提前创建的运动序列，而不是动态计算位置的代码
粒子系统	一个用于创建并控制大量小型移动对象的规则机制。很多可视化效果通过这种方式来实现，如火焰、烟雾或喷水

为新游戏创建美术资源通常从 2D 图像或 3D 模型开始,因为它们是其他所有资源的基础。顾名思义，2D 图像是 2D 图形的基础，而 3D 模型是 3D 图形的基础。具体而言，2D 图像是扁平的图片。即使之前你不熟悉游戏美术，也一定见过网站上所用图形的 2D 图像。对于 3D 模型，新手可能不熟悉，因此下面介绍它的定义。

定义　模型是 3D 虚拟对象。第 1 章介绍了网格对象这一术语，3D 模型实际上是其同义词。这两个术语通常可以互换，但网格对象严格上指的是 3D 对象(连线和形状)的几何结构，而模型更有歧义，它通常包括对象的其他属性。

表中接下来的两种美术资源类型是材质和动画。不像 2D 图像和 3D 模型，材质和动画单独使用时没有任何意义，对此新手很难理解。通过和真实世界对比则很容易理解：2D 图像是图画，3D 模型是雕塑。材质和动画不能直接关联到真实世界。实际上，它们都是叠加在 3D 模型上的抽象信息包。事实上，在第 3 章介绍基础知识时就已介绍了材质。

定义　材质是一组信息，它定义了所附加的任何对象的表面属性(颜色、光泽度等)。而表面属性的单独定义，使得多个对象可共享一个材质(例如，所有的城堡墙)。

下面继续对美术资源进行类比，可以将材质想象为构成雕塑的媒介(泥土、黄铜、大理石等)。类似地，动画也是附加到可视化对象上的抽象信息层。

定义　动画是定义关联对象运动信息的信息包。因为这些运动能独立于对象本身而定义，所以它们能与多个对象混搭使用。

举个具体的例子,思考一下四处游走的角色。角色的位置通过游戏代码来处理(例如,第 2 章编写的移动脚本)。但脚踩踏地面,挥动手臂,扭动臀部这些具体的运动便是回放的动画序列,动画序列就是美术资源。

为了帮助读者理解动画和 3D 模型是如何关联在一起的,接下来用木偶表演做个类比:3D 模型是木偶,动画器(animator)是让木偶移动的木偶师,而动画则是木偶运动的记录。以这种方式定义的运动是提前创建好的,它通常进行小规模的移动,并且不改变对象的整体位置。这和前面章节中代码的大规模移动形成了鲜明对比。

表 4.1 中的最后一种美术资源为粒子系统。粒子系统用于创建可视化效果,如火焰、烟雾或喷水。

定义　粒子系统是用于生成和控制大量移动对象的规则机制。这些移动对象通常较小,因此称为粒子,但它们不一定非要很小。

粒子(也就是粒子系统控制下的独立对象)可以是所选的任何网格对象,但对于大多数效果而言,粒子会是一个显示图片(如火星或扩散的烟雾)的方块。

创建游戏美术资源的许多工作是在外部软件中完成,而不是在 Unity 中完成。材质和粒子系统是在 Unity 中创建,但其他美术资源均使用外部软件创建。参考附录 B可以了解更多相关的外部软件。有很多美术应用程序可用于创建 3D 模型和动画。在外部工具中创建的 3D 模型将最终保存为美术资源,并导入 Unity 中。在讲解如何建模(见附录 C)时,我使用的是 Blender (可以从链接[1]下载它),但这仅仅是因为 Blender是开源的,所有人可使用。

注意　本章下载的项目包含一个名为 scratch 的文件夹。该文件夹和 Unity 项目在同一个位置,但它不是 Unity 项目的一部分。scratch 中放置的是额外的外部文件。

在完成本章项目的过程中,你将看到大多数美术资源的示例(现在讲解动画还有一点复杂,因此在本书后面提及)。我们将使用 2D 图像、3D 模型、材质和粒子系统来构建一个场景。在某些情况下,一些示例将使用已有的美术资源,你将学习如何将其导入 Unity 中,但一些示例(特别是使用粒子系统时)将在 Unity 中从头创建美术资源。

本章仅浅尝辄止地介绍了游戏美术资源的创建,因为本书主要介绍如何在 Unity中编程,广泛涵盖美术学科将减少本书编程方面的内容。创建游戏美术资源本身就是一个巨大的主题,甚至可以写成几本书。大多数情况下,游戏编程人员需要与专业从事美术学科的艺术家合作。话虽如此,对于游戏程序员来说,了解 Unity 如何处理美术资源,甚至自己能创建粗糙的替代资源(通常称为程序员美术)会非常有用。

注意 本章不需要利用前面章节中的项目。但需要使用像第 2 章那样的移动脚本，才能在要构建的场景中走动。如果需要，可以从下载的项目中获取玩家对象和脚本。同样，本章最终会构建移动的对象，它与第 3 章创建的移动对象非常类似。

4.2 构建基础 3D 场景：白盒

第一个要创建的内容是白盒。这个过程通常是在计算机上创建关卡的第一步(在纸上设计关卡之后)。顾名思义，白盒使用空白几何体(即白盒)勾勒出场景的墙壁。查看表 4.1 中列出的不同美术资源，就会发现这个空白场景是一种最基础的 3D 模型，它提供了显示 2D 图像的基础。

如果回想一下第 2 章创建的原始场景，就会发现整个场景基本上都是白盒(只是尚未学习这个术语)。首先本节的部分内容将重新梳理第 2 章开头所做的一些工作，但会快速完成这个过程，然后更多地讨论新的术语。

注意 另一个常用的术语是灰盒。其含义其实相同。这里使用白盒，是因为它是我最先学到的术语，但使用灰盒也是可接受的。况且实际使用的颜色又和名称有所不同，就像蓝图不一定是蓝色的。

4.2.1 白盒的解释

使用空白几何体来描绘场景有两个目的。首先，该过程允许快速构建"草稿"，日后再慢慢完善它。该行为同关卡设计和/或关卡设计师密切相关。

定义 关卡设计是在游戏中规划和创建场景(或关卡)的过程。关卡设计师从事关卡的设计工作。

随着游戏开发团队的发展壮大，团队成员越来越专业，对于关卡设计师来说，常见的关卡创建工作流是通过白盒创建关卡的第一个版本。接着，将这个粗糙的关卡提交给美术团队，打磨视觉效果。但即使是一个小团队，由同一个人来负责设计关卡和创建游戏的美术资源，这种先创建白盒、再打磨视觉效果的工作流程也非常不错。毕竟游戏需要从某个地方开始，而白盒为构建视觉效果提供了基础。

使用白盒的第二个目标是关卡能快速达到可玩状态。关卡可能尚未完成(实际上，刚刚创建好白盒的关卡离完成还很远)，但这个粗糙的版本可以正常运行，能够支持玩家玩游戏。至少，玩家可以在场景中走动(参考第 2 章的演示游戏)。通过这种方式，当下就可以进行测试，确保关卡能正常运行(例如，房间大小对于这个游戏是否合适)，然后再投入更多的时间和精力处理细节工作。在白盒创建阶段，如果出错(例如，空间需要更大一些)，也很容易修改并重新测试。

而且，能在构建的关卡中玩游戏有利于提升士气。不要小觑这种好处：为场景构造所有视觉效果需要花费大量时间，如果玩家在体验游戏的任何功能之前需要等待很长的时间，会让人觉得进度缓慢。白盒能立刻构建完整(但非常基本)的关卡，在逐步改善游戏的同时让玩家能够玩游戏，这将激动人心。

明白了为什么关卡从白盒开始后，下面开始构建关卡！

4.2.2　为关卡绘制平面图

可以根据纸上设计的关卡在计算机中构建关卡。这里不过多地讨论关卡的设计。第 2 章提到了游戏的设计，而关卡设计(它是游戏设计的子集)是一个很大的分支，它本身的内容足够编写一整本书。为了便于讨论，下面绘制一个基本的关卡，在平面图中加入一些小设计从而为我们指明目标。

图 4.1 是一个简单布局的俯视图，其中的四个房间由中央走廊连接起来。目前需要的平面图如下：通过内墙隔开的一些区域。在真正的游戏中，平面图会更复杂，可能包括敌人和物品。

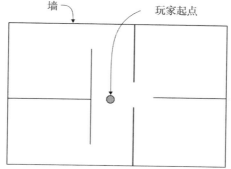

图 4.1　关卡的平面图：四个房间和一条中央走廊

可以通过创建这个平面图来练习白盒，也可以绘制简单的关卡来练习这个步骤。房间的具体布局在这个练习中并不重要。重要的是绘制好平面图，这样才能继续下一步。

4.2.3　根据平面图布局几何体

根据绘制好的平面图构建白盒关卡，需要定位并缩放一系列空盒子，使之成为图中的墙壁。如第 2 章的 2.2.1 节所述，选择 GameObject | 3D Object | Cube，创建空盒子，然后根据需要定位和缩放它。

使用 Unity 内置的高级关卡编辑工具

在本章介绍的工作流中，首先会用基本几何体构建关卡，然后通过外部 3D 美术工具构建最终的关卡几何体。然而，Unity 也提供了 ProBuilder，这是一个更强大的关卡编辑工具。你仍然可选择使用外部 3D 美术工具来构建详细的关卡，但 ProBuilder 甚至更优秀。

打开 Package Manager 窗口(选择 Window | Package Manager)，在 Unity 注册表中搜索 ProBuilder。一旦安装了这个包，它就会像 Unity 网站上描述的那样运行(详见链接[2])。

另一种编辑关卡的方法称为 CSG(Constructive Solid Geometry，构造性实体几何)。在这种方法中，将使用称为 brush 的形状，并且从最初的原型到最终的关卡几何体都是在 Unity 中构建。更多信息请访问 Realtime CSG (详见链接[3])。

第一个对象是场景的地面。在 Inspector 面板中，重命名对象，把它的 Y 轴调低为 -0.5，以处理盒子自身的高度，如图 4.2 所示。接着沿着 X 轴和 Z 轴缩放该对象。

对象名

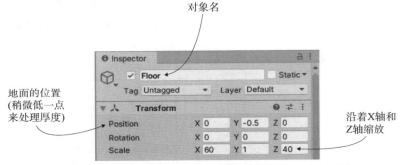

地面的位置
(稍微低一点
来处理厚度)

沿着X轴和
Z轴缩放

图 4.2　为制作地面而修改位置和缩放盒子的 Inspector 视图

重复这些步骤，创建场景中的墙壁。把墙壁作为一个公共基础对象的子对象，可以让 Hierarchy 视图更干净(记住使根对象位于(0, 0, 0)，然后在 Hierarchy 中把墙壁拖到根对象上)，但这不是必需的。接着也将一些简单的光源放到场景中，以便能看清场景中的对象。回顾第 2 章的内容可知，选择 GameObject 菜单下的 Light 子菜单即可创建光源。一旦完成了白盒的创建，关卡应该如图 4.3 所示。

玩家对象

房间(由内
墙分割开)

光源(关卡中
有一些光源)

图 4.3　图 4.1 中平面图的白盒关卡

设置玩家对象或摄像机要来回移动(通过角色控制器和移动脚本创建玩家,更完整的解释详见第 2 章的相关内容)。现在就能在原始场景中移动,体验并测试前面完成的工作。而这正是使用白盒的方式!很简单——但现在只有空白的几何体,接下来在墙壁上使用图片来点缀几何体。

将白盒几何体导出到外部美术工具

为关卡打磨视觉效果的许多工作是在诸如 Blender 这样的外部 3D 美术应用中完成的。因此,可能需要在美术工具中引用白盒几何体。默认情况下,在 Unity 内部创建的几何体没有导出选项。但 Unity 提供了一个可选的包(称为 FBX Exporter),将这个功能添加到了编辑器中。

打开 Package Manager 并搜索 FBX Exporter。这是一个预览包,因此需要在 Package Manager 窗口的 Advanced 菜单中选择 Show Preview Packages。一旦安装了这个包,它就会像 Unity 文档中描述的那样运行(详见链接[4])。

顺便说一句,用 ProBuilder 制作的关卡不需要使用这个包(ProBuilder 是前面提到的高级关卡编辑工具),因为该工具已经有了一个模型导出器。

4.3 使用 2D 图像为场景贴图

当前的关卡只是一个粗略的草图。它可以用于游戏,但很明显,在场景的视觉外观上还有很多工作要做。提高关卡外观的下一步是应用贴图。

定义 贴图是用于增强 3D 图形效果的 2D 图像。这是贴图这个术语的完整定义;只要认为贴图任何不同形式的用法都是这个术语定义的一部分,就不会混淆该定义。不管图像如何使用,它仍然是贴图。

注意 贴图一词常用作动词和名词。除了名词定义,这个词语还表示在 3D 图形中使用 2D 图像的这种行为。

贴图在 3D 图形中有多种用途,最直接的用法是显示在 3D 模型的表面。本章后面将讨论如何在复杂的模型上显示贴图,但对于白盒关卡,2D 图像就像贴在墙壁上的墙纸一样,如图 4.4 所示。

从图 4.4 中的贴图对比可以发现,贴图把明显不真实的数字建筑变成砖墙。贴图的其他用途包括使用蒙版来裁剪形状,使用法线贴图来生成凹凸不平的表面。附录 D 提及的资源中提供了有关贴图的更多信息。

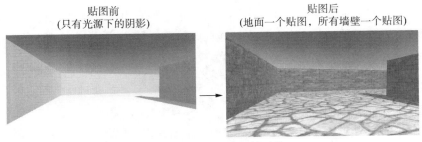

图 4.4　关卡贴图前后的对比

4.3.1　选择文件格式

2D 图像可以保存为不同的文件格式，应该使用哪一种格式呢？Unity 支持多种不同的文件格式，可以选择表 4.2 中的任何一种。

表 4.2　Unity 支持的 2D 图像文件格式

文 件 类 型	优　缺　点
PNG	通常用于万维网。无损压缩，带透明通道
JPG	通常用于万维网。有损压缩，无透明通道
GIF	通常用于万维网。有损压缩，无透明通道(技术上来讲，损耗并不是压缩造成的，而是当图片转为 8-bit 时导致数据丢失。最终导致了损耗)
BMP	Windows 上默认的图像格式。无压缩，无透明通道
TGA	通常用于 3D 图形。其他地方不常用。无损压缩或不压缩，带透明通道
TIFF	通常用于数字相片和出版。无损压缩或不压缩，无透明通道
PICT	旧 Mac 系统上的默认图像格式。有损压缩，无透明通道
PSD	Adobe Photoshop 原生文件格式。无压缩，有透明通道。使用这种文件格式的主要原因是可以直接使用 Photoshop 文件

定义　透明通道用于保存图像中的透明信息。可见颜色来自三个通道的信息：红、绿、蓝。Alpha 是附加的通道信息，它是不可见的，但控制了图像的透明度。

尽管 Unity 能导入表 4.2 中的任意图像类型，并用作贴图，但不同文件格式支持的功能有很大区别。对于作为贴图导入的 2D 图像，有两个因素特别重要：图像的压缩方式，以及是否有透明通道。

透明通道是一个直接的考虑因素。因为透明通道在 3D 图形中经常使用，因此首选有透明通道的图像。

图像压缩是一个比较复杂的考虑因素：可以归结为"有损压缩很糟糕"。不压缩和无损压缩能够保证图像的品质，而有损压缩降低了图像的品质(因此称为有损)，从而减少了文件的大小。

根据上述两个考虑因素，推荐将 PNG 和 TGA 这两种文件格式作为 Unity 贴图格式。在 PNG 广泛应用于互联网之前，TGA 曾是 3D 图形中最受欢迎的贴图文件格式。如今 PNG 在技术上几乎可以和 TGA 媲美，但 PNG 使用范围更广，因为 PNG 可用于网络和贴图。

PSD 通常也是推荐的 Unity 贴图格式，因为它是一种高级文件格式，便于将 Photoshop 中处理的文件直接用于 Unity。但最好将工作文件和导出到 Unity 的"已完成"文件分开来放(接下来介绍的 3D 模型文件也是同理)。

总之，我为示例项目提供的所有图像都是 PNG 文件格式，建议你也使用这种文件格式。下面将一些图片加入 Unity 中，并应用到空白场景。

4.3.2　导入图像文件

接下来创建并准备要使用的贴图。用于给关卡贴图的图像通常是可平铺的，因此它们能在地面之类的大平面上重复平铺。

定义　可平铺图像(有时称为无缝平铺图像)是排列在一起时对边能相互匹配的图像。这种图片能重复平铺，没有任何可见的缝隙。3D 贴图的概念就像网页上的壁纸一样。

可以通过几种不同的方式获得可平铺图像，例如处理照片，甚至手绘它们。很多网站和书籍上都有这些技术的教程和说明，在此不深入介绍。我们可从一些为 3D 艺术家提供这种图像的网站中获取一些可平铺图像。

例如，从网站链接[4]中可获取一些图像，用于关卡中的墙壁和地面(如图 4.5 所示)。可以寻找一些适合地面和墙壁的图像。我选择 BrickRound0067 和 BrickLargeBare0032。

图 4.5　从网站上获取无缝拼接的石头和砖块图像

　　下载需要的图像，准备将它们用作贴图。从技术上讲，可以在下载这些图像之后直接使用它们，但这些图像用作贴图并不完美。尽管它们的确是可平铺的(使用这些图像的一个重要原因)，但其大小并不合适，其文件格式也不正确。

　　贴图的大小(以像素为单位)应该为 2 的幂。出于技术上的有效性，显卡希望处理的贴图大小是 2 的 N 次幂：4、8、16、32、64、128、256、512、1024、2048(下个数字为 4096，但目前该尺寸的图像不适合用作贴图)。在图像编辑器(Photoshop、GIMP 或其他软件，参考附录 B)中，把下载的图像缩放为 256×256 像素，然后保存为 PNG 格式。

　　现在，在计算机中将文件从原来的位置拖到 Unity 的 Project 视图中。这会把该文件复制到 Unity 项目中(如图 4.6 所示)，此时可将它导入为贴图，并能用于 3D 场景中。如果觉得拖动文件比较麻烦，也可在 Project 视图中右击并选择 Import New Asset，打开文件拾取器。

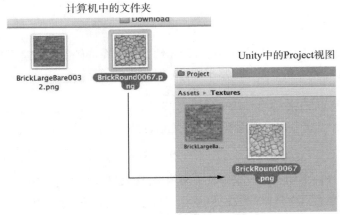

图 4.6　从 Unity 外部拖动图像并将其导入 Project 视图

提示　随着项目越来越复杂，最好将资源组织到不同的文件目录下。在 Project 视图中，创建 Scripts 和 Textures 文件夹并将资源移到相应的文件夹。只需要简单拖动文件到新文件夹。

警告　Unity 中有一些关键字也可用作文件夹的名称，这些特殊文件夹中的内容会以特殊的方式处理。这些关键字是 Resources、Plugins、Editor 和 Gizmos。后面将介绍这些特殊文件夹的作用，但现在只需要避免将文件夹命名为这些关键字。

　　现在图像已经作为贴图导入 Unity 中，可随时使用了。但如何将贴图应用到场景的对象上呢？

4.3.3　应用图像

从技术上讲，贴图不能直接应用到几何体上，但贴图可以是材质的一部分，而材质可以应用到几何体上。如前所述，材质是定义表面属性的一系列信息。材质信息可以包括在该表面上显示的贴图。这种间接应用的方式很重要，因为同一贴图可用于多个材质。也就是说，一种贴图通常用于一种不同的材质，因此为了方便，Unity 允许将一个贴图拖到对象上并自动创建一个新材质。

如果从 Project 视图中将一个贴图拖到场景的对象上，Unity 将创建新的材质，并将这个材质应用到对象上。图 4.7 演示了这种操作。现在尝试将贴图应用到地面上。

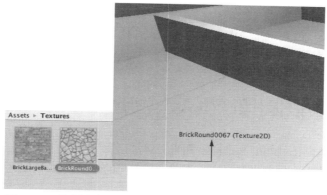

图 4.7　一种应用贴图的方式是把贴图从 Project 拖到场景对象上

除了上述自动创建材质的便捷方式，创建材质的"正常"方式是选择 Assets | Create | Material。新资源将显示在 Project 视图中。现在选择材质，使它的属性显示在 Inspector 面板中(如图 4.8 所示)，将贴图拖到主贴图槽。该设置被称为 Albedo(这是基色的专业术语)，而贴图槽是面板左侧的方块。此时，将材质从 Project 拖到场景中的对象上并应用到该对象上。现在尝试这些步骤，给墙壁贴图：创建一个新材质，将墙壁贴图拖到这个材质上，接着将材质拖到场景中的墙上。

现在，石头和砖块图像应该出现在地面和墙壁对象的表面上，但图像现在看起来被拉伸了并且相当模糊。这是因为拉伸了该图像以覆盖整个地面。下面需要设置图像在地面表面重复平铺的次数。

为此，可以使用材质的平铺属性来设置。在 Project 中选择材质，接着在 Inspector 面板中修改平铺数目(每个方向的平铺次数有单独的 X 和 Y 值)。确保设置的是 Main Maps 而不是 Secondary Maps(这个材质支持次级贴图，以获得高级效果)。默认平铺数目为1(即不平铺，直接拉伸图像，以覆盖整个表面)。修改平铺数目为8，观察场景中发生了什么。更改两个材质的平铺数目，使它们看起来更美观。

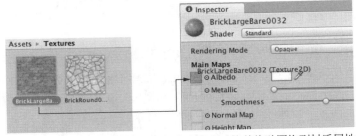

图 4.8　选择材质，在 Inspector 面板中观察它，接着将贴图拖到材质属性上

注意　像这样调整平铺属性，只适用于白盒几何体的贴图。在打磨好的游戏中，地面和墙壁将使用更复杂的美术工具来构建，包括设置它们的贴图。

现在已将贴图应用到场景的地面和墙壁上！还可以将贴图应用到场景的天空中，接下来介绍这个过程。

4.4　使用贴图图像产生天空视觉效果

砖块和石头贴图让墙壁和地面看起来更自然。而当前天空依然是空的，显得不真实。我们也想让天空看起来更真实。为此，最常见的做法是使用天空图片来进行特殊的贴图。

4.4.1　什么是天空盒

默认情况下，摄像机的背景色为深蓝色。通常，这个默认颜色填充了视图中的任何空白区域(如场景墙壁上方的区域)，但可以将天空的渲染图片作为背景。此时需要用到天空盒的概念。

定义　天空盒是一个包围摄像机的立方体，这个立方体的每个面都用天空图片贴图。不管摄像机面向什么方向，它看到的都是天空图片。

正确实现天空盒会很棘手。图 4.9 是天空盒工作原理的图解。需要一些渲染技巧使天空盒显示为远处的背景。幸运的是，Unity 已经处理好这些问题。

新场景实际上已经自带了很简单的默认天空盒。这正是天空从明亮渐变到暗蓝，而不是只有一种暗蓝色的原因。如果打开光源窗口(Window | Lighting | Settings)，切换到 Environment 选项卡，会看到第一个设置是 Skybox Material。这个窗口中包含许多与 Unity 中高级光源系统关联的设置面板，但现在只需要考虑第一个设置。

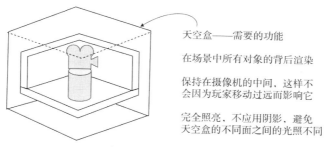

天空盒——需要的功能

在场景中所有对象的背后渲染

保持在摄像机的中间，这样不
会因为玩家移动过远而影响它

完全照亮，不应用阴影，避免
天空盒的不同面之间的光照不同

图 4.9　天空盒的图解

与之前的砖块贴图一样，可以从各种网站上获取天空盒图像。搜索 skybox textures
或从本书的示例项目中获得它们，例如，可以从 Heiko Irrgang(见链接[5])中获取
TropicalSunnyDay 系列的天空盒图像。将这个天空盒应用到场景，结果如图 4.10 所示。

与其他贴图一样，天空盒图像首先被赋给一个材质，然后在场景中使用这个材质。
接下来介绍如何创建新天空盒材质。

图 4.10　有天空背景图片的场景

4.4.2　新建天空盒材质

首先，创建一个新材质(像往常一样，右击并选择 Create 或者从 Assets 菜单中选择
Create)，选择刚创建的材质，并在 Inspector 面板中查看其设置。接下来需要改变这个
材质使用的着色器(shader)。材质设置的顶部有 Shader 菜单，如图 4.11 所示。本章的
4.3 节会忽略这个菜单，因为默认选项适合于大多数标准贴图，但天空盒材质需要一个
特殊的着色器。

定义　着色器是一种简短的程序，它列出了绘制表面的指令，包括是否使用贴图。计
　　　算机在渲染图像时使用这些指令来计算像素。最常见的着色器将使用材质的颜
　　　色，并根据光源决定明暗，但着色器也能用于实现各种视觉效果。

每个材质都有一个控制它的着色器(可以认为每种材质都是着色器的一个实例)。
新材质默认设置了标准着色器。在表面上应用光线和阴影的同时，该着色器会显示材质(包括贴图)的颜色。

对于天空盒，Unity 使用另一种着色器。单击菜单，观察下拉列表(如图 4.11 所示)中所有可用的着色器。选择 Skybox 部分，并在子菜单中选择"6 Sided"。启用这个着色器，材质现在有 6 个大的贴图槽(而不是标准着色器中小的 Albedo 贴图槽)。这 6 个贴图槽对应正方体的 6 个面，因此这些图像应在边缘处匹配，以实现无缝衔接。例如，图 4.12 显示了晴天天空盒的图像。

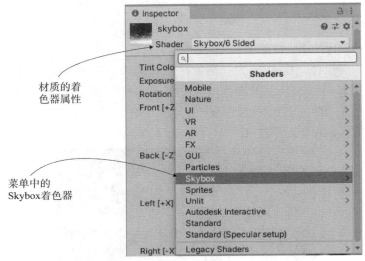

6 Sided 是打开的子菜单中的一个选项

图 4.11　下拉菜单中的可用着色器

图 4.12　天空盒侧面的六幅图像

将天空盒图像导入 Unity 的方式与导入砖块贴图一样：将文件拖到 Project 视图中，或在 Project 中右击，并选择 Import New Asset。只需要对导入设置进行简单修改：单击导入的贴图，在 Inspector 面板中查看它的属性，并将 Wrap Mode 设置(如图 4.13 所示)从 Repeat 修改为 Clamp(不要忘记在修改后单击 Apply)。通常贴图可以在表面上重复平铺，为了实现无缝衔接，图像的对边需要衔接起来。但这种边缘混合会在天空中图像的交接处产生模糊的线条，因此 Clamp 设置(类似第 2 章的 Clamp()函数)会限制贴图的边界，并去除这种混合。

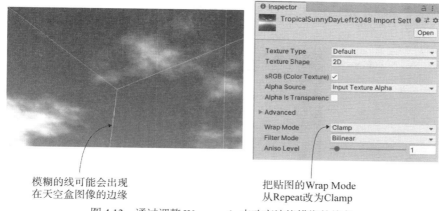

模糊的线可能会出现
在天空盒图像的边缘

把贴图的Wrap Mode
从Repeat改为Clamp

图 4.13 通过调整 Wrap mode 来改变边缘模糊的线条

现在可以将这些图像拖到天空盒材质的贴图槽。图像名称对应于要分配的贴图槽(如 left 或 front)。六个贴图都链接完之后，就可以使用新材质作为场景中的天空盒。重新打开 lighting 窗口，将新材质设置为 Skybox 槽；可以将材质拖到 Skybox 槽上，或单击小圆圈图标，打开文件拾取器。现在单击 Play，查看新的天空盒。

提示 默认情况下，Unity 将在编辑器的 Scene 视图中显示天空盒(或者至少显示它的主色)。当编辑对象时，这种背景颜色可能会分散注意力，因此可以将天空盒切换为开启或关闭状态。在 Scene 视图顶部的窗格里，有控制是否显示天空盒的按钮，找到开启或关闭天空盒的 Effects 按钮即可。

这就学会了如何为场景创建天空视觉效果！天空盒是一种优雅方式，能营造一种氛围并让玩家有身临其境的感觉。打磨关卡中的视觉效果的下一步是创建更复杂的 3D 模型。

4.5 使用自定义 3D 模型

前面章节讨论了如何将贴图应用到关卡中大而平坦的墙壁和地面上。但细节化的对象又该如何处理？如果想要在房间中摆放几件有趣的家具，该怎么办？为此，可以通过在外部 3D 美术应用程序中建立 3D 模型来解决此类问题。回想本章前面的定义：3D 模型是游戏中的网格对象(即三维形状)。接下来导入一个简单长凳的 3D 网格模型。

广泛用于 3D 对象建模的应用程序有 Autodesk 的 Maya 和 3ds Max。这些都是昂贵的商业化工具，因此本章的示例使用开源软件 Blender。下载的示例文件中包括可以使用的.blend 文件，图 4.14 展示了 Blender 中的长凳模型。如果你希望学习如何为自己的对象建模，可以在附录 C 中找到在 Blender 中建模这个长凳的练习。

这包括3D网格几何体和
应用到网格上的贴图

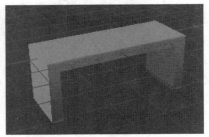

图 4.14　Blender 中的长凳模型

除了自定义模型或设计师定制的模型，还可从游戏美术资源网站下载很多可用的 3D 模型。一个下载 3D 模型的资源网站是 Unity 的 Asset Store，可以在 Unity 内部访问，或通过链接[6]访问。

4.5.1　选择文件格式

在获得外部美术工具制作的模型后，就要从这个软件导出资源。像 2D 图像一样，当导出 3D 模型时，有很多不同的文件格式可用，而这些文件格式各有优缺点。表 4.3 列出了 Unity 支持的 3D 模型文件格式。

表 4.3　Unity 支持的 3D 模型文件格式

文 件 类 型	优　缺　点
FBX	网格和动画。可用时推荐使用
COLLADA(DAE)	网格和动画。当 FBX 文件格式不可用时，该文件格式是一个不错的选择
OBJ	只有网格。这是文本格式，因此有时用于互联网上的传输流
3DS	只有网格。比较老的原始模型格式
DXF	只有网格。比较老的原始模型格式
Maya	通过 FBX 工作。需要安装 Maya 软件
3ds Max	通过 FBX 工作。需要安装 3ds Max 软件
Blender	通过 FBX 工作。需要安装 Blender 软件

选择哪种文件格式取决于该文件是否支持动画。由于只有 COLLADA 和 FBX 包含动画数据，因此只能选择这两个选项。只要 FBX 导出选项可用(不是所有的 3D 工具都支持导出 FBX 选项)，就使用该选项。但如果使用的工具不能导出 FBX，也可使用 COLLADA。在本例中，Blender 支持导出 FBX，因此使用该文件格式。

glTF 文件格式

虽然 FBX 是内置的最佳 3D 格式，但你可能更想使用 Unity 中的 glTF 文件。这种更新的 3D 文件格式正日益流行。glTF 规范由 Khronos Group 开发，该组织也开发了 COLLADA，并仍在维护 Unity 插件(详见链接[7])。

我个人觉得 glTF 插件不实用，我更喜欢一个名为 Siccity 的用户制作的 GLTFUtility 包(详见链接[8])。

注意，表 4.3 的底部列出了一些 3D 美术应用程序。Unity 允许直接将这些应用程序的文件拖到项目中，起初此功能看似方便，但也有要注意的地方。

首先 Unity 没有直接加载这些应用程序的文件，而是在后台导出模型，再加载导出的文件。因为模型最终都会导出为 FBX，所以最好显式地执行这一步。此外，这种导出需要安装对应的应用程序。如果计划在多台计算机中共享这些文件(例如，开发团队一起工作)，这点就很难做到。不建议直接在 Unity 中使用 3D 美术应用程序的文件。

4.5.2　导出和导入模型

下面从 Blender 导出模型，再把它导入 Unity。首先在 Blender 中打开长凳，然后选择 File | Export | FBX。保存文件后，把它导入 Unity，其方式与导入图像相同。从计算机中将 FBX 文件拖到 Unity 的 Project 视图，或者在 Project 中右击并选择 Import New Asset。3D 模型会被复制到 Unity 项目中，这样便可放入场景中。

> **注意**　下载的示例中包括.blend 文件，因此可以练习从 Blender 中导出 FBX 文件。虽然不一定要自己建模，但可能需要把下载的模型转换为 Unity 能接受的格式。如果想跳过涉及 Blender 的所有步骤，可以使用已提供的 FBX 文件。

下面需要立刻修改一些导入设置。首先，Unity 默认把导入模型缩到很小(图 4.15 显示了模型选中时 Inspector 面板中的信息)，要把 Scale Factor 改为 50，以部分抵消值为 0.01 的 Convert Units 设置。还要选中 Generate Colliders 复选框，不过这是可选的(如果没有碰撞器，会出现穿过长凳的情形)。接着在导入设置中切换到 Animations 标签，取消选中 Import Animation(这个模型不需要动画)。完成这些更改后，单击底部的 Apply 按钮。

上面讨论了导入的网格，现在来看贴图。导入长凳贴图(如图 4.16 所示)的方式与之前将砖块贴图分配给墙壁的方式一样：将贴图图像文件从项目的 scratch 文件夹拖到 Unity 的 Project 视图中，或者在 Project 视图中右击并选择 Import New Asset。现在图像看起来有点古怪，图像的不同部分出现在长凳的不同位置上。可通过编辑模型的贴图坐标来定义图像到网格的这种映射。

默认尺寸太小，因此
将比例设置为50

可选：生成碰撞
器，否则可以穿
过长凳

完成导入设置中的更改
后单击Apply按钮

关闭动画，因为这
个长凳是静态的

图 4.15　调整 3D 模型的导入设置

这个图像通过"贴图
坐标"关联到模型

为理解贴图坐标的概念，
请参阅附录C

图 4.16　用于长凳贴图的 2D 图像

定义　贴图坐标是一系列额外值，表示贴图图像的区域对应的多边形的每个顶点。想象一下包装纸，3D 模型是将被包装的盒子，贴图是包装纸，贴图坐标表示盒子的每个点对应包装纸的哪个地方。

注意　即使不想建模长凳，也可以在附录 C 中阅读有关贴图坐标的详细解释。贴图坐标(以及其他的相关术语，如 UV 和映射)有助于你理解游戏编程。

　　当 Unity 导入 FBX 文件时，它也生成了一个与 Blender 中的材质具有相同设置的材质。如果已将 Blender 中使用的贴图图像文件导入 Unity 中，生成的材质将自动关联到该贴图。如果自动关联失效，或者需要使用一个不同的贴图图像，那么可以提取模型的材质进行进一步的编辑。如图 4.15 所示，在 Materials 选项卡下，可以找到一个 **Extract Materials** 按钮。现在可以选择材质资源，然后将图像拖到 Albedo，就像对砖墙所做的那样。

新材质通常太明亮，所以需要将
Smoothness 设置减至 0(表面越光滑，
就越明亮)。最后，根据需要调整完所
有设置后，就可以将长凳放在场景中
了。将模型从 Project 视图拖到关卡的
某个房间中；随着鼠标的拖动，可以
在场景中看到长凳。放置好长凳后，
结果如图 4.17 所示。恭喜你已经为关
卡创建了带贴图的模型！

图 4.17　关卡中导入的长凳

注意　通常需要使用由外部工具创建的模型来替代白盒几何体，但本章不打算这样
做。新几何体可能看起来基本一样，但你可以更灵活地控制其贴图。

使用 Mecanim 为角色创建动画

前面创建的模型是静态的，一直停留在放置它的位置。也可以在 Blender 中为它
创建动画，并在 Unity 中播放动画。创建 3D 动画是一个漫长而复杂的过程，本书不是
一本关于动画的书，因此不会过多讨论。建模时我们也提到，如果想要学习 3D 动画，
有很多现有资源可供参考。但注意，3D 动画涵盖的范围很广。正因如此，动画师是游
戏开发中的一个特殊角色。

Unity 中有一个称为 Mecanim 的专门系统，用于管理模型上的动画。Mecanim 一
词代表更新、更高级的动画系统，它作为旧动画系统的替代被添加到 Unity 中。旧动
画系统仍然存在，标识为 legacy animation。但旧动画系统将在 Unity 的后续版本中被
移除，那时 Mecanim 将成为指定的动画系统。

但是本章没有使用任何动画，后续章节将介绍如何播放关于角色的动画。

4.6　使用粒子系统创建效果

除了 2D 图像和 3D 模型，粒子系统是游戏设计师创建的另一种可视化内容。本章
引言中的定义阐明了粒子系统是一种创建并控制大量移动对象的规则机制。粒子系统
可用于创建视觉效果，诸如火焰、烟雾或喷水。例如，图 4.18 是使用粒子系统创建的
火焰效果。

不同于大多数美术资源通过外部工具创建，再导入项目中，粒子系统是通过 Unity
自身创建的。Unity 提供了一些灵活且功能强大的工具来创建粒子效果。

注意　与 Mecanim 动画系统一样，Unity 过去使用旧的 Legacy 粒子系统，而新的系统有
　　　一个特殊的名称 Shuriken。现在，旧的 Legacy 粒子系统已被移除，因此名称也不
　　　再需要。

　　首先，创建一个新的粒子系统并观察默认效果。从 GameObject 菜单选择 Effects |
Particle System，就会看到基本的白色小球从新对象开始往上喷洒。更精确地说，当选
中对象后，粒子就往上喷洒。在选择一个粒子系统后，在场景的角落将显示粒子回放
面板，它指示经过了多长时间，如图 4.19 所示。

暂停或重置场景中
播放的粒子效果

单击并拖动 "Playback Time"
标签，会向前或向后播放

图 4.18　使用粒子系统创建的火焰效果 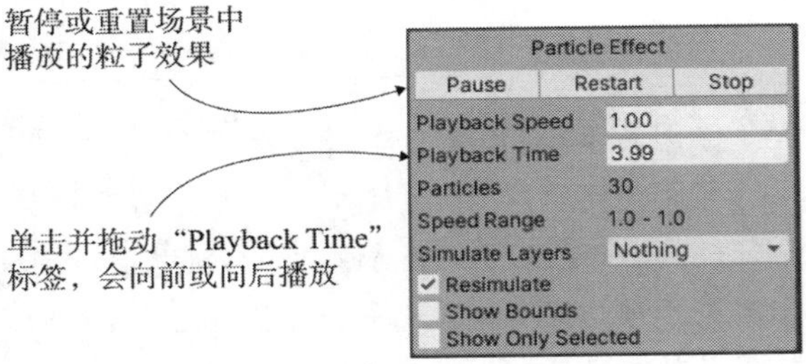　　　　　图 4.19　粒子系统的回放面板

　　默认效果看起来相当平滑，下面浏览一下可用于定制效果的参数。

4.6.1　调整默认效果的参数

　　图 4.20 显示了粒子系统的完整设置列表。在此不打算解释列表中的每个设置，而
是讨论火焰效果的对应设置。明白一些设置的用法之后，其他设置自然就容易理解了。
每个设置标签实际是一个完整的信息面板。最初只展开了第一个信息面板，其他面板
都折叠起来了。单击设置的标签可以展开信息面板。

提示　很多设置可通过在 Inspector 面板底部显示的曲线来控制。该曲线描述了值随时
　　　间的变化情况: 图的左边表示粒子首次出现的时间，右边表示粒子消逝的时间，
　　　底部的值为 0，顶部为最大值。在图中拖动点，并在曲线上双击或右击，可以插
　　　入新的点。

　　如图 4.20 所示调整粒子系统的参数，使该粒子系统看起来更像一束火焰。

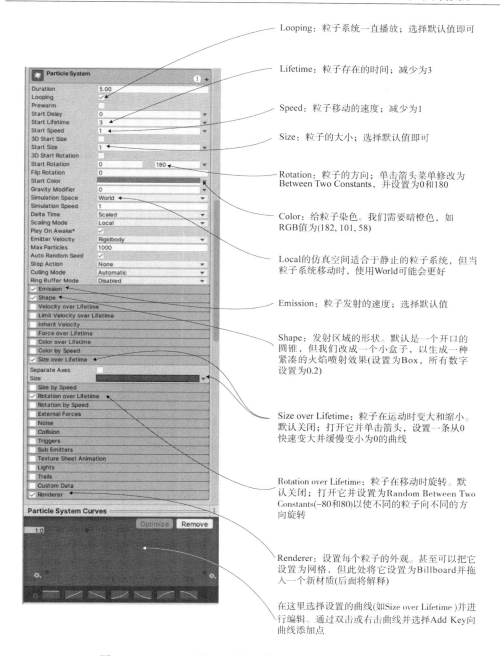

Looping：粒子系统一直播放；选择默认值即可

Lifetime：粒子存在的时间；减少为3

Speed：粒子移动的速度；减少为1

Size：粒子的大小；选择默认值即可

Rotation：粒子的方向；单击箭头菜单修改为
Between Two Constants，并设置为0和180

Color：给粒子染色。我们需要暗橙色，如
RGB值为(182, 101, 58)

Local的仿真空间适合于静止的粒子系统，但当
粒子系统移动时，使用World可能会更好

Emission：粒子发射的速度；选择默认值

Shape：发射区域的形状。默认是一个开口的
圆锥，但我们改成一个小盒子，以生成一种
紧凑的火焰喷射效果(设置为Box，所有数字
设置为0.2)

Size over Lifetime：粒子在运动时变大和缩小。
默认关闭；打开它并单击箭头，设置一条从0
快速变大并缓慢变小为0的曲线

Rotation over Lifetime：粒子在移动时旋转。默
认关闭；打开它并设置为Random Between Two
Constants(−80和80)以使不同的粒子向不同的方
向旋转

Renderer：设置每个粒子的外观。甚至可以把它
设置为网格，但此处将它设置为Billboard并拖
入一个新材质(后面将解释)

在这里选择设置的曲线(如Size over Lifetime)并进
行编辑。通过双击或右击曲线并选择Add Key向
曲线添加点

图 4.20　Inspector 面板显示粒子系统的设置(火焰效果的设置)

4.6.2 为火焰应用新贴图

现在粒子系统看起来更像是喷射的火焰，但效果依然需要粒子看起来像火焰，而不是白点。这需要将一个新图像导入 Unity 中。图 4.21 是一幅绘制好的图像，其中有一个橙色点并使用 Smudge 工具绘制卷曲的火焰(接着用黄色绘制了相同的形状)。

无论是使用示例项目中的这个图像、拖入自己的图像还是下载类似的图像，都需要将图像文件导入 Unity

图4.21 用于火焰粒子的图像

中。如前所述，将图像文件拖到 Project 视图或者选择 Assets | Import New Asset。

类似于 3D 模型，贴图没有直接应用于粒子系统。将贴图添加到一个材质上，再将该材质应用到粒子系统。创建新材质并选择它，以便在 Inspector 面板中显示它的属性。把 Project 视图中的火焰图像拖到贴图槽上。这样就将火焰贴图关联到火焰材质上了，现在需要将材质应用到粒子系统中。如图 4.22 所示进行操作：选择粒子系统，展开设置底部的 Renderer，并将材质拖到 Material 槽上。

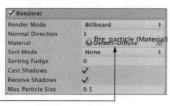

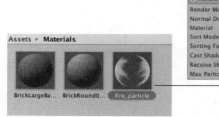

图 4.22　将材质应用到粒子系统中

与天空盒材质一样，需要修改粒子材质的着色器。单击材质设置顶部的 Shader 菜单，查看可用着色器的列表。与默认材质不同，粒子的材质需要使用 Particles 子菜单下的一个着色器。如图 4.23 所示，本例需要选择 Standard Unlit。现在将材质从 Rendering Mode 切换为 Additive。这会让粒子在场景中变得朦胧和明亮，犹如火焰一般。

定义　Additive 是一种着色器效果，它将粒子颜色叠加到它背后的颜色上，而不是替换像素颜色。这使得像素更明亮，而粒子的黑色部分变得不可见。这些着色器的视觉效果和 Photoshop 中的 Additive 图层效果一样。

警告　改变这个着色器可能会导致 Unity 发出一个关于需要"apply to systems"的警告。此时，单击 Inspector 面板底部的 Apply to Systems 按钮。

将火焰材质应用到火焰粒子效果，结果如图 4.18 所示。这看起来更像真实的火焰喷射，但该效果不仅用于静止状态，接下来将它附加到一个运动的对象上。

图 4.23　为火焰粒子材质设置着色器

4.6.3　将粒子效果附加到 3D 对象上

创建一个球体(选择 GameObject | 3D Object | Sphere)。新建一个名为 BackAndForth 的脚本，如代码清单 4.1 所示，并将该脚本附加到新球体上。

代码清单 4.1　沿着直线路径前后移动对象

```
using System.Collections;
using System.Collections.Generic;
using UnityEngine;

public class BackAndForth : MonoBehaviour {
    public float speed = 3.0f;          对象移动的位置范围
    public float maxZ = 16.0f;
    public float minZ = -16.0f;

    private int direction = 1;          当前对象往哪个方向移动

    void Update() {
        transform.Translate(0, 0, direction * speed * Time.deltaTime);

        bool bounced = false;
        if (transform.position.z > maxZ || transform.position.z < minZ) {
            direction = -direction;        来回切换方向

                                           如果对象切换方向，则在新方向上应用第二次移动
            bounced = true;
        }
        if (bounced) {
            transform.Translate(0, 0, direction * speed * Time.deltaTime);
        }
    }
}
```

运行上述脚本，球体在关卡的中央走廊中来回滑动。现在可以让粒子系统成为球体的子对象，火焰将随着球体移动。如同处理关卡的墙壁一样，在 Hierarchy 视图中将

粒子对象拖到球体对象上。

警告 通常，需要在对象成为另一个对象的子对象之后重置子对象的位置。例如，粒子系统应定位在(0, 0, 0)，这是相对它的父对象而言。Unity 会在对象成为子对象前保存它的位置。

现在粒子系统随着球体运动。但是，火焰没有因为球体运动而偏转，这看起来不自然。这是因为，默认情况下，粒子只能在粒子系统的局部空间中移动。为了完成火球效果，找到粒子系统设置中的 Simulation Space(位于图 4.20 的顶部面板)，将它从 Local 切换为 World。

注意 在本脚本中，对象是在直线上前后移动，但电子游戏中的对象通常在更复杂的路径上移动。Unity 也支持复杂的导航和路径，更多内容详见链接[9]。

相信此时你已渴望将自己的想法应用到游戏中，为这个示例游戏添加更多内容。你应该这样做——可以创建更多的美术资源，甚至通过引入第 3 章中开发的射击机制来测试所掌握的技能。下一章会开始一个新游戏，切换到另一类游戏。尽管后面的章节将转向介绍其他游戏类型，但本书前 4 章的内容依然能应用其中并发挥作用。

4.7　小结

- 美术资源是表示所有图形的术语。
- 白盒是关卡设计师用于分隔空间的第一步。
- 贴图是显示在 3D 模型表面上的 2D 图像。
- 3D 模型在 Unity 外部创建并作为 FBX 文件导入。
- 粒子系统可用于创建很多可视化效果(火焰、烟雾、喷水等)。

第 II 部分

轻 松 工 作

前面在 Unity 中构建了第一个游戏原型，现在准备处理其他游戏类型以扩展基础知识。目前，Unity 的用法流程很相似：创建包含各种功能的脚本，将对象拖到 Inspector 面板对应的槽上等。你不会再被操作界面的细节所困扰，这意味着剩余章节不再需要提及基础知识。接下来完成其他一系列项目，逐步提升你在 Unity 中开发游戏的能力。

第5章

使用 Unity 的 2D 功能
构建一款记忆力游戏

本章涵盖：
- 在 Unity 中显示 2D 图形
- 使对象可以单击
- 通过编程加载新图像
- 使用 UI 文本来管理和显示状态
- 加载关卡并重新开始游戏

前面一直在处理 3D 图形，其实也可以在 Unity 上使用 2D 图形，因此本章将构建一个 2D 游戏。我们将开发一款经典的儿童记忆力游戏：游戏将显示卡片背面的网格，当单击时显示卡片的正面，卡片匹配则记录分数。这些技术涵盖了在 Unity 中开发 2D 游戏必知的基础知识。

尽管 Unity 作为 3D 游戏工具而生，但它也可以用于 2D 游戏。Unity 从 2013 年的 4.3 版本开始增加了显示 2D 图形的功能，但之前已经有使用 Unity 开发的 2D 游戏(特别是移动游戏，它受益于 Unity 跨平台的特性)。在之前的 Unity 版本中，游戏开发者需要第三方框架，以便在 Unity 的 3D 场景中模拟 2D 图形。最终，核心编辑器和游戏引擎已修改为包含 2D 图形，而本章将介绍这些新功能。

Unity 中的 2D 工作流程和开发 3D 游戏的工作流程差不多：导入美术资源，将它们拖到场景中，然后编写脚本以关联对象。在 2D 图形中，主要的美术资源称为 sprite (一种 2D 图形对象)。

> **定义**　sprite 是直接显示在屏幕上的 2D 图像,和显示在 3D 模型表面的图像(贴图) 不同。

类似将图像作为贴图导入(参阅第 4 章)的方式,可将 2D 图像作为 sprite 导入 Unity 中。从技术上讲,这些 sprite 是 3D 空间中的对象,但它们都是垂直于 Z 轴的平面。由于它们面向相同的方向,因此可以让摄像机直接对准 sprite,而玩家只能沿着 X 和 Y 轴移动(在二维空间中)。

第 2 章中讨论了坐标轴:三维是加入了同时垂直于你所熟悉的 X 轴和 Y 轴的 Z 轴。二维则只有 X 轴和 Y 轴(正是老师在数学课上讲的内容)。

5.1　设置 2D 图形

下面将创建经典的记忆力游戏。对于不熟悉这款游戏的人而言,在该游戏中,一些卡片先设置为正面朝下。每张卡片在某个地方都会有一张匹配的卡片,但是玩家只能看到该卡片的背面。玩家能一次翻开两张卡片,看是否匹配;如果选中的两张卡片不匹配,这两张卡片会再次翻转回去,让玩家继续猜。

图 5.1 展示了要构建的游戏原型。可以把图 5.1 与第 2 章的路线图进行对比。注意,该原型此时描绘了玩家看到的画面(而 3D 场景原型描述了玩家周围的空间和用于玩家观察场景的摄像机位置)。知道了要构建什么场景,就该开始工作了!

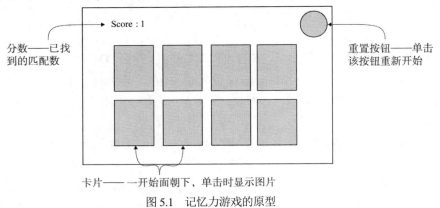

图 5.1　记忆力游戏的原型

5.1.1　为项目做准备

第一步是为游戏收集并显示图形。与之前构建 3D 演示游戏的方式大同小异,需要在开发新游戏之前,准备好游戏操作所需的最小图形集合。在这些工作完成后,就可以开始编写游戏功能。

这意味着需要创建图 5.1 所示的对象：用于隐藏卡片的卡片背面、当卡片翻过来时的若干卡片正面、显示在角落的分数、显示在另一个角落的重置按钮。另外，场景还需要一个背景，因此下面将所有美术需求整理在图 5.2 中。

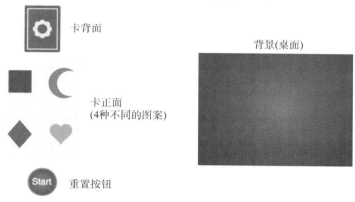

卡背面

背景(桌面)

卡正面
(4种不同的图案)

重置按钮

图 5.2　记忆力游戏所需的美术资源

提示　和前面一样，本项目的完成版本，包括所有必需的美术资源，都可以从本书的网站上下载，详见链接[1]。可以将这些图像复制到自己的项目中。

收集所需的图像，接着在 Unity 中创建新项目。在出现的 New Project 窗口中，注意项目模式(如图 5.3 所示)可以在 2D 和 3D 模式间进行切换。前几章处理的是 3D 图形，而 3D 是默认模式，因此我们没有关注这个设置。然而本章将在创建新项目时选择 2D 模式。

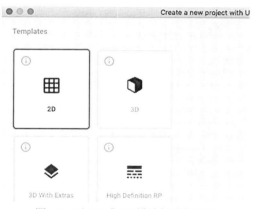

图 5.3　以 2D 或 3D 模式创建新项目

2D Editor 模式和 2D Scene 视图

新项目的 2D/3D 设置调整了 Unity 编辑器中两个不同的设置，这两个设置都可以在以后手动调整。这两个设置是 2D Editor 模式和 2D Scene 视图。2D Scene 视图将控制在 Unity 中如何显示场景。如图 5.4 所示，切换位于 Scene 视图顶部的 2D 按钮即可。

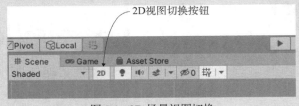

图 5.4　2D 场景视图切换

设置 2D Editor 模式时，可以打开 Edit 菜单，并选择 Project Settings 下拉菜单中的 Editor。在这些设置中，Default Behavior Mode 设置有 3D 或 2D 选项，如图 5.5 所示。

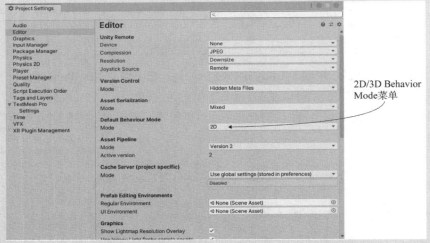

图 5.5　Edit | Project Settings | Editor 中的 Default Behavior Mode 设置

将编辑器设置为 2D 模式，会将导入的图像设置为 Sprite。如第 4 章所示，图像被导入为贴图。但这在 Inspector 面板中很容易切换。只需选择资源以查看其设置，并记住在进行任何更改后单击 Apply 按钮。

2D 编辑器模式也使得新场景缺乏默认的 3D 光源设置。这种光源虽然不会影响 2D 场景，但它并不是必需的。如果需要手动移除它，删除新场景中的方向光，并在 lighting 窗口中关闭天空盒(单击小圆圈图标，打开文件选择器，并从列表中选择 None)。

在为本章创建新项目并设置为 2D 模式之后，可以开始将图像放到场景中。

5.1.2　显示 2D 图像(sprite)

将所有图像文件拖到 Project 视图，以导入它们，确认将图像作为 sprite 而不是贴图导入(如果将编辑器设置为 2D 模式，就会自动作为 sprite 导入。选择一个资源，在 Inspector 面板中查看它的导入设置)。现在将 table_top(背景图像) sprite 从 Project 视图拖到空场景中，并保存场景。同网格对象一样，Inspector 面板中包含 sprite 的 Transform 组件。输入(0, 0, 5)来定位背景图像。

提示　另一个需要关注的导入设置是 Pixels Per Unit。由于 Unity 最开始为 3D 引擎，后来才引入 2D 图形，因此 Unity 中的一个单位不一定是图像中的一个像素。可以设置Pixels Per Unit为1∶1,但建议使用默认的100∶1(因为物理引擎在1∶1 的情况下不能正常运行，并且默认设置也能更好地兼容别人的代码)。

使用 Sprite Packer 创建图集

虽然这个项目使用单独的图像，但是可以在单个图像中放置多个sprite。当动画的许多帧被组合成一张图片时，这张图片通常称为 sprite sheet，但是将多个图片组合成一张图片的专业术语是图集。

动画 sprite 在 2D 游戏中很常见，这些将在下一章中实现。可以将多个帧作为多个图像导入，但游戏通常会将所有动画帧放在一个 sprite sheet 中。基本上，所有独立的帧都将以网格的形式显示在一个大图像上。

除了把动画帧组合在一起, sprite 图集也常用于静态图像。因为图集可以在两个方面优化 sprite 的性能：①把它们紧凑地打包在一起，减少空间的浪费，②减少视频卡的绘制调用(每加载一个新图像将导致视频卡多做一些工作)。

可以使用 TexturePacker(见附录 B)等外部工具来创建 sprite 图集，这种方法肯定有效。但 Unity 包含 sprite 打包功能，它可以自动将多个 sprite 打包在一起。要使用此功能，请在 Editor 设置中启用 Sprite Packer(选择 Edit | Project Settings，把 Mode 切换为 Always Enabled)。现在即可创建包含独立 sprite 的 sprite 图集资源。要了解更多信息，请通过链接[2]查看 Unity 文档。

显然，X 和 Y 位置为 0(sprite 将填充整个场景，因此需要让它位于中心)，但 Z 轴位置为 5 看起来有点奇怪。对于 2D 图形，不应该只关心 X 和 Y 吗？X 和 Y 是在 2D 屏幕上影响对象定位的唯一坐标值；然而 Z 坐标值依然会影响对象的堆叠。

Z 值越低，离摄像机越近，因此 Z 值越低的 sprite 越会显示在其他 sprite 上方(见图 5.6)。因此，背景 sprite 的 Z 值应该最高。不妨将背景设置为正的 Z 值，并让其他 sprite 的 Z 值为 0 或负数。

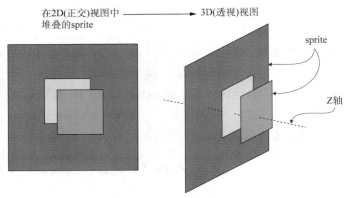

图 5.6   sprite 如何沿着 Z 轴堆叠

由于之前提到的 Pixels Per Unit 设置，其他 sprite 的位置最多由小数点后两位的值来决定。比例 100∶1 意味着图像上的 100 像素就是 Unity 中的 1 个单位。换句话说，1 个像素是 0.01 单位。但在将更多的 sprite 放到场景中之前，先设置游戏的摄像机。

5.1.3   将摄像机切换为 2D 模式

现在调整场景中主摄像机的设置。你可能会认为，因为 Scene 视图设置为 2D，所以在 Unity 中看到的效果将和游戏中看到的效果一样。然而，事实并非如此。

警告 不管 Scene 视图是否设置为 2D，对正在运行的游戏中的摄像机视图都没有影响。

事实是不管 Scene 视图是否设置为 2D 模式，游戏中摄像机的设置都是独立的。这在很多情况下都很方便，可以将 Scene 视图切换为 3D 来处理场景中的一些效果。这种 Scene 视图和游戏摄像机视图的拆分意味着，在 Unity 中看到的效果不一定与在游戏中看到的一样，而初学者很容易忘记这一点。

要调整的摄像机设置中最重要的是 Projection(投影)。虽然摄像机的投影可能是正确的，因为新项目是以 2D 模式创建的，但了解并再次检查该设置依然很重要。在 Hierarchy 中选择摄像机，并在 Inspector 面板中观察它的设置，接着查找 Projection 设置(如图 5.7 所示)。对于 3D 图形，这个设置应该是 Perspective，但对于 2D 图形，摄像机的投影应该是 Orthographic。

定义 Orthographic 是一个术语，用于表示没有明显透视的平面摄像机视图。它与 Perspective 摄像机视图(距离 Perspective 摄像机越近的对象看起来越大，而距离摄像机越远，对象就越小)相反。

尽管 Projection 模式是 2D 图形中最重要的摄像机设置，但还有其他一些设置也需要调整。接下来看看 Size 设置，该设置位于 Projection 的下方。摄像机的 Orthographic

大小决定了从屏幕中心到屏幕顶部的摄像机视图大小。换句话说，宜将 Size 设置为所需屏幕像素尺寸的一半。如果稍后将部署的游戏的分辨率设置为相同的像素尺寸，将得到像素完美的图形。

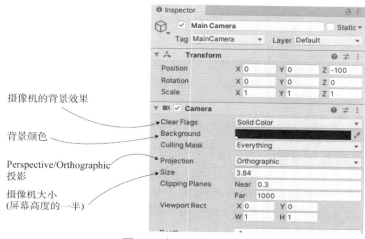

图 5.7　为 2D 图形调整摄像机设置

定义　像素完美(Pixel-perfect)意味着屏幕上的一个像素对应图像中的一个像素(否则，视频卡会使图像在放大到填满屏幕时变得模糊)。

例如，假设要在分辨率为 1024×768 的屏幕上实现像素完美。这意味着摄像机的高度应该是 384 像素。再除以 100(Pixels-to-units 的比例尺)，就得到摄像机大小为 3.84。再一次声明，数学公式是 SCREEN_SIZE / 2 / 100f(f 表明是 float 值，而不是 int 值)。如果背景图像的分辨率是 1024×768(选择资源时选中其尺寸复选框)，则显然需要的摄像机大小是 3.84。

在 Inspector 面板中，剩余两处需要调整的是摄像机的背景颜色和 Z 轴位置。如之前对 sprite 的描述所述，更高的 Z 轴位置意味着距离场景越远。因此，摄像机应该有更低的 Z 坐标值。设置摄像机的位置为(0, 0, -100)。接下来，确保相机的 Clear Flag 设置为 Solid Color，而不是 Skybox。这个设置决定了相机的背景颜色。摄像机的背景颜色应该为黑色(默认颜色为蓝色)，这样当屏幕比背景图像宽时(这种情况很有可能发生)，屏幕两侧不会出现奇怪的样子。单击 Background 旁边的颜色板，并通过颜色拾取器设置为黑色。

现在保存场景为 Scene，并单击 Play 按钮，桌面背景 sprite 就会填充 Game 视图。正如你所看到的，实现这一功能并不那么简单(再次说明，这是因为 Unity 是一个 3D 游戏引擎，最近才移植了 2D 图像)。但桌面还完全是空的，因此接下来将一张卡片放到桌面上。

5.2   构建卡片对象并使它响应单击

现在导入了所有的图像，可以使用了，接下来构建这个游戏中的核心——卡片对象。在记忆力游戏中，所有的卡片最初都是正面朝下，仅当玩家选择翻开一对卡片时，它们才临时正面朝上。为此，需要创建由多个 sprite 堆叠在一起的对象。接着编写代码，使这些卡片在用鼠标单击时显示出来。

5.2.1   用 sprite 构建对象

将一个卡片图像拖到场景中。使用一张卡片的正面，因为要在上面增加一个卡片的背面来隐藏图像。从技术上讲，位置在哪儿目前并不重要，但最终还是会有影响，因此将卡片定位在(-3, 1, 0)处。现在将 card_back sprite 拖到场景中，使这个 sprite 成为之前卡片 sprite 的子节点(记得在 Hierarchy 中将子对象拖到父对象上)，然后设置它的位置为(0, 0, -0.1)，记住这个位置是相对父对象的，所以这意味着"将其放在相同的 X 轴和 Y 轴位置，但是更靠近 Z 轴"。

注意   在这种设置中，卡片的背面和卡片的正面是分开的对象。这使得图形设置更简单，显示"正面"就像关闭"背面"一样简单。然而，因为 Unity 总是 3D 的，即使场景看起来是 2D 的，也可以制作一张翻转的 3D 卡片。对于某些图形效果而言，这可能会更加复杂，但也可能具有优势。没有一种正确的实现方式，只有需要权衡的不同利弊。

提示   在 3D 中我们使用 Move、Rotate 和 Scale 工具来操作对象，而在 2D 模式中只使用一个称为 Rect tool 的工具。在 2D 模式中，这个工具会自动选中，或者可以单击 Unity 左上角的第五个控制按钮。当激活这个工具时，在二维空间中单击并拖动对象可以完成这三个操作(移动/旋转/缩放)。

放置好卡片的背面后，如图 5.8 所示，能响应单击的卡片图形就准备好了。

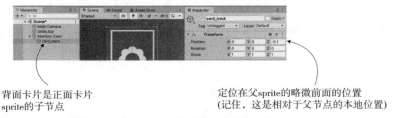

背面卡片是正面卡片
sprite的子节点

定位在父sprite的略微前面的位置
(记住，这是相对于父节点的本地位置)

图 5.8   在 Hierarchy 中链接和定位卡片背面 sprite

5.2.2　鼠标输入代码

为了在玩家单击卡片时进行响应，卡片 sprite 需要有碰撞器组件。默认情况下，新的 sprite 没有碰撞器，因此它们不能被单击。接下来将一个碰撞器附加到卡片对象的根节点，而不是附加到卡片背面，因此只有卡片正面而不是卡片背面才能接收鼠标单击。

为此，在 Hierarchy 中选择卡片对象根节点(不要在场景中单击卡片来进行选择，因为卡片背面在卡片正面之上，如果在场景中单击卡片，选择的就是卡片背面，而不是卡片正面)，然后单击 Inspector 面板中的 Add Component 按钮。选择 Physics 2D(不要选择 Physics，因为 Physics 是 3D 物理系统，而这个示例是 2D 游戏)，然后选择一个盒子碰撞器(box collider)。

除了碰撞器，卡片还需要一个脚本，以对玩家的单击做出反应，因此需要编写一些代码。创建一个新的脚本 MemoryCard，并将这个脚本附加到卡片对象根节点上(同样不是卡片背面)。代码清单 5.1 展示了当单击卡片时发出调试消息的代码。

代码清单 5.1　当单击时发出调试消息

```
using System.Collections;
using System.Collections.Generic;
using UnityEngine;

public class MemoryCard : MonoBehaviour {          单击对象时
    public void OnMouseDown() {                    调用该函数
        Debug.Log("testing 1 2 3");
    }                                              现在仅需把测试消息
}                                                  发送到 Console 视图
```

> **提示**　最好养成将资源组织到独立的文件夹中的好习惯。为脚本创建文件夹，并在 Project 视图中拖动文件。要小心避免使用 Unity 提供的特殊文件夹名称：Resources、Plugins、Editor 和 Gizmos。本书后续章节将介绍这些特殊文件夹的作用，但现在只要避免使用这些关键字来命名文件夹即可。

现在可以单击卡片了。就像 Update()函数，OnMouseDown()是 MonoBehaviour 提供的另一个函数，它在单击对象时响应。运行游戏，并观察显示在 Console 视图的消息。但将消息输出到 Console 视图仅是为了测试，接下来处理卡片正面的显示。

5.2.3　当单击时显示卡片正面

输入代码清单 5.2 所示的代码(这些代码还不能运行，但先不必担心)。

代码清单 5.2　当卡片被单击时隐藏卡片背面的脚本

```
using System.Collections;
using System.Collections.Generic;
using UnityEngine;

public class MemoryCard : MonoBehaviour {        出现在 Inspetor 面板
    [SerializeField] GameObject cardBack;        中的变量

    public void OnMouseDown() {                   仅在对象当前处于激活/可见
        if (cardBack.activeSelf) {                状态时运行停用代码
            cardBack.SetActive(false);            把对象设置为
        }                                         非激活/不可见
    }
}
```

我们对这段代码做了两个关键的补充：引用场景中的对象和禁用该对象的
SetActive()方法。第一点，引用场景中的对象，类似于之前章节中的操作：将变量标
记为可序列化，然后把对象从 Hierarchy 拖到 Inspector 面板中的变量上。在设置对象
引用之后，这段代码就可以影响场景中的对象。

代码中的第二个补充点是 SetActive 命令。这个命令将禁用任何 GameObject，使
对象不可见。如果现在将场景中的 card_back 拖到 Inspector 面板中的脚本变量上，当
运行游戏时，card_back 将在单击卡片时消失，隐藏卡片背面就会显示卡片正面。这就
已经完成了记忆力游戏中的另一个重要任务！但这仅仅是一张卡片，接下来创建一叠
卡片。

提示　当脚本有一个序列化变量时，忘记拖动对象是一个相当常见的错误，所以在
Console 选项卡中识别错误消息是很有用的。使用未设置的序列化变量的代码
将抛出 null 引用错误。实际上，每当代码试图使用尚未设置的变量时，不管它
是不是序列化的变量，都会抛出 null 引用错误。

5.3　显示不同的卡片图像

前面编写了一个卡片对象，它最初显示卡片背面，但当单击时则显示卡片正面。
那只是一个卡片，但游戏需要完整的卡片网格，并且多数卡片上都有不同的图像。接下
来将使用前面章节介绍的一些概念和尚未讨论的几个概念来实现卡片网格。第 3 章介
绍了两个概念：①使用不可见的 SceneController 组件，②实例化对象的克隆体(预制体)。
这次 SceneController 会将不同图像应用到不同的卡片上。

5.3.1　通过编程加载图像

当前创建的游戏中包含四种卡片图案。桌面上的所有八张卡片(每种图案对应两张卡片)会通过克隆相同的原始卡片来创建，因此所有的卡片最初都有相同的图案。我们将在脚本中改变卡片的图案，并通过编程加载不同的图案。

为了说明如何通过编程来指定图案，下面编写一些简单的测试代码(稍后将替换)来演示这项技术。首先将代码清单 5.3 的代码添加到 MemoryCard 脚本中。

代码清单 5.3　演示修改 sprite 图像的测试代码

```
...
[SerializeField] Sprite image;              引用要加载的
                                            sprite 资源
void Start() {
    GetComponent<SpriteRenderer>().sprite = image;   为这个 SpriteRenderer 组件
}                                                     设置 sprite
...
```

当保存这段脚本后，新的 image 变量将显示在 Inspector 面板中，因为 image 变量已设置为 serialized。从 Project 视图(选择一个卡片图像，但不要选择场景中已有的图像)中拖动 sprite 并在 Image 槽上释放。现在运行此场景，新图像就出现在卡片上。

理解这段代码的关键是了解 SpriteRenderer 组件。图 5.9 中卡片背面对象只有两个组件：场景中所有对象都有的标准 Transform 组件和一个新的 SpriteRenderer 组件。SpriteRenderer 组件使 GameObject 成为 sprite 对象，并决定显示哪个 sprite 资源。注意，组件中的第一个属性为 Sprite，它链接到 Project 视图中的一个 sprite。可以在代码中操作这个属性，而这也是上面的脚本所做的工作。

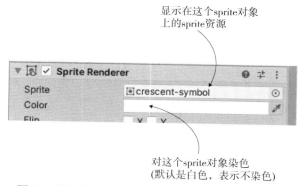

显示在这个 sprite 对象
上的 sprite 资源

对这个 sprite 对象染色
(默认是白色，表示不染色)

图 5.9　场景中的 sprite 对象上附有 SpriteRenderer 组件

如前面章节中自定义的脚本和 CharacterController 所示，GetComponent()方法返回同一对象上的其他组件，因此我们用它来获得 SpriteRenderer 对象的引用。SpriteRenderer 中的 sprite 属性可以设置为任何 sprite 资源，因此这段代码将该属性设置为顶部声明的 Sprite 变量(在编辑器中使用 sprite 资源填充的那个变量)。

这些工作不是很难! 但仅涉及一个图像。我们需要使用 4 种不同的图像,因此现在删除代码清单 5.3 中的新代码(它只是演示了如何使用这项技术),为下一节做准备。

5.3.2 通过不可见的 SceneController 设置图像

第 3 章在场景中创建一个不可见对象来控制对象的生成。这里也采用该方法,使用一个不可见对象来控制未关联到场景中任何特定对象的更抽象特性。

首先创建一个空的 GameObject(记住,选择菜单 GameObject | Create Empty)。接着在 Project 视图中创建新的脚本 SceneController,并将这个脚本资源拖到控制器 GameObject 上。在为新脚本编写代码之前,首先将代码清单 5.4 中的内容添加到 MemoryCard 脚本,用于替代代码清单 5.3 中的代码。

代码清单 5.4   MemoryCard.cs 中的新公有方法

```
...
[SerializeField] SceneController controller;

private int _id;                          添加了 getter 函数(在 C#和 Java 等语言中一个常见的
public int Id {                           习惯用法)
    get {return _id;}
}

public void SetCard(int id, Sprite image) {    其他脚本可以用来给这个
    _id = id;                                  对象传递新 sprite 的公共方法
    GetComponent<SpriteRenderer>().sprite = image;
}                                              SpriteRender 代码行与已删除的
...                                            代码演示中的代码一样
```

与之前的代码清单相比,主要变化是现在通过 SetCard()方法而不是 Start()方法来设置 sprite 图像。由于 SetCard()是一个使用 sprite 作为参数的公有方法,因此可以从其他脚本中调用这个方法,并在此对象上设置图像。注意,SetCard()还接受一个 ID 数字作为参数,代码会保存这个数字。尽管现在还不需要 ID,但接下来会编写代码来比较卡片的匹配,而比较卡片是否匹配将依赖卡片的 ID。

> **注意** 你可能不熟悉 "getter" 和 "setter" 概念,这两个函数用于访问它们关联的属性(例如,检索 card.Id 的值)。使用 getter 和 setter 有多个原因,但在这个例子中,Id 属性是只读的,因为我们有一个函数可以仅获取值而不设置该值。

最后,注意到代码中包含一个控制器变量。即使 SceneController 开始克隆卡片对象来填充场景,卡片对象也需要引用控制器来调用它的公有方法。同往常一样,当代码引用场景中的对象时,只需要将 Unity 编辑器中的 Controller 对象拖到 Inspector 面板的序列化变量槽上。只需要为单张卡片执行一次这种操作,之后所有复制的卡片对

象都会引用控制器。在 MemoryCard 中新增代码后，在 SceneController 中输入代码清单 5.5 所示的代码。

代码清单 5.5　首次处理记忆力游戏中的 SceneController

```
using System.Collections;
using System.Collections.Generic;
using UnityEngine;

public class SceneController : MonoBehaviour {        为场景中的卡片
    [SerializeField] MemoryCard originalCard;         提供引用
    [SerializeField] Sprite[] images;
                                                      一个引用了 sprite
    void Start() {                                    资源的数组
        int id = Random.Range(0, images.Length);
        originalCard.SetCard(id, images[id]);
    }                                                 调用添加到 MemoryCard
}                                                     中的公共方法
```

现在，这段短代码演示了通过使用 SceneController 来处理卡片的概念。至此大部分操作你都很熟悉(例如，在 Unity 的编辑器中将卡片对象拖到 Inspector 面板的序列化变量槽上)，但图像数组是新概念。如图 5.10 所示，在 Inspector 面板中可以设置元素的个数。设置数组长度(也就是 Inspector 中的 size 属性)为 4，然后将用于卡片正面图像的 sprite 拖到数组槽中。现在能通过数组访问这些 sprite，就像其他对象引用一样。

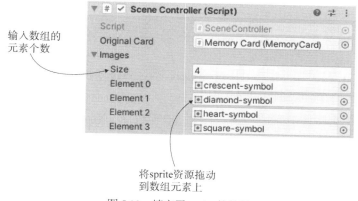

图 5.10　填充了 sprite 的数组

顺便说一下，我们在第 3 章使用了 Random.Range()方法，但那时并不关注它的精确边界值，但这次需要注意，其边界的最小值是包含在内的且可以返回，但返回值总是小于最大值。

单击 Play 按钮，运行这段新代码。每次运行场景时，卡片正面都应用了不同的图像。下一步是创建所有卡片的网格，而不是单张卡片。

5.3.3 实例化卡片的网格

SceneController 已经引用了卡片对象，因此现在使用 Instantiate()方法(参见代码清单 5.6)来多次克隆对象，与第 3 章中生成对象的操作一样。

代码清单 5.6　卡片克隆八次并定位到一个网格中

```
using System.Collections;
using System.Collections.Generic;
using UnityEngine;

public class SceneController : MonoBehaviour {
  public const int gridRows = 2;              要创建的网格空间数量
  public const int gridCols = 4;              以及它们之间的距离值
  public const float offsetX = 2f;
  public const float offsetY = 2.5f;

  [SerializeField] MemoryCard originalCard;                    第一张卡片的位置。
  [SerializeField] Sprite[] images;                           所有其他的卡片都将
                                                              从这里偏移
  void Start() {
    Vector3 startPos = originalCard.transform.position;

    for (int i = 0; i < gridCols; i++) {        嵌套循环，用于定义
      for (int j = 0; j < gridRows; j++) {      网格的行和列
        MemoryCard card;
        if (i == 0 && j == 0) {                 原始卡片或副本
          card = originalCard;                  的容器引用
        } else {
          card = Instantiate(originalCard) as MemoryCard;
        }

        int id = Random.Range(0, images.Length);
        card.SetCard(id, images[id]);

        float posX = (offsetX * i) + startPos.x;
        float posY = -(offsetY * j) + startPos.y;
        card.transform.position = new Vector3(posX, posY, startPos.z);
                                                对于 2D 图形，只有 X 和 Y 需要
      }                                         进行偏移，Z 保持不变。
    }
  }
}
```

尽管这段脚本比代码清单 5.5 长得多，但并没有太多地方需要解释，因为大多数新增的代码都是简单的变量声明和数学公式。这段代码中最古怪的地方可能是以 if(i==0 && j==0)开始的 if/else 语句。这个条件判断要么选择原始卡片对象作为第一个网格槽中的卡片，要么选择克隆卡片对象作为其他网格槽中的卡片。由于原始卡片已经存在于场景中，因此如果每次在循环迭代时都复制一个卡片对象，最后在场景中就会有过多的卡片对象。接着卡片根据循环迭代的次数通过偏移来进行定位。

> 提示　像移动 3D 对象一样，2D 对象能通过在 Update()中重复递增 transform.position，从而实现随时间的平滑移动。但当移动第一人称射击游戏的玩家时，如果直接调整 transform.position 的值，碰撞检测将不起作用。因此，下一章的代码将通过调整 rigidbody2D.velocity 来移动 sprite。

现在运行代码，将会创建由 8 张卡片组成的网格(如图 5.11 所示)。生成卡片网格的最后一步是把它们组织成对，而不是完全随机的。

图 5.11　八张卡片组成的网格，当单击它们时显示正面

5.3.4　打乱卡片

这里不是随机创建每张卡片，而是定义一个包含所有卡片 ID 的数组(0~3，每个数字出现两次，用于实现每对卡片)，然后打乱这个数组。接着在设置卡片时使用这个卡片 ID 数组，而不是随机生成每个卡片 ID。代码清单 5.7 展示了该代码。

代码清单 5.7　依据打乱的列表来放置卡片

```
...
void Start() {                          ◀── 这个代码清单中的大部分
  Vector3 startPos = originalCard.transform.position;   代码是新增代码的上下文

  int[] numbers = {0, 0, 1, 1, 2, 2, 3, 3};   ◀── 声明一个整型数组，包含对应
  numbers = ShuffleArray(numbers);   ◀──        所有四种卡片 sprite 的 ID 对

                                       调用一个函数，打乱
  for (int i = 0; i < gridCols; i++) {  数组元素的顺序
    for (int j = 0; j < gridRows; j++) {
      MemoryCard card;
      if (i == 0 && j == 0) {
        card = originalCard;
      } else {
        card = Instantiate(originalCard) as MemoryCard;
      }

      int index = j * gridCols + i;   ◀── 从打乱的列表中检索
      int id = numbers[index];             ID 而不是随机生成数字
```

```
        card.SetCard(id, images[id]);

        float posX = (offsetX * i) + startPos.x;
        float posY = -(offsetY * j) + startPos.y;
        card.transform.position = new Vector3(posX, posY, startPos.z);
      }
  }
}
private int[] ShuffleArray(int[] numbers) {        这是 Knuth 重排
int[] newArray = numbers.Clone() as int[];        算法的实现
for (int i = 0; i < newArray.Length; i++ ) {
int tmp = newArray[i];
int r = Random.Range(i, newArray.Length);
newArray[i] = newArray[r];
newArray[r] = tmp;
}
return newArray;
}
...
```

现在当单击 Play 时，卡片网格会被打乱，并且每种卡片图像都会有两张。卡片数组通过 Knuth 重排算法(也称为 Fisher-Yates，洗牌算法)来运行，这是打乱数组元素的一种简单且有效的方式。该算法循环遍历数组，并将数组中的每个元素与另一个随机选择的数组元素位置进行随机交换。

可以单击所有的卡片来翻转它们，但记忆力游戏只支持成对处理，因此还需要更多的代码。

5.4   实现匹配并为匹配评分

制作功能完备的记忆力游戏的最后一步是检查匹配。尽管现在卡片网格中的卡片在单击时显示正面，但不同的卡片之间不会以任何方式互相影响。在记忆力游戏中，每次翻开一对卡片时，就需要检查翻开的卡片是否配对。

这个抽象逻辑——检查是否匹配并做出响应——需要在卡片被单击时通知 SceneController。这样就需要在 SceneController.cs 中添加代码清单 5.8 所示的代码。

代码清单 5.8   SceneController 必须记录翻开的卡片

```
...
private MemoryCard firstRevealed;
private MemoryCard secondRevealed;
                                     当已经存在第二张翻开的卡片时，
public bool canReveal {              getter 函数返回 false
    get {return secondRevealed == null;}
}
...
```

```
public void CardRevealed(MemoryCard card) {
    // initially empty
}
...
```

CardRevealed()方法会随时被填充，现在需要 CardRevealed()方法为空，以便能在
MemoryCard 中引用它，且不产生任何编译器错误。注意有一个只读的 getter 方法，这
次 getter 方法用于判断是否翻开了另一张卡片，玩家在翻开的卡片未达到两张时才能
翻开另一张卡片。

也需要修改 MemoryCard 来调用当前为空的 CardRevealed()方法，以便在单击卡片
时通知 SceneController 方法。根据代码清单 5.9 修改 MemoryCard 中的代码。

代码清单5.9　修改 MemoryCard，并翻开卡片

```
...
public void OnMouseDown() {
    if (cardBack.activeSelf && controller.canReveal) {    ◀──  检查控制器的canReveal
        cardBack.SetActive(false);                               属性，确保一次只翻开
        controller.CardRevealed(this);    ◀──                    两张卡片
    }                                        当翻开卡片时
}                                            通知控制器

public void Unreveal() {    ◀──  一个公有方法，因此 SceneController 可以
    cardBack.SetActive(true);      再次隐藏卡片(通过重新打开 card_back)
}
...
```

如果在 CardRevealed()中放置一条调试语句来测试对象间的通信，则只要单击卡
片，就会显示测试消息。接下来先处理一张翻开的卡片。

5.4.1　保存并比较翻开的卡片

卡片对象被传入 CardRevealed()中，接下来开始跟踪翻开的卡片，如代码清单 5.10
所示。

代码清单5.10　在 SceneController 中跟踪翻开的卡片

```
...
public void CardRevealed(MemoryCard card) {      将卡片对象存储在两个卡片变量之一中，
  if (firstRevealed == null) {    ◀──            这取决于第一个变量是否已被占用
    firstRevealed = card;
  } else {
    secondRevealed = card;
    Debug.Log("Match? " + (firstRevealed.Id == secondRevealed.Id));    ◀──  比较两个
  }                                                                          翻开卡片
}                                                                            的 ID
...
```

代码清单将翻开的卡片保存在两个卡片变量之一中，这取决于第一个变量是否已被占用。如果第一个变量为空，则将翻开的卡片赋予它；如果它已被占用，则将翻开的卡片赋予第二个变量，并检查 ID 是否匹配。Debug 语句在控制台中输出 true 或 false。

现在代码还不能响应匹配——它只是检查匹配。下面编写代码来响应匹配。

5.4.2　隐藏不匹配的卡片

下面将再次使用协程(coroutine)，因为对不匹配卡片的响应是暂停一下，并允许玩家继续查看卡片。有关协程的完整解释可以参阅第 3 章。简而言之，使用协程将允许我们在检查是否匹配前暂停响应。代码清单 5.11 列出了添加到 SceneController 中的代码。

代码清单 5.11　SceneController，匹配得分或隐藏错误匹配

```
...
private int score = 0;          ◀── 添加到 SceneController
...                                  顶部附近的列表中
public void CardRevealed(MemoryCard card) {
  if (firstRevealed == null) {
    firstRevealed = card;
  } else {
    secondRevealed = card;         这个函数中唯一改变的一行，
    StartCoroutine(CheckMatch());  ◀── 当两张卡片都翻时调用协程
  }
}
private IEnumerator CheckMatch() {
  if (firstRevealed.Id == secondRevealed.Id) {   如果翻转的卡片 ID
    score++;                        ◀──           匹配，则增加分数
    Debug.Log($"Score: {score}");   ◀── 使用字符串插值
  }                                     来构造消息
  else {
    yield return new WaitForSeconds(.5f);

    firstRevealed.Unreveal();   ◀── 如果卡片不匹配，
    secondRevealed.Unreveal();      就不翻开它们
  }

  firstRevealed = null;    ◀── 清除变量，
  secondRevealed = null;       无论是否匹配
}
...
```

首先添加一个 score 值用于跟踪分数，接着当第二张卡片翻开时运行协程 CheckMatch()。在该协程中有两个代码执行路径，这取决于卡片是否匹配。如果卡片匹配，则协程不会暂停，yield 命令会被跳过。但如果卡片不匹配，那么协程在调用两个卡片的 Unreveal() 之前暂停 0.5 秒，并再次隐藏卡片。最后，不管卡片是否匹配，用于存储卡片的变量都会设置为 null，为翻开更多的卡片做准备。

运行游戏时，不匹配的卡片会在再次隐藏前短暂显示。当匹配加分时会显示调试消息，但分数需要以标签的形式显示在屏幕中。

5.4.3　分数的文本显示

将信息显示给玩家是游戏中存在 UI 的一半原因(另一半原因是接收来自玩家的输入，UI 按钮的内容将在下一节中讨论)。

定义　和 UI(User Interface，用户界面)紧密相关的术语是 GUI(Graphical User Interface，图形用户界面)，指的是界面中的可视化部分，例如文本和按钮，许多人把这些部分都称为 UI。

Unity 有多种创建文本显示的方式。但使用 TextMeshPro 包是最好的方法。这个先进的文本系统是由外部人员开发的，后来被 Unity 收购。

实际上，TextMeshPro 可能已经安装(创建一个新项目时，Unity 会安装几个常用的包)，但如果没有安装，就必须在 Package Manager 中安装它。从菜单中选择 Window | Package Manager 打开该窗口，然后向下滚动到左侧列表中的 TextMeshPro，如图 5.12 所示。选择该包，然后单击 Install 按钮。

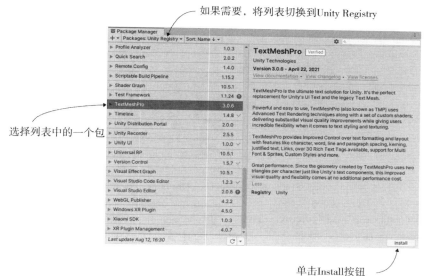

图 5.12　通过 Package Manager 安装 TextMeshPro

安装了这个包，就可以进入 GameObject 菜单并选择 3D object | Text- TextMeshPro，从而在场景中创建一个 TextMeshPro 对象。因为这是第一次在这个项目中使用 TextMeshPro，TMP Importer 窗口将自动出现。单击 Import TMP Essentials 按钮，当需

要的资源下载完成后，文本对象就会出现在场景中。

注意 3D 文本听起来和 2D 游戏不兼容，但是不要忘记，从技术上讲，这只是一个看起来平坦的 3D 场景，因为这个场景是通过一个正交摄像机来观察的。这意味着可以在需要时将任何 3D 对象放到 2D 游戏中——它们只是以平面透视的方式显示。

警告 GameObject | UI 下也有 TextMeshPro。后面的章节将介绍 Unity 的 UI 系统，这些章节将使用其他 GameObject。不要把这两个版本弄混了。虽然两者都是 Text-MeshPro 对象，但本章不使用 Unity 的高级 UI 系统。

选择新的文本对象，在 Inspector 面板中查看其设置。将该对象定位在(-2.3,3.1,-10)；即向左 230 像素，向上 310 像素，把它放到左上角，并且更靠近摄像机，使它显示在其他游戏对象的上方。Width 值也减少为 5，Height 值减少为 1，因为新的文本对象在创建时都很大。

向下滚动到 TextMeshPro 设置。可以以多种方式定制文本，但现在大部分都保留默认值。图 5.13 显示了要更改的设置，这些设置可通过 Unity 文档(详见链接[3])进一步了解。

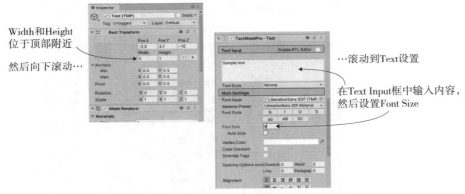

图 5.13 文本对象的 Inspector 面板中的设置

在 Text Input 框中输入 Score: 字样，并将 Font Siz 减小到 8。要在游戏中操控这个文本对象，只需要对得分代码进行一些调整，如代码清单 5.12 所示。

代码清单 5.12 在文本对象上显示分数

```
...
using TMPro;     ◄—— 包括 TextMeshPro 代码
...
[SerializeField] TMP_Text scoreLabel;
...
private IEnumerator CheckMatch() {
  if (firstRevealed.Id == secondRevealed.Id) {
```

```
    score++;
    scoreLabel.text = $"Score: {score}";
  }
...
```

可以看出，text 是对象的一个属性，可以将它设置为一个新字符串。将 score 变量放入字符串中以显示该值。

将场景中的文本对象拖到刚刚添加到 SceneController 的 scoreLabel 变量上，接着单击 Play。现在运行游戏并单击匹配的卡片时，应该能看到显示的分数。现在，游戏可以正常运行了！

5.5　重启按钮

此时，记忆力游戏已完全正常。可运行该游戏，所有必要的功能都已具备。但可玩性方面还缺少成品游戏应具备的总体功能，而这正是玩家在乎和需要的。例如，现在只能运行一次游戏；需要退出并重启，才能重新开始游戏。接下来在屏幕上添加控制，让玩家在不退出游戏的情况下就能重新开始游戏。

将这个功能拆分为两个任务：创建 UI 按钮，以及当单击按钮时重置游戏。图 5.14 显示了带 Start 按钮的游戏的外观。

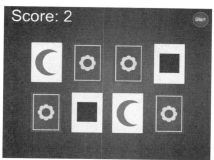

图 5.14　完整的记忆力游戏界面，包含 Start 按钮

这两个任务都不是 2D 游戏特有的，所有游戏都需要 UI 按钮，所有游戏需要能重置。接下来介绍这两个任务以结束本章的讨论。

5.5.1　使用 SendMessage 编写 UIButton 组件

首先在场景中放置按钮 sprite，把它从 Project 视图拖到场景中。设置它的位置，如(4.5，3.25，-10)，这会把按钮放在右上角(中心往右 450 像素，往上 325 像素)，移动它使它更接近摄像机，以使它出现在其他游戏对象的顶部。因为我们希望这个对象可

以单击, 所以为它添加一个碰撞器(类似对卡片对象的操作, 选择 Add Component |
Physics 2D | Box Collider 2D)。

注意 如前一节所述, Unit 提供了多种方法用于创建 UI 显示, 包括最新版 Unity 中的
高级 UI 系统。现在使用标准的显示对象来构建一个按钮。第 6 章将介绍高级
UI 系统的功能, 2D 和 3D 游戏中的 UI 也都可以使用该系统构建。

现在创建一个名为 **UIButton** 的新脚本(如代码清单 5.13 所示), 并把这个脚本分配
给按钮对象。

代码清单 5.13　创建通用且可重用的 UI 按钮的代码

```
using System.Collections;
using System.Collections.Generic;
using UnityEngine;

public class UIButton : MonoBehaviour {          ← 引用一个目标对象,单击时
  [SerializeField] GameObject targetObject;        通知该目标对象
  [SerializeField] string targetMessage;
  public Color highlightColor = Color.cyan;
  public void OnMouseEnter() {
    SpriteRenderer sprite = GetComponent<SpriteRenderer>();
    if (sprite != null) {
      sprite.color = highlightColor;             ← 当鼠标悬停在按钮
    }                                              上时对该按钮染色
  }
  public void OnMouseExit() {
    SpriteRenderer sprite = GetComponent<SpriteRenderer>();
    if (sprite != null) {
      sprite.color = Color.white;
    }
  }

  public void OnMouseDown() {                     ← 当单击按钮时
    transform.localScale = new Vector3(1.1f, 1.1f, 1.1f);   按钮稍微变大
  }
  public void OnMouseUp() {
    transform.localScale = Vector3.one;
    if (targetObject != null) {                  ← 当单击按钮时发送一条
      targetObject.SendMessage(targetMessage);     消息到目标对象
    }
  }
}
```

这段代码主要由一系列 OnMouseSomething 函数构成。类似 Start()和 Update(), 这
些是 Unity 中对所有脚本组件都自动可用的函数。5.2.2 节中已经提到了 MouseDown,
但如果对象有一个碰撞器, 这些函数就也会响应鼠标交互。MouseEnter 和 MouseExit
是用于处理鼠标光标悬停的一对事件: MouseEnter 事件在鼠标光标首次悬停在对象上

时触发，MouseExit 事件在鼠标光标移开时触发。类似地，MouseDown 和 MouseUp 是用于处理鼠标单击的一对事件。MouseDown 事件在鼠标按钮被按下时触发，而 MouseUp 事件在鼠标按钮被释放时触发。

从代码中可以看到，当鼠标悬停时 sprite 被染色，而当单击时 sprite 被放大。当鼠标交互开始时，可以观察到两种情况下的变化(颜色或大小)，当鼠标交互结束时，属性还原为默认值(白色或缩放为 1)。对于缩放，代码使用了所有 GameObject 都包含的标准 transform 组件。而对于染色，代码使用了 sprite 对象拥有的 SpriteRenderer 组件，sprite 被设置为某种颜色，该颜色通过公有变量在 Unity 的编辑器中定义。

除了让比例返回到 1，在释放鼠标时还调用了 SendMessage()。SendMessage()调用 GameObject 所有组件中具有指定名称的函数。这里消息的目标对象和要发送的消息都由序列化变量定义。通过这种方式，可以在 Inspector 面板中把不同按钮的目标设置为不同的对象，相同的 UIButton 组件就可以用于各种按钮。

通常，在使用 C#这种强类型语言进行面向对象编程时，需要知道目标对象的类型才能和该对象通信(例如，为了调用该对象的公有方法，需要调用 targetObject.SendMessage()自身)。但 UI 元素的脚本可能会有很多不同类型的目标，因此 Unity 提供了 SendMessage()方法，即使不知道对象的具体类型，也可以通过该方法把指定的消息通报给目标对象。

> **警告**　对于 CPU 而言，使用 SendMessage()的效率比调用已知类型的公有方法低(将使用 object.SendMessage("Method")与使用 component.Method()对比)，因此只有当使用 SendMessage()能够让代码更易于理解和运行时才使用它。一般规则是，仅当有很多不同类型的对象接收消息时，才需要使用 SendMessage()。在这种情况下，继承或接口的不灵活性甚至会阻碍游戏开发进程，体验也不好。

编写完这段代码后，在按钮的 Inspector 面板上把公有变量关联好。可将高亮颜色设置为自己喜欢的颜色(尽管默认的蓝绿色在蓝色按钮上看起来很不错)。同时，将 SceneController 对象放在目标对象槽上，并输入 Restart 作为消息。

如果现在运行游戏，右上角就会出现 Reset 按钮，响应鼠标时会改变颜色，而当单击按钮时，按钮看起来像轻微"弹出"。但现在单击按钮，会显示一个错误消息，Console 视图中会显示一个错误，说明还没有 Restart 消息的接收器。这是因为我们还没有在 SceneController 中编写 Restart()方法，下面添加该方法。

5.5.2　从 SceneController 中调用 LoadScene

由于按钮的 SendMessage()尝试调用 SceneController 中的 Restart()方法，因此接下来添加这个方法(见代码清单 5.14)。

代码清单 5.14 SceneController 中重新加载关卡的代码

```
...
using UnityEngine.SceneManagement;          ◄──── 包含 SceneManagement 代码
...
public void Restart() {
  SceneManager.LoadScene("Scene");          ◄──── 如果场景具有不同的名称,
}                                                  请更改此字符串中的名称
...
```

可以发现，Restart()调用了 LoadScene()。该方法加载了一个已保存的场景资源(即在 Unity 中单击 Save Scene 时创建的文件)。把要加载的场景名称传入 LoadScene()方法。在本例中场景保存为 Scene，如果使用了不同的场景名称，就将这个名称传入该方法。

单击 Play，观察发生了什么。翻开一些卡片并做一些匹配。如果单击 Reset 按钮，游戏将重新开始，所有卡片隐藏，而且分数为 0。那么很好，这正是我们想要的效果！

顾名思义，LoadScene()方法能加载不同场景。当加载场景时究竟发生了什么？为什么这样做能重置游戏？实际上，当加载不同关卡时，当前关卡中所有的内容(场景中的所有对象以及对象上附加的所有脚本)都会从内存中清除，接着加载新场景中的所有对象。由于本例中的"新"场景就是当前场景中所保存的资源，因此内存中的所有对象被清除，然后从头开始重新加载。

> 提示　可标记指定的对象，以确保该对象在加载关卡时不会被销毁。Unity 提供了 DontDestroyOnLoad()方法来保证对象在多个场景中存在，后续章节将在代码架构中使用这个方法。

至此，又成功完成了一个游戏！"完成"是一个相对概念，你还可以实现更多功能，但初始计划中的所有任务都已完成。这个 2D 游戏中的很多概念也能应用到 3D 游戏中，特别是有关游戏状态检查和加载关卡方面的技术。后面将退出这个记忆力游戏，并开始构建新的项目。

5.6　小结

- 使用正交摄像机在 Unity 中显示 2D 图形。
- 对于像素完美的图形来说，摄像机的大小应该为屏幕高度的一半。
- 单击 sprite 前首先要为 sprite 添加 2D 碰撞器。
- 可以通过编程为 sprite 加载新图像。
- 可以使用 3D 文本对象来生成UI 文本。
- 加载关卡可以重置场景。

第6章

创建基本的 2D 平台游戏

本章涵盖：

- 不断移动 sprite
- 播放 sprite sheet 动画
- 使用 2D 物理规则(碰撞、重力)
- 实现侧滚游戏的摄像机控制

下面创建一个新游戏，并继续学习 Unity 的 2D 功能。第 5 章介绍了基本概念，因此本章将在这些基础上创建一个更复杂的游戏。具体来说，我们将构建 2D 平台游戏的核心功能。这款常见的 2D 动作游戏也称为平台游戏，以《超级马里奥兄弟》等经典游戏而闻名：从侧面观看，角色在平台上奔跑跳跃，视图会随之滚动。图 6.1 显示了最终结果。

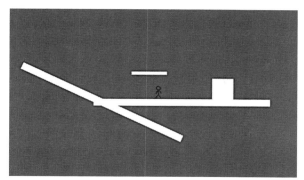

图 6.1 本章的最终产品

这个项目将介绍一些概念，比如左右移动玩家、播放 sprite 的动画，以及增加跳跃功能。我们还要介绍平台游戏中常见的几个特殊功能，比如单向地面和移动平台。从这个外壳到成为一款完整的游戏，意味着要一遍又一遍地重复这些概念。

　　首先，像上一章一样在 2D 模式下创建一个新项目：在 Unity Hub 中选择 New，或在 File 菜单下选择 New Project，然后在出现的窗口中选择 2D。在新项目中创建两个文件夹，名为 Sprites 和 Scripts，以包含各种资源。可以像上一章那样调整摄像机，但现在只需要将 Size 缩小到 4。这个项目不需要完美的摄像机设置，但需要调整大小，以适应即将发布的精美游戏。

提示　屏幕中央的摄像机图标可能会碍事，所以可以利用 Gizmos 菜单隐藏它。Scene 视图的顶部是 Gizmos 的标签，术语 Gizmos 是指编辑器中的抽象形状和图标。单击 Gizmos 标签获取按字母顺序排列的 Gizmos 列表，再单击 Camera 旁的图标。

　　现在保存空的场景(当然，在工作时要定期单击 Save)，以创建这个项目中的 Scene 资源。目前所有的内容都是空的，所以第一步是引入美术资源。

6.1　设置图形

　　在编程实现 2D 平台游戏的功能之前，需要将一些图像导入项目中(记住，2D 游戏中的图像称为 sprite，不是贴图)，然后将这些 sprite 放到场景中。这款游戏是一个 2D 平台游戏的外壳，玩家控制的角色在一个几乎是空的基本场景中运行，所以只需要使用针对平台和玩家的两个 sprite。下面分开介绍每个 sprite，因为虽然本例中的图片很简单，但是其中仍有一些不明显的细节需要注意。

6.1.1　放置墙壁和地面

　　简单地说，这里需要使用一个空白的白色图像。本章的示例项目中包含的图像是 blank.png。下载示例项目，并从中复制 blank.png。抓取 PNG 文件，将其拖放到新项目的 Sprites 文件夹中，并确保在 Inspector 面板中，Import Settings 指定它是 Sprite，而不是 Texture(对于 2D 项目应自动设置为 Sprite，但应反复确认)。

　　现在所做的操作基本上和第 4 章中的白盒是一样的，不过是 2D，而不是 3D。在 2D 世界中，白盒是用 sprite 而不是网格来完成的，但是具有同样的能阻止玩家四处移动的空白地面和墙壁。

要放置地面对象，将空白 sprite 拖到场景中，如图 6.2 所示，大概位置为(0.15, -1.27, 0)，设置 Scale 值为(50, 2, 1)，并将其名称更改为 Floor。然后拖曳另一个空白 sprite，设置 Scale 值为(6, 6, 1)，并把它放在地面右边，大概位置为(2, -0.63, 0)，然后将其命名为 Block。

这很简单，现在地面和墙壁都已放置好。下一个需要的对象是玩家的角色。

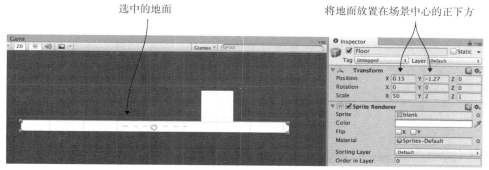

图 6.2　地面平台的位置

6.1.2　导入 sprite sheet

唯一需要的其他美术资源是玩家的 sprite，所以还要复制示例项目中的 stickman.png。但与空白图像不同的是，该 PNG 是组合成一张图像的一系列单独 sprite。如图 6.3 所示，火柴人图像由两个动画：站立(idle)和行走(cycle)的帧组成。

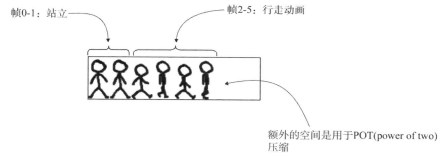

图 6.3　火柴人 sprite sheet：一行 6 帧

我们不会详细讨论如何制作动画，但可以说 idle 和 cycle 都是游戏开发者常用的术语。idle 指不做任何事(静止状态)时的细微运动，而 cycle 则是指持续循环的动画。

如前一章所述，图像文件可能是一堆 sprite 图像打包在一起，而不仅仅是一个单独的 sprite。当多个 sprite 图像是动画的各个帧时，这样的图像称为 sprite sheet。在 Unity 中，作为多个 sprite 导入的图像仍然会以单个资源的形式出现在 Project 视图中，但是如果单击资源上的箭头，它将展开，并显示所有的 sprite 图像。图 6.4 显示了它的外观。

把 stickman.png 拖入 Sprites 文件夹以导入图像,但这次在 Inspector 中改变了很多导入设置。选择 sprite 资源,将 Sprite Mode 设置为 Multiple,然后单击 Sprite Editor 打开该窗口。单击窗口左上角的 Slice,将 Type 设置为 Grid By Cell Size (如图 6.4 所示),设置 Size 值为(32, 64)(这是 sprite sheet 中每个帧的大小),然后单击 Slice 以查看分割后的帧。现在关闭 Sprite Editor 窗口,并单击 Apply 以保存更改。

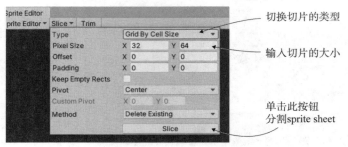

图 6.4 把 sprite sheet 切割为单独的帧

| 注意 | Sprite Editor 窗口需要安装 2D sprite 包。创建一个新的 2D 项目应该已经自动安装了该包,但如果没有安装,那么打开 Window ǀ Package Manager,在窗口左侧的列表中寻找 2D Sprite。选择该包,然后单击 Install 按钮。 |

| 警告 | 如果窗口太小,Sprite Editor 窗口顶部的按钮会被隐藏。如果没有看到 Slice 按钮,试着拖动窗口的一角来调整它的大小。 |

sprite 资源现在被分割,所以单击箭头展开帧。将一个(可能是第一个)stickman sprite 拖到场景中,将它放在地面中间,并命名为 Player。现在,玩家对象已在场景中!

6.2 左右移动玩家

现在图形已经设置好了,下面开始编程实现玩家的移动。首先,场景中的玩家实体需要提供一些便于控制的额外组件。如前几章所述,Unity 中的物理模拟作用于具有 Rigidbody 组件的对象时,我们希望在角色中应用物理规则(特别是碰撞和重力)。

同时，角色还需要一个 Collider 组件来定义其边界，以进行碰撞检测。这些组件之间的区别是微妙而重要的：Collider 定义了运用物理定律所生成的形状，而 Rigidbody 指示物理模拟要作用于哪个对象。

> **注意** 这些组件是分开的(尽管它们是密切相关的)，因为许多不需要物理模拟的对象确实需要在物理定律的作用下与其他对象碰撞。

需要注意的另一个微妙之处是 Unity 为 2D 游戏提供了一个独立的物理系统，而不是 3D 物理系统。因此，本章使用 Physics 2D 部分的组件，而不是列表中的常规 Physics 部分。

在场景中选择 Player，然后在 Inspector 面板中单击 Add Component 按钮，如图 6.5 所示，在菜单中选择 Physics 2D | Rigidbody 2D。现在再次单击 Add Component，添加 Physics 2D | Box Collider 2D。Rigidbody 需要少量的微调，所以在 Inspector 面板中将 Collision Detection 设置为 Continuous，打开 Constraints | Freeze Rotation Z (通常物理模拟会尝试在移动对象的同时旋转对象，但游戏中的角色不像正常的对象那样移动)，然后将 Gravity Scale 减小为 0(稍后会重置，但现在不需要重力)。玩家实体现已就绪，可以编写控制移动的脚本了。

单击Add Component，再单击 Physics 2D，然后向下滚动至 Rigidbody并单击

添加完组件后，查看 Inspector面板中的设置

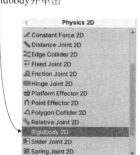
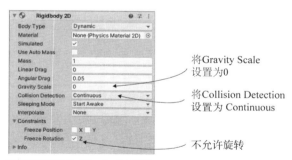

将Gravity Scale 设置为0

将Collision Detection 设置为 Continuous

不允许旋转

图 6.5　添加并调整 Rigidbody 2D 组件

6.2.1　编写键盘控制

首先，让玩家左右移动。垂直移动在平台游戏中也很重要，稍后再实现它。在 Scripts 文件夹中创建一个称为 PlatformerPlayer 的 C#脚本，然后拖放到场景中的 Player 对象上。打开脚本，编写代码清单 6.1 所示的代码。

代码清单 6.1 使用箭头键移动的 PlatformerPlayer 脚本

```
using System.Collections;
using System.Collections.Generic;
using UnityEngine;

public class PlatformerPlayer : MonoBehaviour {
  public float speed = 4.5f;

  private Rigidbody2D body;

  void Start() {
    body = GetComponent<Rigidbody2D>();          ← 需要把这个组件关
  }                                                 联到GameObject 上

  void Update() {                                   仅设置水平
    float deltaX = Input.GetAxis("Horizontal") * speed;   移动，保留
    Vector2 movement = new Vector2(deltaX, body.velocity.y); ← 预先存在的
    body.velocity = movement;                       垂直移动
  }
}
```

写完代码后，单击 Play，就可以用箭头键移动玩家了。该代码与前几章中的移动
代码非常相似，主要区别在于它作用于 Rigidbody2D 而不是 CharacterController。
CharacterController 是用于 3D 的，对于 2D 游戏，则使用 Rigidbody 组件。注意，移动
应用于 Rigidbody 的 velocity，而不是 position。

注意 此代码不需要使用增量时间。前几章需要考虑帧与帧之间的时间来实现与帧速
率无关的移动，但本章不需要这样做。这里调整的是速度(它本身与帧率无关)，
而不是位置。前几章直接调整了位置。

提示 默认情况下，Unity 会对箭头键输入施加一点加速度。不过，对于平台游戏来
说，可能感觉不到这点加速度。对于更快速的控制，应把 Horizontal 的 Sensitivity
和 Gravity 的输入值增加到 6。要找到这些设置，请转到 Edit | Project Settings |
Input Manager。该列表很长，但 Horizontal 是第一部分。

太棒了——这个项目大部分是水平移动的！下面只需要处理碰撞检测。

6.2.2 与墙壁碰撞

注意，玩家现在能穿过墙壁。因为地面或墙壁上没有碰撞器，所以玩家可以穿墙
而过。为了解决这个问题，在地面和墙壁中添加 Box Collider 2D：选择场景中的每个
对象，在 Inspector 面板中单击 Add Component，选择 Physics 2D | Box Collider 2D。

这就是需要执行的操作！现在单击 Play，玩家将无法穿越墙壁。就像第 2 章移动玩家一样，如果直接调整了玩家的位置，就无法进行碰撞检测。但是如果将移动应用到玩家的物理组件中，Unity 内置的碰撞检测就可以运行。换句话说，移动 Transform.position 将会忽略碰撞检测，因此应在 movement 脚本中操作 Rigidbody2D. velocity。

在更复杂的美术作品中加入碰撞器会稍微复杂一些，但坦率地说，也不会太难。即使美术作品不完全是一个矩形，仍然可以使用盒状碰撞器大致包围场景中障碍物的形状。另外，还有许多其他的碰撞器形状可以尝试，包括任意定制的多边形形状。图 6.6 说明了如何使用多边形碰撞器来处理形状奇怪的对象。

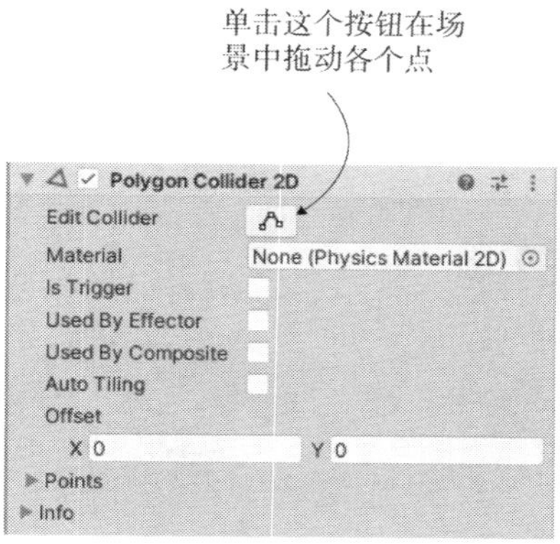

图 6.6　用 Edit Collider 按钮编辑多边形碰撞器的形状

无论如何，碰撞检测现在可以工作了，所以下一步是让玩家在移动过程中呈现出动画效果。

6.3　播放 sprite 动画

导入 stickman.png 时，将其分割成多个帧，以进行动画制作。现在播放这个动画，这样玩家就不会四处滑动，而是看起来像在行走。

6.3.1　讲解 Mecanim 动画系统

如第 4 章所述，Unity 中的动画系统称为 Mecanim。它可以直观地为角色建立复杂的动画网络，然后用最少的代码控制这些动画。这个系统对于 3D 角色非常有用(因此，在以后的章节中将更详细地介绍它)，对于 2D 角色也是有用的。

　　动画系统的核心部分由两种不同的资源组成：动画剪辑和动画控制器。注意动画和动画控制器的区别：剪辑是要播放的单个动画循环，而控制器是控制何时播放动画的网络。这个网络是一个状态机图，图中的状态是可以播放的不同动画。控制器根据所观察的条件在不同状态之间切换，并在每个状态下播放不同的动画。

　　将 2D 动画拖到场景中时，Unity 会自动创建这两种资源。也就是说，把动画的帧拖到场景中时，Unity 会使用这些帧自动创建动画剪辑和动画控制器。如图 6.7 所示，展开 sprite 资源的所有帧，选择帧 0-1，将它们拖到场景中，并在确认窗口中键入名称 stickman_idle。

　　将帧拖入 Scene 视图的操作会在 Asset 视图中创建一个剪辑 stickman_idle 和一个控制器 stickman_0。该操作还在场景中创建了一个对象 stickman_0，但本例不需要它，因此删除它。把控制器重命名为不带后缀的 stickman。很好，这样就创建了角色空闲时的动画！

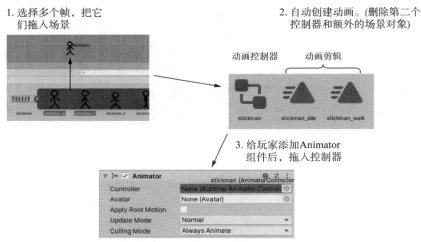

图 6.7　在 Animator 组件中使用 sprite sheet 帧的步骤

　　现在为步行动画重复此步骤。选择帧 2-5，将它们拖到场景中，并将动画命名为 stickman_walk。这次，删除场景中的 stickman_2 和 Assets 中的新控制器。只需要一个动画控制器来控制两个动画剪辑，所以保留第一个控制器，删除新建的 stickman_2。

　　要将控制器应用于玩家角色，在场景中选择 Player，单击 Add Component，并选择 Miscellaneous | Animator。如图 6.7 所示，将 stickman 控制器拖到 Inspector 面板的控制器槽中。仍然选中玩家，打开 Window | Animation | Animator(如图 6.8 所示)。Animator 窗口中的动画显示为块，称为状态，控制器运行时会在状态之间切换。这个控制器中已经有空闲状态，但是现在需要添加一个行走状态。将 stickman_walk 动画剪辑从 Assets 拖到 Animator 窗口中。

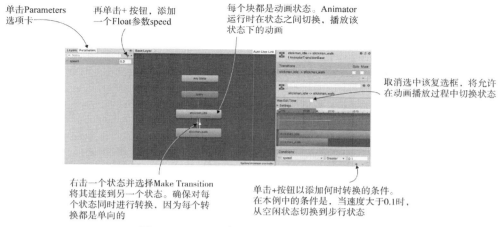

单击Parameters
选项卡

再单击+ 按钮，添加
一个Float参数speed

每个块都是动画状态。Animator
运行时在状态之间切换，播放该
状态下的动画

取消选中该复选框，将允许
在动画播放过程中切换状态

右击一个状态并选择Make Transition
将其连接到另一个状态。确保对每
个状态同时进行转换，因为每个转
换都是单向的

单击+按钮以添加何时转换的条件。
在本例中的条件是，当速度大于0.1时，
从空闲状态切换到步行状态

图 6.8　Animator 窗口，显示动画状态和转换

默认情况下，空闲动画的播放速度过快。为了降低空闲动画的速度，选择空闲动画状态，在右侧面板中将 Speed 设置为 0.2。有了这个更改，动画就都设置好了，可以进行下一步了。

6.3.2　在代码中触发动画的播放

现在，已经在 Animator 控制器中设置了动画状态，可以在这些状态之间切换来播放不同的动画。如上一章所述，状态机根据所观察到的条件进行状态切换。在 Unity 的动画控制器中，这些条件被称为参数，下面就添加一个参数。如图 6.8 所示，选择 Parameters 选项卡，单击+按钮以显示参数类型菜单。添加一个名为 speed 的浮点参数。

接下来，需要基于该参数在动画状态之间切换。右击 stickman_idle，选择 Make Transition；这将开始从空闲状态中拖出一个箭头。单击 stickman_walk 连接到该状态，由于转换是单向的，因此右击 stickman_walk，切换回空闲状态。

现在选择从空闲状态开始的转换(可以单击箭头本身)，取消选择 Has Exit Time，然后单击底部的+，以添加条件(如图 6.8 所示)。建立条件 speed Greater (than) 0.1，这样状态就会在该条件下发生转变。现在对从步行状态到空闲状态的转换再建立一次条件：选择从步行状态开始的转换，取消选中 Has Exit Time，添加一个条件，建立条件 speed Less (than) 0.1。

最后，PlatformerPlayer 脚本可以操作动画控制器，如代码清单 6.2 所示。

代码清单 6.2 在移动过程中触发动画

```
...
private Animator anim;
...
void Start() {
  body = GetComponent<Rigidbody2D>();          ← 现有代码帮助显示
  anim = GetComponent<Animator>();               新代码的位置
}

void Update() {                                  即使速度为负，
  ...                                            Speed 也大于零
  anim.SetFloat("speed", Mathf.Abs(deltaX));   ← 浮点数并不总是精确的，所以
  if (!Mathf.Approximately(deltaX, 0)) {         使用 Approximately()进行比较
    transform.localScale = new Vector3(Mathf.Sign(deltaX), 1, 1);
  }                                              移动时，按正 1
}                                                或负 1 的比例
...                                              向左或向右缩放
```

这就是控制动画的代码! 大部分动画都由 Mecanim 处理，操作动画只需要少量代码。运行游戏并四处移动，观看玩家 sprite 的动画。这个游戏就要完成了，下面执行下一个步骤吧!

6.4 添加跳跃功能

玩家可以来回移动,但还不能垂直移动。垂直移动(既可以从平台的边缘上跳下来,也可以跳到更高的平台上)是平台游戏的一个重要部分,下面就来实现它。

6.4.1 因重力而下落

与直觉相反的是，在让玩家跳跃之前，它需要重力才能跳跃。之前在玩家的 Rigidbody 上把 Gravity Scale 设置为 0。这样玩家就不会因为重力而下落。现在把 Gravity Scale 设置回 1：选择场景中的 Player 对象，在 Inspector 面板中找到 Rigidbody，然后在 Gravity Scale 中输入 1。

重力现在会影响玩家，但是(假设在 Floor 对象上添加了一个 Box Collider)，地面支撑着玩家。玩家走到地面的边缘就会掉落下来。默认情况下，重力对玩家的影响有点弱，所以需要增加它的影响。物理模拟有一个全局重力设置,可以在 Edit 菜单中进行调整。具体来说，选择 Edit | Project Settings | Physics 2D。如图 6.9 所示，在各种控制和设置的顶部，应该会看到 Gravity Y，把它更改为-40。

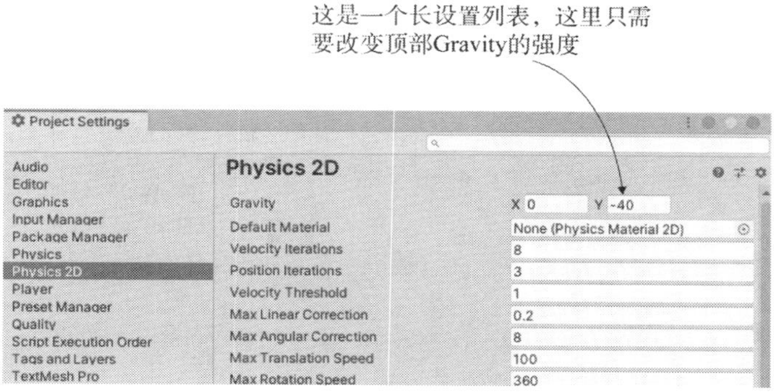

这是一个长设置列表，这里只需
要改变顶部Gravity的强度

图 6.9　Physics 设置中的 Gravity 强度

你可能注意到一个微妙的问题：下落的玩家会粘在地面边缘。要看到这个问题，可以让玩家走下平台边缘，然后立即从另一个方向回到平台。幸运的是，Unity 很容易修复这个问题。只需要为 Block 和 Floor 添加 Physics 2D | Platform Effector 2D 组件。这个效应器使场景中的对象表现得更像平台游戏中的平台。图 6.10 指出了需要调整的两个设置：设置 Collider 上的 Used By Effector，关闭 Effector 上的 Use One Way(后一种设置将在其他平台上使用，现在不用)。

为Platform Effector
使用这个 Collider

这不是单向平台，所
以关闭这个设置

图 6.10　Inspector 面板中的 Collider 和 Effector 设置

这就解决了垂直运动的向下部分，但仍然需要解决向上部分。

6.4.2　实现向上跃动

下一个需要添加的动作是跳跃。当玩家单击 Jump 按钮时(这里使用空格键)，会向上跳跃。虽然代码直接改变了水平运动的速度，但是垂直速度保持不变，这样重力就可以起作用了。另外，物体会受到重力以外的其他力的影响，所以增加一个向上的力。将此代码添加到 PlatformerPlayer 脚本中(见代码清单 6.3)。

代码清单 6.3　按空格键时跳跃

```
...
public float jumpForce = 12.0f;        现有代码帮助显示
...                                    新代码的位置
body.velocity = movement;  ◀
                                          仅在按空格键时
                                          施加作用力
if (Input.GetKeyDown(KeyCode.Space)) {  ◀
  body.AddForce(Vector2.up * jumpForce, ForceMode2D.Impulse);
}
...
```

其中，重要的代码行是 AddForce()命令。该代码向 Rigidbody 增加向上的力，并在脉冲模式下这样做。脉冲是一种临时的作用力，而不是连续的作用力。这样，当按下空格键时，代码就会施加一个向上的临时作用力。

同时，重力继续影响跳起的玩家，玩家跳跃的结果是得到一个漂亮的弧线。但是，还有一个问题，下面就来解决这个问题。

6.4.3　检测地面

跳跃控制存在一个微妙的问题：玩家可以在半空中起跳！如果玩家已经在半空中(要么是因为玩家已经跳起来了，要么是因为玩家正在下落)，按下空格键仍会施加向上的力，但此时不应该施加向上的力。相反，应该只有玩家在地面上的时候才进行跳跃控制。因此需要检测玩家是否在地面上(见代码清单 6.4)。

代码清单 6.4　检测玩家是否在地面上

```
...
private BoxCollider2D box;
...                                          让这个组件使用玩家的
box = GetComponent<BoxCollider2D>();  ◀      碰撞器作为检查区域
...
body.velocity = movement;

float minY = box.bounds.min.y;
float spanX = box.bounds.extents.x - .01f;
float centerX = box.bounds.center.x;
Vector2 corner1 = new Vector2(centerX - spanX, minY - .1f);    检查碰撞器的
Vector2 corner2 = new Vector2(centerX + spanX, minY - .2f);    最小 Y 值下方
Collider2D hit = Physics2D.OverlapArea(corner1, corner2);

bool grounded = false;          如果在玩家下方
if (hit != null) {  ◀           检测到碰撞器…
  grounded = true;
}
                                                 …在跳跃条件中
                                                 添加 grounded 变量
if (grounded && Input.GetKeyDown(KeyCode.Space)) {  ◀
...
```

有了这些代码，玩家就不能在半空中跳跃了。添加的这个脚本检查了玩家下方的碰撞器，并在跳跃的条件语句中考虑它。具体来说，代码首先获取玩家碰撞框的边界，然后在玩家下方相同宽度的区域内寻找重叠的碰撞器。该检查的结果存储在 grounded 变量中，并在条件中使用。

6.5　平台游戏的附加功能

目前实现了玩家移动最关键的方面：步行和跳跃。下面围绕玩家的环境添加新功能，来完成这个平台游戏的演示。

使用 tilemap 设计关卡

在此项目中，地面和平台都是空白的白色矩形，但成品游戏应该有更好的图形，但是关卡大小的图像对于计算机来说太大了，无法处理。这个问题最常见的解决方案是使用 tilemap。简而言之，这种技术用大量平铺的小图像来构建更大的组合图像。如图 6.11 所示的这张图片展示了一个 tilemap 的例子。

模糊的网格线显示贴图的边界，实际的地图中没有这个网格

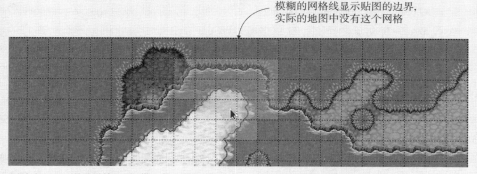

图片由 Tiled (详见链接[1])提供，使用了 OpenGameArt.org(详见链接[2])中的贴图

图 6.11　一个 tilemap 示例

注意地图是由小块图像构建的，这些小块图像在整个地图中都是重复出现的。这样，任何一幅图像都不大，但整个屏幕可以覆盖自定义的艺术品。查看 Window | Package Manager 中的 2D Tilemap Editor，可得到 Unity 最新版本的官方 tilemap 系统。

可以在 Unity 文档中了解更多信息(详见链接[3])。或者，也可以使用外部库，比如 SuperTiled2Unity(详见链接[4])，它导入在 Tiled 中创建的 tilemap，Tiled 是一个非常流行的(免费)tilemap 编辑器。

6.5.1 不同寻常的地面：斜坡和单向平台

现在，这个演示游戏的地面是普通的、水平的，可以站立。不过，平台游戏常常使用许多种有趣的平台，因此下面实现一些其他选项。要创建的第一个不同寻常的地面是斜坡。复制 Floor 对象，将副本的旋转设置为(0, 0, -25)，将其移到左侧，大约位置是(-3.47, -1.27, 0)，命名为 Slope。回看前面的图 6.1 即可知道具体形状。

如果现在玩这个游戏，玩家在移动时就能正确地上下滑动了，但是当玩家空闲时，由于重力作用，会慢慢地下滑。为了解决这个问题，当玩家不仅站在地上，而且空闲时，为玩家关闭重力。幸好，前面已经检测了地面，因此可以在新代码中重用它。实际上，只需要一行新代码(见代码清单 6.5)。

代码清单 6.5　玩家站在地上时，关闭重力

```
...
body.gravityScale = (grounded && Mathf.Approximately(deltaX, 0)) ? 0 : 1;  ◀
if (grounded && Input.GetKeyDown(KeyCode.Space)) {  ◀
...
```

现有代码有助于显示添加新代码的位置

检查玩家是否站在地上且没有移动

通过对移动代码的调整，玩家角色已可正确地穿越斜坡了。接下来，单向平台是平台游戏中另一种常见的地面。这里指可以跳过，但仍然站在上面的平台；玩家的头会撞到正常的、完全坚固的平台底部。

因为单向平台在平台游戏中很常见，所以 Unity 为它们提供了一些功能。前面添加 Platform Effector 组件时，有一个单向设置被关闭。现在打开它！要创建一个新平台，复制 Floor 对象，将该副本缩放为(10, 1, 1)，放在地面上方，位置为(-1.68, 0.11, 0)，并命名为 Platform 对象。别忘了打开 Platform Effector 组件的 Use One Way 选项。

玩家从下面跳过平台，但是当从上面下来的时候站在平台上面。可能有一个要解决的问题，如图 6.12 所示。Unity 可能会在玩家的上方显示平台 sprite(为了更容易看到它，将 Jump Force 设置为 7 进行测试)，但我们希望玩家显示在最上面。可以像第 5 章介绍的那样调整玩家的 Z 坐标，但这次需要调整其他值来显示另一个选项。sprite 渲染器有一个排序顺序，可以用来控制哪个 sprite 出现在最上面。在玩家的 Sprite Renderer 组件中，将 Order in Layer 设置为 1。

平台可能挡住了玩家，但我们想要的是玩家挡住平台

图6.12　平台 sprite 挡住了玩家 sprite

有关倾斜的地面和单向平台先讲到这儿。后面还会讲到另外一种不同寻常的地面，
但实现起来要复杂得多。

6.5.2　实现移动的平台

平台游戏中常见的第三种不同寻常的地面是移动平台。实现它不仅需要一个新的
脚本来控制平台本身，还需要修改玩家的移动脚本来处理移动平台。下面编写一个脚
本，该脚本采用两个位置，start 和 finish，并使平台在它们之间来回移动。首先，创建
一个新 C#脚本 MovingPlatform，并在其中编写代码(见代码清单 6.6)。

代码清单 6.6　来回移动的地面的 MovingPlatform 脚本

```
using System.Collections;
using System.Collections.Generic;
using UnityEngine;

public class MovingPlatform : MonoBehaviour {          要移动到
  public Vector3 finishPos = Vector3.zero;     ◄       的位置
  public float speed = 0.5f;

  private Vector3 startPos;                             start 和 finish 之间的
  private float trackPercent = 0;             ◄        "轨迹"有多远
  private int direction = 1;       ◄                   当前移动
                                                        的方向
  void Start() {
    startPos = transform.position;    ◄                在场景中从这个
  }                                                     地方开始移动

  void Update() {
    trackPercent += direction * speed * Time.deltaTime;
    float x = (finishPos.x - startPos.x) * trackPercent + startPos.x;
    float y = (finishPos.y - startPos.y) * trackPercent + startPos.y;
    transform.position = new Vector3(x, y, startPos.z);

    if ((direction == 1 && trackPercent > .9f) ||
    (direction == -1 && trackPercent < .1f)) {   ◄     在开始和结束时
      direction *= -1;                                  改变方向
    }
  }
}
```

绘制自定义的 Gizmos

我们编写的大部分代码都是为了运行游戏，但是 Unity 脚本也会影响 Unity 的编
辑器。Unity 中一个经常被忽视的特性是添加新菜单和窗口的功能。脚本也可以在 Scene
视图中绘制自定义辅助图像，这样的辅助图像称为 Gizmos。

我们已经熟悉一些 Gizmos，比如显示碰撞器的绿色盒子。它们都内置在 Unity 中，
也可以在脚本中绘制自己的 Gizmos。例如，在 Scene 视图中画一条线来显示平台的移

动路径是很有用的，如图 6.13 所示。

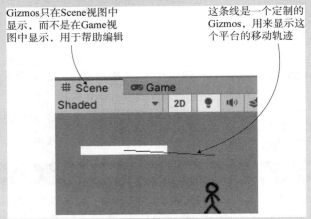

Gizmos只在Scene视图中显示，而不是在Game视图中显示，用于帮助编辑

这条线是一个定制的Gizmos，用来显示这个平台的移动轨迹

图 6.13　自定义 Gizmos

绘制那条线的代码很简单。通常，当编写影响 Unity 编辑界面的代码时，需要在顶部添加 using UnityEditor，因为大多数编辑器函数都驻留在该命名空间中，但是在本例中不需要使用它。将此方法添加到 MovingPlatform 脚本中：

```
...
void OnDrawGizmos()
  { Gizmos.color = Color.red;
  Gizmos.DrawLine(transform.position, finishPos);
}
...
```

关于这段代码，有几点需要了解。首先，这些代码都在 OnDrawGizmos()方法中。与 Start 或 Update 一样，OnDrawGizmos 也是 Unity 识别的另一个方法名称。在该方法中有两行代码：一行设置绘图颜色，另一行告诉 Unity 从平台的当前位置到完成位置绘制一条线。

类似的命令也可以用于其他 Gizmos 形状。DrawLine()通过使用起始点和结束点来定义一条线，但类似的命令 DrawRay()用于在给定的方向上绘制一条线。这对于可视化来自 AI 角色的射线投射非常方便。

Gizmos 默认只在 Scene 视图中可见，但请注意，Game 视图顶部有一个 Gizmos 按钮。虽然这个项目是一个 2D 游戏，但绘制自定义 Gizmos 在 3D 游戏中也同样有效。

将此脚本拖放到平台对象上。现在运行游戏，平台就会左右移动！接着需要调整玩家的移动脚本，以便将玩家附加到移动平台。下面是要做的更改，如代码清单 6.7 所示。

代码清单 6.7　在 PlatformerPlayer 中处理移动的平台

```
...
  body.AddForce(Vector2.up * jumpForce, ForceMode2D.Impulse);
}
MovingPlatform platform = null;
if (hit != null) {                              ◀── 检查玩家下方的平台
  platform = hit.GetComponent<MovingPlatform>();    是否是移动的平台
}
if (platform != null) {                         ◀── 连接平台或清除
  transform.parent = platform.transform;            transform.parent
} else {
  transform.parent = null;
}

anim.SetFloat("speed", Mathf.Abs(deltaX));      ◀── 现有代码帮助显示
...                                                 新代码的位置
```

现在，玩家跳上平台后就会跟着平台一起移动。这种更改主要归结为将玩家关联为平台的子对象；记住，设置父对象时，子对象与父对象一起移动。代码清单 6.7 使用 GetComponent() 来检查所检测的地面是否是一个移动平台。如果是，就将平台设置为玩家的父对象；否则，玩家将与任何父对象分离。

但有一个大问题：玩家继承了平台的缩放比例，导致玩家的大小不符合要求。这可以通过反缩放(将玩家缩小以对抗平台的放大)来解决(见代码清单 6.8)。

代码清单 6.8　校正玩家的比例

```
...
  anim.SetFloat("speed", Mathf.Abs(deltaX));

  Vector3 pScale = Vector3.one;            ◀── 如果玩家不在移动的平台上,
  if (platform != null) {                      玩家的默认比例就是 1
    pScale = platform.transform.localScale;
  }
  if (!Mathf.Approximately(deltaX, 0)) {
    transform.localScale = new Vector3(       ◀── 用新代码替换
    Mathf.Sign(deltaX) / pScale.x, 1/pScale.y, 1);    已有的比例
  }
}
...
```

反缩放的数学原理很简单：将玩家设置为 1 除以平台的缩放比例。当将玩家的缩放比例乘以平台的缩放比例时，得到的缩放比例是 1。这段代码中唯一棘手的部分是乘以移动值的符号。如前所述，玩家是根据移动方向翻转的。

现在完全实现了移动的平台。这个平台游戏的演示只需要最后一个步骤了。

6.5.3　摄像机控制

移动摄像机是要添加到这个 2D 平台游戏的最后一个功能。创建一个名为 FollowCam 的脚本，将其拖到摄像机中，然后编写以下代码(见代码清单 6.9)。

代码清单 6.9　与玩家一起移动的 FollowCam 脚本

```
using System.Collections;
using System.Collections.Generic;
using UnityEngine;

public class FollowCam : MonoBehaviour {
  public Transform target;

  void LateUpdate() {
    transform.position = new Vector3(
    target.position.x, target.position.y, transform.position.z);
  }
}
```

改变 X 和 Y 时，Z 坐标保持不变

编写完代码后，将 Player 对象拖到 Inspector 面板中脚本的 target 槽。播放场景时，摄像机会四处移动，让玩家保持在屏幕的中央。代码将目标对象的位置应用到摄像机上，并将玩家设置为目标对象。注意，方法名是 LateUpdate 而不是 Update，这是 Unity 识别的另一个名字。LateUpdate 也会执行每一帧，但是在 Update()更新每一帧之后执行。

摄像机在任何时候都能与玩家完全同步，这有点不和谐。在大多数平台游戏中，摄像机都有着各种微妙而复杂的行为，当玩家四处移动时，应突出显示关卡的不同部分。事实上，对于平台游戏来说，摄像机控制是一个非常深入的话题，对此可在网上搜索"平台游戏，摄像机"，并查看所有结果。不过，在本例中，只需要让摄像机的移动更流畅、更和谐。代码清单 6.10 进行了这样的调整。

代码清单 6.10　使摄像机的移动更流畅

```
...
public float smoothTime = 0.2f;

private Vector3 velocity = Vector3.zero;
...
void LateUpdate() {
  Vector3 targetPosition = new Vector3(
  target.position.x, target.position.y, transform.position.z);

  transform.position = Vector3.SmoothDamp(transform.position,
  targetPosition, ref velocity, smoothTime);
}
...
```

改变 X 和 Y 时，Z 坐标保持不变

从当前位置流畅地转换到目标位置

这里的主要变化是调用了 SmoothDamp 函数，其他的更改(如添加 time 和 velocity

变量)都是为了支持该函数。这是 Unity 提供的一个函数，它可以让值平稳地转换为新的值。在本例中，值是摄像机和目标的位置。

摄像机现在和玩家一起平稳地移动。我们实现了玩家的移动以及几种不同的平台，现在也实现了摄像机控制。本章的项目已经完成了!

6.6　小结

- sprite sheet 是一种处理 2D 动画的常见方式。
- 游戏中的角色不像现实世界中的对象，因此必须相应地调整其物理规则。
- Rigidbody 对象可以通过应用作用力来控制，或通过直接设置其速度来控制。
- 2D 游戏中的关卡通常由 tilemap 构建。
- 简单的脚本可以使摄像机流畅地跟随着玩家。

第7章

在游戏中放置 GUI

本章涵盖:
- 比较旧 GUI 系统和新 GUI 系统
- 创建用于界面的画布
- 通过使用锚点来定位 UI 元素
- 为 UI 添加交互(按钮、滑动条等)
- 广播和监听 UI 事件

本章将为 3D 游戏构建 2D 界面。前面在构建第一人称射击演示游戏时，我们主要关注虚拟场景本身。但除了游戏所处的虚拟场景外，每款游戏还需要一些抽象交互，并显示一些信息。无论是 2D 游戏或者 3D 游戏，第一人称射击游戏还是益智游戏，所有游戏都是这样。因此，虽然本章中的技术将用于 3D 游戏，但它们也适用于 2D 游戏。

这些抽象的交互显示称为 UI，更专业的术语是 GUI。GUI(图形用户界面的简称)指的是界面的可视化部分，例如文本和按钮(如图 7.1 所示)。从技术上说，UI 包括非图形控制，如键盘或手柄，但人们说的"UI"通常指的就是图形部分。

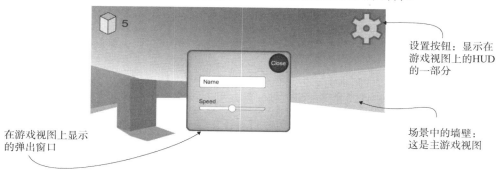

图 7.1　将为游戏创建的 GUI

尽管任何软件都需要某种 UI 以便用户控制它，但游戏使用 GUI 的方式通常与其他软件略有不同。例如，在网站中，GUI 基本就是网站(就视觉表现而言)。然而在游戏中，文本和按钮通常是覆盖在 Game 视图之上的额外叠加层，这是一种称为抬头显示(HUD)的显示方式。

定义 抬头显示(HUD，heads-up display)将图形叠加在全局视图上。这个概念源于军用飞机，目的是为了让飞行员不低头就能看到重要信息。类似地，叠加在游戏视图上的 GUI 称为 HUD。

本章将说明如何使用 Unity 中的 UI 工具来构建游戏的 HUD。如第 5 章所述，Unity 提供了多种创建 UI 显示的方式。本章演示了替代 Unity 第一个 UI 系统的高级 UI 系统。接下来讨论之前的 UI 系统和新系统的优势。

为了学习 Unity 中的 UI 工具，我们将在第 3 章的第一人称射击(FPS)项目的基础上进行构建，包括以下步骤：

(1) 规划界面。

(2) 在显示界面中放置 UI 元素。

(3) 编程实现与 UI 元素的交互。

(4) 使 GUI 响应场景中的事件。

(5) 使场景响应 GUI 上的动作。

注意 本章的所有示例都构建于第 3 章创建的 FPS 游戏之上，但本章的内容在很大程度上与基础项目无关；它只是在已有的游戏演示基础上添加了一个图形界面。虽然我建议下载第 3 章中的示例项目，但你也可以使用自己喜欢的游戏演示。

复制第 3 章的项目，打开副本，开始本章的工作。同往常一样，需要的美术资源可以在示例中下载。准备好这些文件后，就可以开始构建游戏的 UI 了。

7.1 在开始写代码之前

在开始构建 HUD 之前，首先需要了解 UI 系统的工作原理。Unity 提供了多种方式来构建游戏的 HUD，因此接下来需要了解这些系统的工作原理。然后就可以简单规划 UI，并准备所需的美术资源。

7.1.1 立即模式 GUI 还是高级 2D 界面

Unity 从第一个版本开始就有了立即模式(immediate mode)GUI 系统。立即模式系统可以简单地在屏幕上放置可单击的按钮。代码清单 7.1 展示了使用立即模式 GUI 系统的代码：只需要将这个脚本附加到场景中的任何对象上即可。

定义　立即模式是指每帧显式地发出绘制命令。而对于另一种系统，只需要一次定义所有的视觉效果，之后系统就知道每帧需要绘制什么，而不必再重新声明。后一种方法称为保留模式(retained mode)。

对于另一个使用立即模式 GUI 的例子，可以回想第 3 章中显示的目标光标。这个 GUI 系统完全基于代码，不需要在 Unity 的编辑器中进行任何操作。

代码清单 7.1　使用立即模式 GUI 创建按钮的示例

```
using System.Collections;
using System.Collections.Generic;
using UnityEngine;

public class BasicUI : MonoBehaviour {          函数在渲染其他所有帧之
  void OnGUI() {                                后调用每一帧
    if (GUI.Button(new Rect(10, 10, 40, 20), "Test")) {    参数：位置 X、位置 Y、
      Debug.Log("Test button");                            宽度、高度、文本标签
    }
  }
}
```

代码清单 7.1 中的核心代码是 OnGUI()方法。非常类似于 Start()和 Update()，每个 MonoBehaviour 自动响应 OnGUI()方法。这个函数会在渲染完 3D 场景后运行每帧，并包含了 GUI 绘制命令。这段代码绘制了一个按钮；注意，用于按钮的命令会在每帧执行(这就是立即模式)。按钮命令的使用条件是在按钮被按下时进行响应。

由于立即模式 GUI 使得在屏幕上放置一些按钮变得非常容易，而且只需要做很少的工作，因此在后面章节中会使用它来作为示例。但只有默认按钮使用该系统创建才最容易，因此最新的 Unity 版本在编辑器中提供了一套基于 2D 图形的新界面系统。这个更新的界面系统需要花费更多的精力来进行设置，但你在成品游戏中会用到它，因为它提供了更专业的效果。

新的 UI 系统在保留模式下工作，因此图形只需要布局一次，就能在每帧绘制，而不需要重新定义。在这个系统中，用于 UI 的图形被放在 Unity 的编辑器中。相比于立即模式 UI，这具有两个优势：①可以在放置 UI 元素时看到当前 UI 的外观。②这个系统可以直接使用你自己的图像来定制 UI。

注意　第 1 章提到 Unity 有三个 UI 系统(详见链接[1])，因为相继开发的系统都是在其前身的基础上改进的。本书涵盖了第二个 UI 系统(Unity UI，或 uGUI)，因为它目前仍优于不完整的第三个 UI 系统(UI Toolkit)。

为了使用这个系统，需要导入图像，并将对象拖到场景中。接下来规划 UI 的外观。

7.1.2 规划布局

大多数游戏的 HUD 只是不停重复一些不同的 UI 控制。因此，要学习如何构建游戏的 UI，这个项目不需要非常复杂。接下来将在主游戏视图的屏幕角落中放置分数显示和设置按钮(如图 7.2 所示)。设置按钮将打开一个弹出窗口，该窗口中包含一个文本域和一个滑动条。

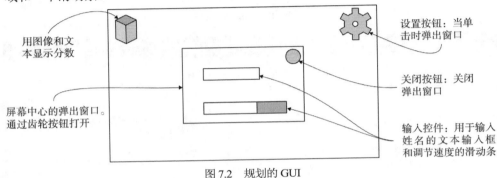

图 7.2 规划的 GUI

本例中，那些输入控制将用于设置玩家的姓名和移动速度，但最终这些 UI 元素可以控制游戏中的任何设置。很好，规划确实比较简单！接下来将需要的图像导入项目中。

7.1.3 导入 UI 图像

UI 需要一些图像来显示按钮之类的对象。下面使用类似第 5 章的 2D 图像来构建 UI，因此需要遵循以下两个步骤：

(1) 导入图像(如果有必要，将它们设置为 Sprite)。

(2) 将 sprite 拖到场景中。

为了完成这些步骤，首先将图像拖到 Project 视图中，导入它们，接着在 Inspector 面板中将它们的 Texture Type 设置改为 Sprite(2D And UI)。

警告 Texture Type 设置在 3D 项目中默认为 Texture，而在 2D 项目中默认为 Sprite。如果要在 3D 项目中使用 sprite，需要手动调整这个设置。

从下载的示例中获取需要的图像(如图 7.3 所示)，接着将图像导入项目中。确保所有导入的资源都被设置为 Sprite，可能还需要在导入之后调整 Texture Type 设置。

close

这个图像是弹出
窗口的关闭按钮

enemy

这个图像是显示
在左上角的分数

gear

这个图像是右
上角的设置按钮

popup

这个图像是弹出
窗口的缩放背景

图 7.3　本章项目需要的图像

这些 sprite 构成了接下来将创建的按钮、分数显示和弹出窗口。现在图像已导入，下面将这些图形放到屏幕上。

7.2　设置 GUI 显示

美术资源和第 5 章使用的 2D sprite 是同一种资源，但在场景中，这些资源的用法稍有不同。Unity 提供了一些特殊的工具，使图像成为 HUD 并显示在 3D 场景上，而不是把图像显示为场景的一部分。UI 元素的定位通常有一些特殊技巧，因为显示可能需要根据不同的屏幕而变化。

7.2.1　为界面创建画布

UI 系统工作原理中最基础且最特殊的一点是所有图像必须附加到 Canvas 对象上。

提示　画布(Canvas)是一类特殊的对象，Unity 把它渲染为游戏的 UI。

打开 GameObject 菜单，查看可以创建的对象。在 UI 目录下，选择 Canvas。在场景中将会出现一个 Canvas 对象(将该对象命名为 HUD Canvas 可能会更清晰)。该对象代表整个屏幕的范围，相对于 3D 场景，它非常大，因为它将屏幕上的一个像素缩放为场景中的一个单位。

警告　当创建 Canvas 对象时，也会自动创建 EventSystem 对象。对于 UI 交互，该对象是必需的，但你可以忽略它。

切换为 2D 视图模式(见图 7.4)，双击 Hierarchy 中的画布，缩放它，使画布完全显示出来。当整个项目在 2D 中创建时，2D 视图模式会自动启用，但在 3D 项目中，需要手动单击才能在 UI 和主场景之间切换。为了切换回 3D 场景，关闭 2D 视图模式，并双击场景，使视野缩放到该对象。

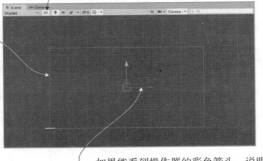

2D视图模式：在2D模式下
工作时(包括在UI中工作时)，
切换到此视图

Scene视图中显示的
Canvas对象

它的缩放比例很大，因为
场景中的1个单位相当于
UI上的1个像素

画布的边框缩放至匹配
游戏的屏幕

如果能看到操作器的彩色箭头，说明Rect工具没有启用。
Rect按钮在Unity的左上角。如果打开Rect工具，则在每
个2D对象的角上都可以看到蓝点

图 7.4　Scene 视图中的空 Canvas 对象

提示　不要忘记第 4 章的提示：Scene 视图面板顶部的按钮用于控制可见的内容，因
此请在该面板顶部找到 Effects 按钮，以关闭天空盒。

画布中有一些可以调整的设置。首先是 Render Mode 选项，使其保持默认设置
Screen Space－Overlay，但你应该知道如下三种设置的含义：

- Screen Space－Overlay：将 UI 渲染为摄像机视图顶部的 2D 图形(这是默认
设置)。
- Screen Space－Camera：将 UI 渲染在摄像机视图顶部，但 UI 元素可以旋转，
得到透视效果。
- World Space：将 Canvas 对象放在场景中，就好像 UI 是 3D 场景的一部分。

初始默认设置之外的另外两种模式有时对于实现特殊效果很有用，但也会稍微复
杂一些。

另外一个重要的设置是 Pixel Perfect。这个设置会在渲染时轻微调整图像的位置，
以使图像非常清晰(相反，在像素之间定位时，图像会比较模糊)。选中该复选框。现
在 HUD 画布已经设置完毕，但它依然是空白的，此时需要使用一些 sprite。

7.2.2　按钮、图像和文本标签

Canvas 对象定义了一个作为 UI 显示的区域，但它依然需要 sprite 来显示。参考图
7.2 中的 UI 版面，就会看到左上角的方块/敌人图像，旁边显示的是分数的文本，右上
角还有一个齿轮形状的按钮。相应地，GameObject 菜单的 UI 部分包含创建图像、文
本或按钮的选项。下面依次创建图像、文本和按钮，尽量使用 TextMeshPro 版本。也
就是说，选择 GameObject | UI | Image，接着选择 Text - TextMeshPro，然后选择 Button -

TextMeshPro。

提示 如第 5 章所述,需要安装 TextMeshPro 包,所以如果在 UI 对象的菜单中没有显
示 TextMeshPro 版本,转到 Window | Package Manager。第一次创建 TextMesh
Pro 对象时,TMP Importer 窗口将自动出现。单击 Import TMP Essentials 按钮。

为了正确显示 UI 元素,UI 元素需要成为 Canvas 对象的子对象。Unity 自动处理
了这个操作,但记住,通常可以在 Hierarchy 视图中拖动对象来创建父子关系(如图 7.5
所示)。

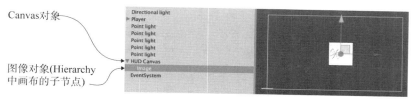

图 7.5　Hierarchy 视图中关联了图像的画布

与场景中的任何其他对象一样,可以将画布中的对象设置为其他对象的父对象来
进行定位。例如,把文本对象拖到图像对象上,使文本随着图像一起移动。类似地,默
认的按钮对象会将文本对象作为其子对象,本项目的按钮不需要文本标签,因此可以删
除默认的文本对象。

将 UI 元素大致定位到角落,下一节将更精确地定位它们。现在拖动对象,将它
们放在合适的位置。单击并将图像对象拖到画布的左上角,将按钮移到右上角。

提示 如第 5 章所述,在 2D 模式下使用 Rect 工具。它是一个包含了三种变换(Move、
Rotate 和 Scale)的操作工具。这些操作在 3D 模式中需要使用单独的工具,但在
2D 模式中将它们合并起来,这是因为在 2D 模式中有一个维度不需要关心。在
2D 模式中,这个工具被自动选中,也可以单击 Unity 左上角的按钮来选中它。

此时,图像是空白的。如果选择一个 UI 对象,观察它的 Inspector,会发现图
像组件的顶部附近有一个 Source Image 槽。如图 7.6 所示,从 Project 视图中拖动
sprite(记住不是贴图!),将图像分配给对象。将敌人 sprite 分配给图像对象,并将
齿轮状的 sprite 分配给按钮对象(将 sprite 分配给对象后,单击 Set Native Size 修正
图像对象的大小)。

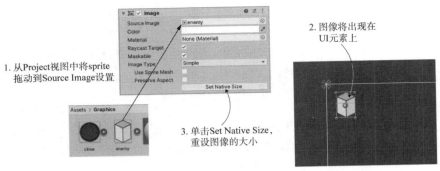

1. 从Project视图中将sprite拖动到Source Image设置

2. 图像将出现在UI元素上

3. 单击Set Native Size，重设图像的大小

图 7.6 将 2D sprite 分配给 UI 元素的 Image 属性

首先关注敌人图像和齿轮按钮的外观。对于文本对象，需要在 Inspector 中进行一些设置(如图 7.7 所示)。首先，在大的 Text Input 框中输入一个数字，这个文本稍后将被覆盖，但现在还是有用的，因为它看起来像是在编辑器中显示分数。由于该文本太小，因此增加 Font Size 值为 24，并单击第一个 Font Style 按钮将样式设置为 Bold，然后将 Vertex Color 更改为黑色。还可以将这个标签设置为水平左对齐和垂直居中对齐。现在，剩余的设置保留它们的默认值即可。

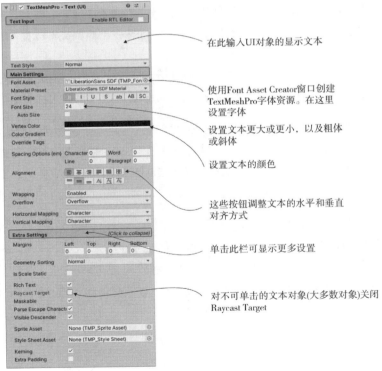

在此输入UI对象的显示文本

使用Font Asset Creator窗口创建TextMeshPro字体资源。在这里设置字体

设置文本更大或更小，以及粗体或斜体

设置文本的颜色

这些按钮调整文本的水平和垂直对齐方式

单击此栏可显示更多设置

对不可单击的文本对象(大多数对象)关闭Raycast Target

图 7.7 UI 文本对象的设置

注意　最常调整的属性就是字体。为了使用 TextMeshPro 中的 TrueType 字体，可以将 TrueType 字体导入 Unity 中，然后选择 Window | TextMeshPro | Font Asset Creator。

现在 sprite 已经分配给 UI 图像，分数文本也已设置好，可以单击 Play 看看 3D 游戏顶部的 HUD。如图 7.8 所示，Unity 编辑器中显示的画布表明了屏幕的边界，已在该图所示的屏幕位置绘制了 UI 元素。

Scene视图中显示的画布

HUD覆盖了游戏
视图中的3D关卡

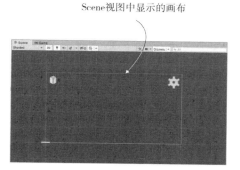
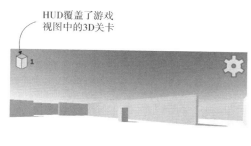

图 7.8　编辑器中看到的 GUI(左图)和运行游戏时看到的 GUI(右图)

前面在 3D 游戏中使用 2D 图像显示了 HUD！还有一个更复杂的可视化设置需要完成：相对于画布来定位 UI 元素。

7.2.3　控制 UI 元素的位置

所有 UI 对象都有锚点(anchor)，在编辑器中显示为 X 形状(如图 7.9 所示)。锚点是一种在 UI 中灵活定位对象的方式。

锚点图标

图像对象

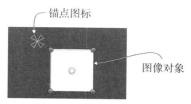

图 7.9　图像对象的锚点

定义　对象的锚点是对象附加到画布或屏幕的点。对象的位置是相对于锚点来测量的。

位置是类似"X 轴偏移 50 像素"这样的值。但存在一个问题：这 50 像素是相对什么而言？这正是锚点存在的原因。锚点的作用是对象相对于锚点放置，而锚点相对于画布移动。锚点的定义类似于"屏幕中心"，那么当屏幕改变大小时，锚点依然在其中心。类似地，将锚点设置在屏幕的右边，会让对象植根于屏幕的右边，而不管屏幕是否改变大小(例如，假设游戏在不同的显示器上运行)。

理解上述内容最简单的方式就是实践。选择图像对象并观察 Inspector。锚点设置 (如图 7.10 所示)会显示在 transform 组件的正下方。默认情况下，UI 元素的锚点设置为 Center，但是可以将这个图像的锚点设置为 Top Left。图 7.10 演示了如何使用 Anchor Presets 对锚点进行调整。

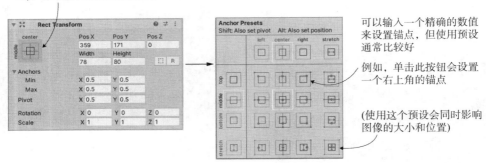

图 7.10 如何调整锚点设置

同样，下面修改齿轮按钮的锚点。设置这个对象的锚点为 Top Right，单击右上角的 Anchor Preset。现在尝试左右缩放窗口：单击游戏视图的一侧并拖动。由于存在锚点，UI 对象会在画布改变大小时一直留在角上。如图 7.11 所示，这些 UI 元素会在屏幕移动时固定在其位置上。

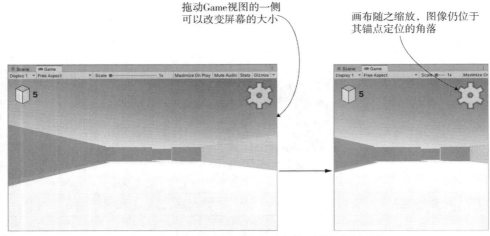

图 7.11 当屏幕改变大小时，锚点保持原来的位置不变

提示　锚点能同时调整比例和位置。本章不打算探讨这些功能，但图像的每个角落都
　　　可以定位到屏幕的不同位置。图 7.11 所示的图像没有因屏幕变化而改变大小，
　　　但可以调整锚点，使图像在屏幕改变大小时进行缩放。

所有的可视化设置已经完成，下面该编写程序进行交互了。

7.3　编程实现 UI 中的交互

在与 UI 交互之前，需要有鼠标光标。你可能还记得，我们在 RayShooter 代码的
Start()方法中调整了 Cursor 设置。这些设置锁定并隐藏了鼠标光标，这种行为适用于
FPS 游戏中的控制，但影响了 UI 的使用。从 RayShooter 中移除这些设置光标的代码，
这样就可以单击 HUD。

只要打开了 RayShooter，就可以确保与 GUI 交互时不能射击。代码清单 7.2 可以
实现这一点。

代码清单 7.2　在 RayShooter 中添加 GUI 检查的代码

```
using UnityEngine.EventSystems;      ◄────── 包含 UI 系统代码框架
...
void Update() {
                                             斜体代码已经在脚本中，
  if (Input.GetMouseButtonDown(0) &&         此处显示仅便于参考
!EventSystem.current.IsPointerOverGameObject()) {  ◄─── 检查 GUI
Vector3 point = new Vector3(                              未被使用
    camera.pixelWidth/2, camera.pixelHeight/2, 0);
  ...
```

现在可以运行游戏并单击按钮，尽管该游戏还没有实现任何功能。可以看到，当
鼠标移到按钮并单击时，它的颜色发生了变化。这种鼠标悬停和单击行为是一种默认
色调，对于每个按钮来说都可以修改这个色调，但现在默认色调看起来还不错。可以
加速实现默认的淡入淡出行为。Fade Duration 是按钮组件中的设置，可以尝试将其减
至 0.01 并观察按钮如何变化。

提示　有时，UI 的默认交互控件也会影响游戏。还记得 EventSystem 对象会同画布一
　　　起自动创建吗？该对象控制 UI 交互控件，默认情况下，它使用方向键与 GUI
　　　进行交互。你可能需要关闭 EventSystem 中的方向键，以免意外与 GUI 交互。
　　　为此，在 EventSystem 的设置中，取消选中 Send Navigation Event 复选框。

但当单击按钮时什么事情也没有发生，因为现在还没有将按钮关联到任何代码。
下面将编写代码。

7.3.1 编程实现不可见的 UIController

通常，所有 UI 元素的 UI 交互都一样，都以一系列标准步骤进行编写：

(1) 在场景中创建 UI 对象(前一节创建的按钮)。

(2) 编写操作 UI 时要调用的脚本。

(3) 将脚本附加到场景的对象上。

(4) 通过脚本将 UI 元素(如按钮)关联到对象上。

为了按照这些步骤进行操作，首先需要创建控制器对象来关联按钮。创建一个 UIController 脚本(如代码清单 7.3 所示)，并将该脚本拖到场景中的控制器对象上。

代码清单 7.3　编程实现按钮的 UIController 脚本

```
using System.Collections;
using System.Collections.Generic;          导入 TextMeshPro 代码框架
using UnityEngine;
using TMPro;

public class UIController : MonoBehaviour {
  [SerializeField] TMP_Text scoreLabel;        在场景中引用 Text 对象，
                                               设置文本属性
  void Update() {
    scoreLabel.text = Time.realtimeSinceStartup.ToString();
  }

  public void OnOpenSettings() {          由 Settings 按钮
    Debug.Log("open settings");           调用的方法
  }
}
```

提示　为什么需要为 SceneController 和 UIController 指定不同的对象？实际上，这个场景很简单，可以用一个控制器来处理 3D 场景和 UI。然而随着游戏越来越复杂，将 3D 场景和 UI 分为不同的模块并在它们之间进行间接通信，将会越来越有利。通常这个概念能很好地从游戏延伸到软件：软件工程师称这个原理为关注点分离(separation of concerns)。

现在将对象拖到组件槽，连接它们。将 Score 标签(之前创建的文本对象)拖到 UIController 的文本槽。UIController 中的代码设置了在该标签上显示的文本。当前代码显示了一个定时器，以测试文本显示。稍后会将它修改为分数。

接下来，将一个 OnClick 条目添加到按钮上，并将控制器对象拖到它上面。选中按钮，观察它在 Inspector 面板中的设置。其底部有一个 OnClick 面板，初始时该面板为空，但可以单击+按钮，在面板上添加一个条目(如图 7.12 所示)。每个条目都定义了一个函数，当单击按钮时就会调用这个函数。这个列表中包含了一个对象槽和一个用于调用函数的菜单。将控制器对象拖到对象槽上，并在菜单中查找 UIController，选择其中的 OnOpenSettings()。

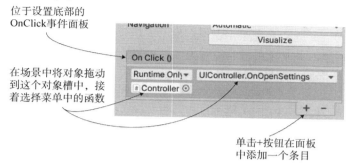

位于设置底部的
OnClick 事件面板

在场景中将对象拖动
到这个对象槽中，接
着选择菜单中的函数

单击+按钮在面板
中添加一个条目

图 7.12　位于按钮设置底部的 OnClick 面板

响应其他鼠标事件

OnClick 是按钮组件显示出来的唯一事件，但 UI 元素能响应各种不同的交互。为了使用默认交互以外的交互，可以使用 EventTrigger 组件。

将一个新组件添加到按钮对象，并在组件的菜单中查找 Event 部分。从该菜单中选择 EventTrigger。尽管按钮的 OnClick 只响应完整单击(鼠标按键被按下然后释放)，但让我们尝试响应鼠标被按下却不松开的事件。执行与 OnClick 相同的步骤，只是响应不同的事件。首先将另一个方法添加到 UIController：

```
...
public void OnPointerDown() {
    Debug.Log("pointer down");
}
...
```

现在单击 Add New Event Type，为 EventTrigger 组件添加一个新类型。选择 Pointer Down 作为事件。这个操作将创建空的事件面板，就像 OnClick 面板一样。单击+按钮，添加事件列表，将控制器对象拖到这个新增事件上，并选择菜单中的 OnPointerDown()。这就完成游戏了。

运行游戏并单击按钮，以在 Console 视图中输出调试消息。同样，当前代码只是随机输出，用于测试按钮的功能。由于我们希望打开一个弹出的设置窗口，因此接下来创建弹出窗口。

7.3.2　创建弹出窗口

UI 包含一个用于打开弹出窗口的按钮，但目前还没有弹出窗口。弹出窗口是一个新的图像对象，在这个对象上附加有几个控件(如按钮和滑动条)。第一步是创建一个

新图像，因此选择 GameObject | UI | Image。和之前一样，新图像在 Inspector 面板中有名为 Source Image 的图像槽。将 sprite 拖到那个槽上，设置这个图像。这次使用称为 popup 的 sprite。

通常，缩放 sprite 以覆盖整个图像对象，这是分数和齿轮图像的工作方式，单击 Set Native Size 按钮，将对象的大小设置为图像对象的大小。这是图像对象的默认行为，但弹出窗口将使用切割图像代替。

> **定义** 切割图像(sliced image)是把图像切割为九份，各个部分相互独立，分别缩放。通过从中间缩放图像边缘，可以确保将图像缩放为任何期望的尺寸，且边缘清晰。在其他开发工具中，此类图像通常在其名称中有个"9"字(例如，9-切割、9 片、缩放-9)，表示图像有九个部分。

如图 7.13 所示，图像组件有 Image Type 设置。这个设置默认为 Simple，这是之前使用的正确图像类型。然而对于弹出窗口，将 Image Type 设置为 Sliced。之后，Unity 可能会在组件设置中显示一个错误，表明图像没有边框。所以接下来会更正它。

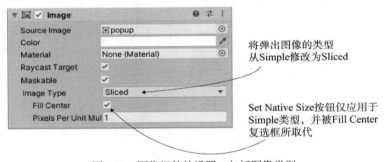

图 7.13   图像组件的设置，包括图像类型

出现错误是因为 popup sprite 还没有设置为 9 个边框部分。为了设置该 sprite，首先选择 Project 视图中的 popup sprite。在 Inspector 面板中应该会看到 Sprite Editor 按钮(如图 7.14 所示)，单击该按钮，打开 Sprite Editor 窗口。

> **警告** 如第 6 章所述，Sprite Editor 窗口需要 2D Sprite 包。创建 2D 项目可能会自动安装该包，但对于这个项目，你需要打开 Window | Package Manager，并在窗口左侧的列表中寻找 2D Sprite。选择该包，然后单击 Install 按钮。

在 Sprite Editor 中可以看到，绿色的线表明了图像是如何切割的。初始时图像不会有任何边框(即，所有 Border 都设置为0)。将 4 条边的边框宽度增加到 12，得到如图 7.14 所示的边框。因为所有 4 条边(左、右、底部、顶部)的边框都设置为 12 像素宽，所以边框线会叠加为九个部分。关闭编辑器窗口并应用修改。

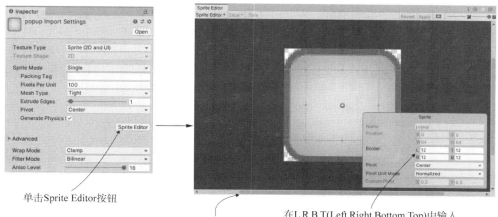

单击Sprite Editor按钮

打开窗口，编辑sprite的边框

在 L R B T(Left Right Bottom Top)中输入
数字，调整绿色分割边框。对于pop-up
sprite，将所有的边框设置为12像素

图 7.14　Inspector 面板中的 Sprite Editor 按钮和弹出窗口

现在 sprite 已定义为九个部分，切割的图像将正常工作(Image 组件设置将显示 Fill Center，请确保开启了这个设置)。单击并拖动图像角落的蓝色指示器来缩放它(如果没看到任何缩放指示器，就切换到第 5 章描述的 Rect 工具)。当中心部分缩放时，边框部分的大小将保持不变。

因为边框部分保持其大小，所以切割图像可以缩放为任意大小并且边缘仍旧清晰。这非常适合 UI 元素——不同的窗口可能具有不同的大小，但应该看起来相同。对于弹出窗口，设置宽度为 250，高度为 200，使其看起来如图 7.15 所示，同时让它居中在坐标为(0, 0, 0)的位置。

图 7.15　切割图像缩放为 pop-up 对象的大小

提示　UI 图像如何彼此堆叠取决于它们在 Hierarchy 视图中的顺序。在 Hierarchy 列表中，将 pop-up 对象拖到其他 UI 对象的上面(当然，总是要附加到 Canvas 对象上)。现在在 Scene 视图中移动弹出窗口，图像和弹出窗口就会重叠显示。最后将弹出窗口拖到画布底部，让它显示在其他任何 UI 元素之上。

pop-up 对象现在已设置好，因此可以为它编写代码。创建一个称为 SettingsPopup 的脚本(查看代码清单 7.4)，并将脚本拖到 pop-up 对象上。

代码清单 7.4   用于 pop-up 对象的 SettingsPopup 脚本

```
using System.Collections;
using System.Collections.Generic;
using UnityEngine;

public class SettingsPopup : MonoBehaviour {
  public void Open() {
    gameObject.SetActive(true);        ◀── 开启对象，
  }                                         打开窗口
  public void Close() {
    gameObject.SetActive(false);       ◀── 使对象无效，
  }                                         关闭窗口
}
```

接下来，打开 UIController 来做一些调整，如代码清单 7.5 所示。

代码清单 7.5   调整 UIController 来处理弹出窗口

```
...
[SerializeField] SettingsPopup settingsPopup;
void Start() {
  settingsPopup.Close();              ◀── 游戏开始时关闭弹出窗口
}
...
public void OnOpenSettings() {        ◀── 使用弹出窗口的方法替换调试文本
  settingsPopup.Open();
}
...
```

这段代码添加了一个 pop-up 对象的对象槽，因此将 pop-up 对象拖到 UIController 上。当运行游戏时，弹出窗口是关闭的，当单击 Settings 按钮时，会打开它。

此时还无法关闭弹出窗口，因此将关闭按钮添加到弹出窗口上。这一步和之前创建按钮的步骤类似：选择 GameObject | UI | Button- TextMeshPro，将新按钮定位到弹出窗口的右上角，并将 close sprite 拖到这个 UI 元素的 Source Image 属性，接着单击 Set Native Size，正确设置图像的大小。与之前的按钮不同，这次需要文本标签，因此选择文本对象，在文本字段中输入 Close，将 Font Size 设置为 14，并将 Vertex Color 设置为白色。在 Hierarchy 视图中，将按钮拖到 pop-up 对象上，使其成为弹出窗口的子对象。最后打磨其视觉效果，将按钮的 transition 属性的 Fade Duration 值调整为 0.01，将 Normal Color 设置为(210, 210, 210, 255)，使其更暗。

为了让按钮能关闭弹出窗口，需要一个 OnClick 条目。单击 OnClick 面板的＋按钮将弹出窗口拖到对象槽中，并从函数列表中选择 SettingsPopup | Close()。现在运行

游戏，这个按钮就会关闭弹出窗口。

弹出窗口已添加到 HUD 中。但窗口当前还是空白的，因此接下来将一些控件添加到窗口中。

7.3.3　使用滑动条和输入字段设置值

将一些控件添加到弹出的设置窗口包括两个步骤，这与之前创建按钮的步骤一样。创建 UI 元素并将其附加到画布上，再将这些对象关联到脚本中。我们需要的输入控件是一个滑动条和一个文本字段，还需要一个用于标识滑动条的静态文本标签。选择 GameObject | UI | InputField–TextMeshPro 创建文本字段，选择 GameObject | UI | Slider 来创建滑动条对象。选择 GameObject | UI | Text – TextMeshPro 创建文本标签对象(如图 7.16 所示)。

在 Hierarchy 视图中拖动这三个对象，使其成为 pop-up 对象的子对象，并如图 7.16 所示定位它们，将它们排列在弹出窗口的中心。设置文本对象为 Speed，颜色指定为黑色，将它作为滑动条的标签。输入字段用于输入文本，在玩家输入任何内容之前都显示文本输入框中的内容；这里将文本字段的值设置为 Name。可以保留 Content Type 和 Line Type 选项的默认值；如果需要，可以使用 Content Type 来限制输入类型，例如只输入字母或数字。另外，可以使用 LineType 将文本输入切换为单行或多行文本。

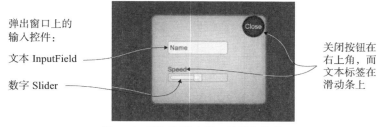

图 7.16　添加到弹出窗口的输入控件

> **警告**　当文本标签覆盖在滑动条上时，将无法单击滑动条。在 Hierarchy 中将文本对象放在滑动条之上，或最好关闭 Raycast Target 设置(展开 Extra Settings，如图 7.7 所示)，这样鼠标单击就会忽略滑动条。

> **警告**　在本例中，应该将 Input Field 保留为默认大小，但是如果决定缩小它，那么只减小 Width，而不减小 Height。如果将 Height 设置为小于 30 就太小了，无法显示文本。

至于滑动条本身，组件 Inspector 的底部有很多设置。Min Value 默认设置为 0，保持其默认设置。Max Value 默认为 1，但本示例中需要修改为 2。类似地，Value 和

Whole Numbers 都可以保留其默认设置，Value 控制滑动条的开始值，而 Whole Numbers 将它限制为 0，1，2 而不是小数值(本例不需要这个限制)。

现在所有对象都已处理完毕。需要编写关联对象的代码，如代码清单 7.6 所示，将一些方法添加到 SettingsPopup 中。

代码清单 7.6　用于弹出窗口的输入控件的 SettingsPopup 方法

```
...
public void OnSubmitName(string name) {     ◄────  当用户在输入字段
    Debug.Log(name);                                输入时触发该方法
}
public void OnSpeedValue(float speed) {     ◄────  当用户调整滑动条时
    Debug.Log($"Speed: {speed}");                   触发该方法
}                              ◄────  使用字符串
...                                   插值构造消息
```

很好，我们有了控件可以使用的方法。现在开始选择输入字段对象，在设置的底部可以看到 On End Edit 面板，其中列出的事件会在完成输入时触发。向该面板添加一个条目，将弹出窗口拖到对象槽，并在函数列表中选择 SettingsPopup.OnSubmitName()。

警告　一定要在 End Edit 面板顶部的 Dynamic String 部分选择该函数，而不是在底部的 Static Parameters 部分选择它。OnSubmitName()方法会出现在这两部分，但在 Static Parameters 中选择它时，将只发送提前定义的单个字符串，而 dynamic string 是指输入字段中键入的任何内容。

对滑动条执行相同的步骤：查找组件设置底部的事件面板(本示例中是 OnValueChanged)，单击＋按钮添加一个条目，将滑动条拖入弹出的设置窗口中，并在列出的动态值函数中选择 SettingsPopup.OnSpeedValue()。

现在这两个输入控件都已经关联到弹出窗口的脚本代码。运行游戏，并在移动滑动条或者输入后按下 Enter 键的同时查看 Console 视图。

使用 PlayerPrefs 保存游戏过程中的设置

Unity 中有一些方法可用于保存持久化的数据，最简单的方法称为 PlayerPrefs。Unity 提供了一种抽象方式(也就是说不必关心细节)，可以保存用于所有平台(及其不同的文件系统)的少量信息。PlayerPrefs 不适合保存大量数据(后续章节将使用其他方法来保存游戏进度)，但它们适用于保存游戏设置。

PlayerPrefs 提供了一些简单的命令用于获取并设置指定的值(它的原理类似哈希表或字典)。例如，在 SettingsPopup 脚本的 OnSpeedValue()方法内，添加代码行 PlayerPrefs. SetFloat("speed", speed); 可以保存速度设置。OnSpeedValue()方法将浮点数保存到 speed 值中。

类似地，可以将滑动条初始化为所保存的值。将如下代码添加到 **SettingsPopup** 脚本中：

```
using UnityEngine.UI;  ◄─── 导入 UI 代码框架
...
[SerializedField]private Slider speedSlider;
void Start() {
    speedSlider.value = PlayerPrefs.GetFloat("speed", 1);
}
...
```

注意，get 命令获取值的同时也指定了默认值，以免之前没有保存 speed 值。

　　尽管控件生成了调试输出，但它们依然不能真正影响游戏。如何使 HUD 影响游戏(反之亦然)是本章最后一节要讨论的主题。

7.4　通过响应事件更新游戏

　　截至目前，HUD 和主游戏之间一直互相忽略，但它们应该进行双向通信。这可以通过脚本引用来完成，与为其他类型的对象间通信所创建的脚本一样，但这种方法存在一些缺陷。特别是，这样做将把场景和 HUD 紧密耦合在一起；但它们应相对独立，以便在编辑游戏时不必担心是否会破坏 HUD。

　　为了解场景中 UI 的行为，需要使用广播消息系统。图 7.17 阐述了这个事件消息系统的工作原理：脚本可以注册为监听事件，其他代码可以广播事件，并且监听器将被通知有关广播的消息。接下来介绍消息系统以便实现它。

图 7.17　要实现的广播事件系统图

提示　C#有一个内置的系统用于处理事件，为什么不使用它？内置的事件系统强制执行目标消息，而我们需要的是广播消息系统。目标系统需要代码精确地知道消息的来源，而广播的来源可以是任意的。

7.4.1　集成事件系统

为了解场景中 UI 的行为,需要使用广播消息系统。尽管 Unity 没有内置这个功能,但可以为此下载一个代码库。该消息系统提供了一种很合适的解耦方式,通过传递事件与程序的其余部分进行通信。当一些代码广播消息时,代码不需要知道关于监听器的任何消息,这为切换或添加对象提供了巨大的灵活性。

创建一个脚本,命名为 Messenger,并粘贴来自 Messenger.cs 的代码(详见链接[2])。接着需要创建一个名为 GameEvent 的脚本,并写入代码清单 7.7 所示的代码。

代码清单 7.7　Messenger 中使用的 GameEvent 脚本

```
public static class GameEvent {
  public const string ENEMY_HIT = "ENEMY_HIT";
  public const string SPEED_CHANGED = "SPEED_CHANGED";
}
```

代码清单中的脚本为一些事件消息定义了常量,通过这种方式组织消息更为有效,可以避免要随时随地记忆和输入消息字符串的麻烦。

现在事件消息系统已经准备就绪,接下来开始使用它。首先将它用于从场景到 HUD 的通信,接着用于从 HUD 到场景的通信。

7.4.2　从场景中广播和监听事件

截至现在,分数显示依然把显示一个计时器作为文本显示功能的测试。但我们需要显示击中的敌人数量,因此修改 UIController 中的代码。首先删除整个 Update()方法,因为这是测试代码。当敌人死亡时,将会触发事件,因此代码清单 7.8 中的代码让 UIController 监听该事件。

代码清单 7.8　将事件监听器添加到 UIController

```
...
private int score;

void OnEnable() {
  Messenger.AddListener(GameEvent.ENEMY_HIT, OnEnemyHit);    ◄──── 声明响应事件
}                                                                  ENEMY_HIT
void OnDisable() {                                                 的方法
  Messenger.RemoveListener(GameEvent.ENEMY_HIT, OnEnemyHit); ◄────
}                                                                  当对象被销
                                                                   毁时,清除
void Start() {                                                     监听器,以
  score = 0;                                      将分数             防止出错
  scoreLabel.text = score.ToString();   ◄──────  初始化为0

  settingsPopup.Close();
```

```
}
private void OnEnemyHit() {                    响应事件时
  score += 1;                                  递增分数
  scoreLabel.text = score.ToString();
}
...
```

首先注意 OnEnable()和 OnDisable()方法。就像 Start()和 Update()方法一样，在对象被唤醒或移除时，每个 MonoBehaviour 都会自动响应这两个方法。在 OnEnable()中添加监听器，在 OnDisable()中移除它。这个监听器是广播消息系统的一部分，当收到消息时，它会调用 OnEnemyHit()。OnEnemyHit()将递增分数，并把值放到分数显示中。

事件监听器已经在 UI 代码中设置，因此现在不管敌人在何时被击中都需要广播该消息。响应击中敌人的代码位于 RayShooter 中，因此代码清单 7.9 中的代码将触发消息。

代码清单 7.9 由 RayShooter 广播事件消息

```
...
if (target != null) {
  target.ReactToHit();                           添加用于响应"击中"
  Messenger.Broadcast(GameEvent.ENEMY_HIT);      事件的消息广播
} else {
...
```

在添加消息后运行游戏，并查看当击中敌人时的分数显示。每次击中敌人时，分数都会增加。这个示例介绍了如何从 3D 游戏向 2D 界面发送消息，但我们还需要一个从 2D 界面向 3D 游戏发送消息的示例。

7.4.3 从 HUD 广播和监听事件

在上一节中，事件从场景广播，被 HUD 接收。同样，UI 控件可以广播一条消息让玩家和敌人来监听。这样，设置弹出窗口就可以影响游戏设置。打开 WanderingAI 并添加代码清单 7.10 所示的代码。

代码清单 7.10 添加到 WanderingAI 的事件监听器

```
...
public const float baseSpeed = 3.0f;          基本速度，将通过
...                                           速度设置来调整
void OnEnable() {
  Messenger<float>.AddListener(GameEvent.SPEED_CHANGED, OnSpeedChanged);
}
void OnDisable() {
  Messenger<float>.RemoveListener(GameEvent.SPEED_CHANGED, OnSpeedChanged);
}
...
```

```
private void OnSpeedChanged(float value) {
  speed = baseSpeed * value;
}
...
```
◀── 在监听器中声明该方法，用于监听事件 SPEED_CHANGED

这里的 **OnEnable()** 和 **OnDisable()** 方法也分别用于添加和移除事件监听器，但这次它们都有值，用于设置 AI 的行走速度。

> **提示**   上一节中的代码使用的只是一般事件，但该消息系统可以传递值和消息。支持监听器中的值就像添加类型定义一样简单。注意监听器命令中添加了<float>。

现在在 FPSInput 中进行同样的修改，来影响玩家的速度。代码清单 7.11 和代码清单 7.10 中的代码基本一样，只是玩家的 baseSpeed 值不同。

代码清单 7.11   添加到 FPSInput 的事件监听器

```
...
public const float baseSpeed = 6.0f;
...
void OnEnable() {
  Messenger<float>.AddListener(GameEvent.SPEED_CHANGED, OnSpeedChanged);
}
void OnDisable() {
  Messenger<float>.RemoveListener(GameEvent.SPEED_CHANGED, OnSpeedChanged);
}
...
private void OnSpeedChanged(float value) {
  speed = baseSpeed * value;
}
...
```
◀── 这个值相对代码清单 7.10 做了修改

最后，从 SettingsPopup 中广播速度值，响应滑动条，如代码清单 7.12 所示。

代码清单 7.12   从 SettingsPopup 中广播消息

```
public void OnSpeedValue(float speed) {
  Messenger<float>.Broadcast(GameEvent.SPEED_CHANGED, speed);
  ...
```
◀── 把滑动条的值作为<float>事件发送

现在，调整滑动条时，玩家和敌人的速度都会改变。单击 Play 按钮试试！

> **练习：修改所生成的敌人的速度**
> 目前，仅对场景中已有的敌人的速度值进行更新，而不会影响新生成的敌人的速度值，新敌人并没有以正确的速度值设置创建。这里将如何设置新生成的敌人的速度值作为练习留给读者。提示：将 SPEED_CHANGED 监听器添加到 SceneController，因为该脚本生成了敌人。

现在你知道了如何使用 Unity 提供的新 UI 工具来构建图形界面。这些知识将在未来的所有项目中派上用场，即使我们探讨的是不同的游戏类型。

7.5　小结

- Unity 有立即模式的 GUI 系统，也有基于 2D sprite 的新 GUI 系统。
- 将 2D sprite 用于 GUI 需要场景中包含画布对象。
- UI 元素能锚定到可调整画布的相对位置上。
- 通过设置 Active 属性打开或关闭 UI 元素。
- 独立的消息传送系统适合在界面和场景之间广播事件。

第 *8* 章

创建第三人称 3D 游戏：
玩家移动和动画

本章涵盖：
- 给场景添加实时阴影
- 使摄像机环绕它的目标
- 使用线性插值(Lerp)算法平滑地修改旋转
- 处理跳跃、悬崖、斜坡的地面检测
- 为逼真的角色应用和控制动画

本章将创建另一个 3D 游戏，但这一次将制作新的游戏类型。第 2 章为第一人称游戏构建了一个移动示例。现在需要编写另一个移动示例，但这次涉及第三人称的移动。最重要的区别是摄像机相对于玩家的位置：在第一人称视角中，玩家通过角色来观察周围，而在第三人称视角中，摄像机位于角色的外部。冒险游戏常常使用这种视角，如历史悠久的 *Legend of Zelda* 系列游戏或者最新的 *Uncharted* 系列游戏(如果想了解第一人称视角和第三人称视角的区别，可以参考图 8.3)。

本章的项目是本书中构建的视觉效果很棒的原型之一。图 8.1 展示了场景的构建方式。可以将图 8.1 与第 2 章构建的第一人称场景(见图 2.2)进行比较。

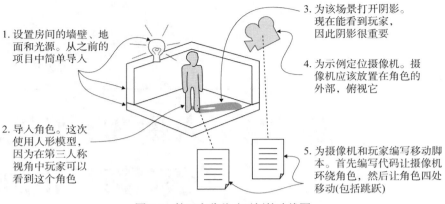

1. 设置房间的墙壁、地面和光源。从之前的项目中简单导入

2. 导入角色。这次使用人形模型，因为在第三人称视角中玩家可以看到这个角色

3. 为该场景打开阴影。现在能看到玩家，因此阴影很重要

4. 为示例定位摄像机。摄像机应该放置在角色的外部，俯视它

5. 为摄像机和玩家编写移动脚本。首先编写代码让摄像机环绕角色，然后让角色四处移动(包括跳跃)

图 8.1 第三人称移动示例的路线图

可以看到，房间的构造是相同的，脚本的用法也大多相同，但玩家的外观以及摄像机的位置在不同情况下是不同的。另外，第三人称视角是指，摄像机放在玩家角色的外部，并俯视这个角色。接下来将使用人形角色模型(而不是原始的胶囊体)，因为现在玩家可以看到自己。

回想一下，第 4 章讨论的两种美术资源类型是 3D 模型和动画。如前面的章节所述，3D 模型这个词和网格对象是同义词，它是由顶点和多边形定义的静态形状(即网格几何体)。对于人形角色，这个网格几何体被塑造成头、胳膊、腿等(见图 8.2)。

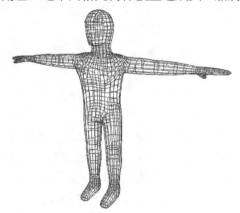

图 8.2 本章所用模型的线框视图

像往常一样，我们将主要关注路线图中的最后一步：编程控制场景中的对象。以下是行动计划的回顾：

(1) 将角色模型导入场景。

(2) 实现摄像机控制，以观察角色。

(3) 编写一个能让玩家在地面上跑来跑去的脚本。

(4) 为移动脚本添加跳跃功能。

(5) 基于模型的移动播放动画。

复制第 2 章的项目并修改它，或者创建一个新的 Unity 项目(确保项目设置为 3D 模式，而不是第 5 章的 2D 模式)并复制第 2 章项目的场景文件。不管采用哪种方式，都可以从本章下载的 scratch 文件夹中获取接下来将使用的角色模型。

> **注意**　我们将基于第 2 章的围墙区域构建本章的项目。保持墙壁和光源不变，但替换掉玩家和所有脚本。如果需要示例文件，可从第 2 章下载。

假设从第 2 章已完成的项目(移动的示例，而不是后面的项目)开始，让我们删除本章不需要的所有内容。首先在 Hierarchy 列表中将摄像机从玩家中分离出来(将 camera 对象从 Player 对象上拖出来)。现在删除 Player 对象；如果不先分离出摄像机，它也会被删除，但这里只需要删除玩家胶囊，留下摄像机。或者，如果不小心删除了摄像机，就选择 GameObject | Camera，创建一个新的 camera 对象。

同样，删除所有的脚本(包括删除摄像机上的脚本组件以及 Project 视图中的文件)，只剩下墙壁、地面和光源。

8.1　将摄像机视图调整为第三人称视角

在编写代码让玩家到处移动之前，需要先将一个角色导入场景，并设置摄像机来观察角色。我们将导入一个无脸的人形模型作为玩家角色，然后在上方放置摄像机，使摄像机向下倾斜一个角度来观察玩家。图 8.3 对比了场景在第一人称视角下与在第三人称视角下的外观(图中显示的几个大块，我们将在本章添加)。场景准备好了，现在要在场景中加入一个角色模型。

图 8.3　比较第一人称视角和第三人称视角

8.1.1　导入用于观察的角色

本章下载的 scratch 文件夹包括了模型和贴图。记得第 4 章中讲过，FBX 是模型而 TGA 是贴图。要将 FBX 文件导入项目中，将该文件拖到 Project 视图，或者右击 Project 视图，并选择 Import New Asset。

然后在 Inspector 面板中调整模型的导入设置。本章后面将调整导入的动画，但是现在只需要在 Model 和 Materials 选项卡上做一些调整。首先，进入 Model 选项卡，将 Scale Factor 的值修改为 10(为了部分抵消 Convert Units 的值 0.01)，使模型大小合适。

Scale Factor 设置的下方是 Normals 选项(见图 8.4)。这个设置控制了光线和阴影在模型上的显示，使用了一个称为法线的 3D 数学概念。

定义　法线(normals)是垂直于多边形的方向向量，它将多边形的朝向告诉计算机。这个朝向用于光照计算。

设置Scale Factor以部分抵消Convert Units值。这决定了与3D艺术工具中的模型相比，Unity中的模型大小

选择如何处理模型上的法线

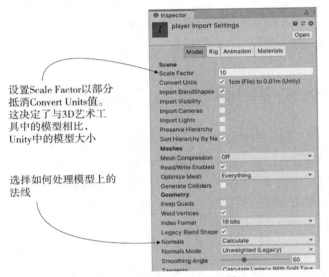

图 8.4　角色模型的导入设置

Normals 的默认设置是 Import，它使用导入网格几何体中定义的法线。但是这个模型没有正确地定义法线，所以对光源的反应有些奇怪。相反，将 Normals 设置修改为 Calculate，以便 Unity 计算每个多边形的朝向向量。当修改完这两个设置后，单击 Inspector 上的 Apply 按钮。

接着将 TGA 文件导入项目，并将这张图片指定为玩家材质的贴图。进入 Materials 选项卡单击 Extract Materials 按钮。根据需要选择适合的位置。然后选择出现的材质，并将贴图图像拖到 Inspector 面板中的 Albedo 贴图槽上。应用贴图之后，模型颜色就不

会出现明显的变化(贴图图像大多是白色)，但如果在贴图中绘制了阴影，将改善模型的外观。

应用贴图后，将玩家模型从 Project 视图拖到场景中。设置角色位置为(0, 1.1, 0)，以便玩家位于房间的中心，并站在地面上。现在场景中有一个第三人称的角色。

> 注意　这个导入的角色双臂侧平举，而不是双臂下垂的自然姿势。这是因为还没有应用动画，双臂侧平举的姿态称为 T 形姿势。为角色制作动画前，角色的标准默认姿势是 T 形姿势。

8.1.2　将阴影添加到场景

在继续工作之前，先解释一下角色投射的阴影。我们在真实世界里是有阴影的，但虚拟的游戏世界中并非总是如此。很幸运 Unity 能处理这个细节，为新场景自带的默认光源打开阴影。

选择场景中的方向光，然后在 Inspector 面板中找到 Shadow Type 选项。对于默认的光源，该设置开启了 Soft Shadows(如图 8.5 所示)。但注意菜单中也有一个 No Shadows 选项。

这就是在这个项目中创建阴影所需的全部操作，但有关游戏中的阴影还有很多知识需要了解。要知道，计算场景中的阴影是计算机图形学中特别耗时的部分，所以游戏往往以不同的方式偷工减料，以达到所需的视觉外观要求。

这种角色投射的阴影被称为实时阴影，因为阴影的计算是在游戏运行时完成的，且跟随移动的对象一起移动。一个很真实的光源设置会让所有的对象实时接收并投射阴影，但为了使阴影计算运行得足够快，实时阴影受限于阴影的外观以及哪些光源可以投射阴影。注意，在这个场景中只有方向光投射阴影。

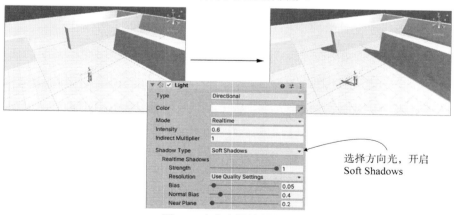

图 8.5　方向光投射阴影之前和之后

在游戏中处理阴影的另一种常见方式是使用一种称为光照贴图(lightmapping)的技术。

定义　光照贴图是应用到关卡几何体的贴图,这个几何体的阴影图片被烘焙到贴图图像中。

定义　将阴影绘制到模型贴图上,这种技术被称为烘焙阴影。

因为这些图像是预先生成的(而不是在游戏运行时生成),所以它们可以非常复杂、真实。缺点是,因为阴影提前生成,所以它们不能移动。因此,光照贴图非常适合用于静态关卡几何体,而不适用于类似角色等动态对象。光照贴图会自动生成而不用手工绘制。计算机将计算场景中的光源如何照亮关卡,而角落会出现微妙的暗影。

使用实时阴影还是光照贴图,并不是一个非此即彼的选择。可以设置光源的 Culling Mask 属性,使实时阴影只用于某些对象,并允许在场景中将高质量的光照贴图用于其他对象。同样,虽然主角几乎总是投射阴影,但有时这个角色不应接收阴影。所有网格对象(在 Mesh Renderer 或 Skinned Mesh Renderer 组件中)都有投射和接收阴影的设置。选择地面时这些设置的显示方式如图 8.6 所示。

图 8.6　Inspector 面板中投射和接收阴影的设置

定义　剔除是移除不必要的对象的通用术语。这个词适用于计算机图形学中的许多不同场景。但在此,Culling Mask 是指想从阴影投射中移除的一系列对象。

至此,介绍了在场景中应用阴影的基础知识。关卡中的光源和阴影本身涵盖的范围很广(关于关卡编辑的书往往占用数章篇幅介绍光照贴图)。这里只讨论打开一盏灯的实时阴影,之后讨论摄像机。

8.1.3　围绕玩家角色旋转摄像机

在第一人称示例中, Hierarchy 视图中的摄像机和玩家对象关联在一起,所以它们会一起旋转。然而，在第三人称的移动示例中，玩家将独立于摄像机朝向不同的方向。因此这次不能在 Hierarchy 视图上将摄像机拖到玩家角色上。相反，摄像机的代码将跟随玩家角色移动其位置，但独立于角色做旋转。

首先，将摄像机放在相对于玩家的位置上，这里把位置设置为(0, 3.5, -3.75)，把摄像机放在玩家的后上方，如果有必要，把旋转重置为(0, 0, 0)。然后创建 OrbitCamera 脚本(参见代码清单 8.1)。将这个脚本组件添加到摄像机上，然后把玩家角色拖到这个脚本的 target 槽上。现在可以运行场景，看到摄像机代码的运行效果。

代码清单 8.1　观察目标时，绕着目标旋转的摄像机脚本

```
using System.Collections;
using System.Collections.Generic;
using UnityEngine;

public class OrbitCamera : MonoBehaviour {
    [SerializeField] Transform target;          ◀ 序列化引用要环绕的对象

    public float rotSpeed = 1.5f;

    private float rotY;
    private Vector3 offset;

    void Start() {
        rotY = transform.eulerAngles.y;                          存储摄像机和目标
        offset = target.position - transform.position;  ◀ 之间的起始位置偏移
    }

    void LateUpdate() {
        float horInput = Input.GetAxis("Horizontal");       使用方向键缓慢
        if (!Mathf.Approximately(horInput, 0)) {  ◀ 旋转摄像机
            rotY += horInput * rotSpeed;
        } else {
            rotY += Input.GetAxis("Mouse X") * rotSpeed * 3;  ◀ 或者使用鼠标
        }                                                         快速旋转摄像机

        Quaternion rotation = Quaternion.Euler(0, rotY, 0);
        transform.position = target.position - (rotation * offset);
        transform.LookAt(target);  ◀ 不管摄像机在目标的什么地方，
    }                                 摄像机总是面向目标
}
```

（左侧批注：维持起始偏移，根据摄像机的旋转进行位置偏移）

查看该代码清单时，要注意序列化的 target 变量。代码需要知道摄像机跟随哪个对象，所以序列化 target 变量是为了让它出现在 Unity 编辑器中，然后将其与玩家角色关联起来。接下来的两个变量是旋转值，其用法与第 2 章中摄像机控制代码的用法一样。

代码还声明了一个 offset 值，它在 Start()函数中被赋值，用于存储摄像机和目标之间的位置偏移值。这样，在脚本运行时，就可以保持摄像机的相对位置。换句话说，无论朝哪个方向旋转，摄像机与角色之间将保持最初的距离。剩下的代码位于 LateUpdate()

函数中。

> **提示**　LateUpdate()方法是 MonoBehaviour 提供的另一种方法，类似于 Update()方法，
> 每一帧都会运行它。顾名思义，这两种方法的区别在于，LateUpdate()方法在所
> 有对象上运行 Update()方法之后才被调用。这样，就能确保摄像机在目标移
> 动之后再进行更新。

　　首先，代码基于输入控件来递增旋转值。代码查看两种不同的输入控件——水平
方向键和水平鼠标移动——所以用一个条件来切换它们。代码检测是否按下水平方向
键。如果是，那么使用这种输入；如果不是，它会检查鼠标。对于每一种输入类型，
通过分别检查这两种输入，代码可以以不同的速度旋转。

　　接下来，代码基于目标的位置和旋转值来定位摄像机。transform.position 那行代
码可能是本段代码中最新奇的，因为它蕴含了前面未见过的重要数学知识。将位置向
量乘以四元数(注意，已使用 Quaternion.Euler 方法将旋转角度转换为四元数)，会得到
一个基于旋转的偏移位置。然后加上旋转后的位置向量，将其作为角色位置的偏移值
来计算摄像机的位置。图 8.7 演示了计算的步骤，并详细分析了这行包含大量概念的
代码。

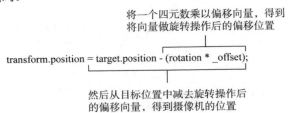

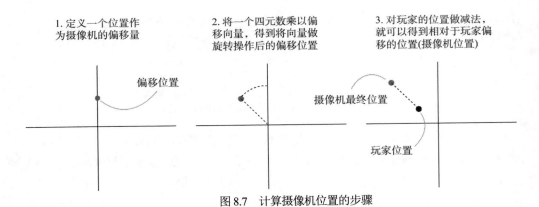

图 8.7　计算摄像机位置的步骤

注意 数学能力较强的读者可能会想："第 2 章在坐标系统间变换的做法，在这里不
能采用吗？"是的，我们可以通过旋转坐标系来变换偏移位置，从而得到旋转
的偏移量。但这需要首先设置旋转的坐标系，而这一步是不必要的。

最后，代码中使用了 LookAt()方法使摄像机指向目标。这个方法使一个对象(不仅
仅是摄像机)指向另一个对象。之前计算的旋转值用于定位摄像机，使它以正确的角度
围绕目标，但这一步中摄像机只是定位而没有旋转。因此，若没有调用 LookAt()方法
这一步，摄像机只会环绕角色，但不会正好朝向它。注释掉 "transform.position" 那一
行代码，看看会发生什么。

Cinemachine

我们刚刚编写了一个用于控制摄像机的自定义脚本。然而，Unity 也提供了
Cinemachine，这是一套先进的相机控制工具。对于本章中简单的摄像机行为来说，这个包
可能有些多余，但对于许多项目来说，Cinemachine 是值得尝试的。

具体打开方式为：打开 Package Manager 窗口(Window | Package Manager)，在 Unity
Registry 中搜索 Cinemachine。更多信息详见链接[1]。

摄像机有了能够环绕玩家角色的脚本，下一步是编写角色四处移动的代码。

8.2 编程控制摄像机的相对移动

现在角色模型已导入 Unity，也编码实现了摄像机视图的控制，是时候编写代码
来控制角色在场景中的四处移动了。下面编写代码控制摄像机的相对运动，当按下方
向键时，让角色向不同方向移动，同时旋转角色，使它朝向不同的方向。

"摄像机的相对运动"的含义

"摄像机的相对运动(camera-relative)"这个概念有点模糊不清，但理解它很重要。它
类似于前面章节中提及的局部和全局的区别：当你表示"局部对象的左边"和"整个场景
的左边"时，"左边"指的是不同的方向。类似地，"移动角色到左边"，是指朝角色的左
边移动，还是朝屏幕的左边移动？

第一人称游戏中的摄像机是放在角色内，并跟着角色移动，所以摄像机的左边与角色
的左边是没有区别的。第三人称视角把摄像机放在角色的外部，因此，摄像机的左边和角
色的左边可能指向不同的方向。例如，如果摄像机朝向角色的前方，它们的左边就正好相
反。因此，你必须确定在特定的游戏和控制设置中想要达到什么效果。

尽管有些游戏偶尔会采用另一种方式，但大多数第三人称游戏都采用相对于摄像机的

控制。当玩家按下左边的按钮时，角色移到屏幕的左边，而不是角色的左边。但随着时间的推移，游戏设计师尝试了不同的控制方案之后，发现当"左边"意味着"屏幕的左边"时(这也是玩家的左边，并不是巧合)，玩家觉得控制起来更直观，也更容易理解。

　　要实现相对于摄像机的控制主要包括两个步骤：首先旋转玩家角色，以朝向控制的方向，然后向前移动角色。下面编写代码实现这两个步骤。

8.2.1　旋转角色以面向移动方向

　　首先，编写代码，让角色朝向方向键的方向。创建一个名为 RelativeMovement 的 C# 脚本(参见代码清单 8.2)。将该脚本拖到玩家角色上，然后把摄像机关联到脚本组件的 target 属性(就像把角色对象关联到摄像机脚本的目标一样)。现在按下方向键时，这个角色将相对于摄像机朝向不同的方向，而在没按任何方向键时站着不动(即用鼠标做旋转时)。

代码清单 8.2　相对于摄像机旋转角色

```
using System.Collections;
using System.Collections.Generic;
using UnityEngine;

public class RelativeMovement : MonoBehaviour {        这个脚本需要引用
    [SerializeField] Transform target;                 相对移动的对象

    void Update() {                                    从向量(0, 0, 0)开始
        Vector3 movement = Vector3.zero;               并逐步添加移动组件

        float horInput = Input.GetAxis("Horizontal");
        float vertInput = Input.GetAxis("Vertical");
        if (horInput != 0 || vertInput != 0) {         通过使用目标对象
                                                       right 属性所示方向
            Vector3 right = target.right;              的叉积来计算玩家
            Vector3 forward = Vector3.Cross(right, Vector3.up);  的前进方向
            movement = (right * horInput) + (forward * vertInput);

            transform.rotation = Quaternion.LookRotation(movement);
        }                                              将每个方向的输入
    }                                                  相加，得到组合的
}                                                      movement 向量
```

当按下方向键时只处理移动 ← `if (horInput != 0 || vertInput != 0) {`

LookRotation()计算了 movement 面向该方向的四元数

　　代码清单 8.2 与代码清单 8.1 中使用了相同的方式，代码开头使用了一个序列化的 target 变量。就像之前的脚本需要引用它所围绕的对象，这个脚本也需要引用可以相对它移动的对象。然后进入 Update()函数。该函数的第一行代码声明了一个值为(0,0,0)的 Vector3。如果玩家按下任何按钮，剩下的代码将替换这个向量，但有一个默认值是很重要的，以防没有任何输入。

和之前的脚本一样，下一步是检查输入控制。对于场景中的水平移动，需要设置移动向量的 X 和 Z 值。记得 Input.GetAxis()方法在没按下按钮时，返回 0；按下按钮时，它的值在-1 和 1 之间变化。把 GetAxis()的返回值赋给移动向量，以确定沿着轴的正方向还是负方向移动 (X 轴是左右方向，Z 轴是前后方向)。

接下来的几行代码计算摄像机的相对移动向量。具体来说，我们需要确定横向和前进移动的方向。横侧方向容易实现。目标变换有一个属性叫 right，它会指向相机的右边，因为相机被设置为目标对象。而前进方向比较难实现，因为摄像机向前倾斜并向下进入地面，但我们希望角色能够垂直于地面移动。这个前进方向可以用叉积来确定。

> **定义**　叉积是可以在两个向量上执行的一种数学运算。长话短说，两个向量的叉积是一个新的向量，它垂直于两个输入向量。不妨在脑中想象一个三维坐标轴：z 轴垂直于 x 轴和 y 轴。注意不要混淆叉积和点积。点积(将在本章后面解释)是一种不同但也很常见的向量数学运算。

在这种情况下，两个输入向量是向上和向右。记住，我们已经确定了相机是向右。同时，Vector3 具有多个快捷属性，用于表示常见方向，包括从地面竖直向上的方向。垂直于相机所面向方向上这两个点的向量，将与地面垂直对齐。

将每个方向的输入相加，得到组合的 movement 向量。最后一行代码通过 Quaternion.LookRotation()方法将 Vector3 转换为四元数，然后赋值给 rotation 属性，这样就能将移动方向应用到角色上。现在试着运行游戏，看看会发生什么！

使用 lerp(插值)运算实现平滑旋转

目前，角色的旋转会立即切换到不同的朝向，如果角色平滑旋转，看起来会好一些。为此可以使用一种称为插值的数学运算。首先给脚本添加一个变量：

```
public float rotSpeed = 15.0f;
```

把代码清单 8.2 中的 transform.rotation... 代码(最后一行)替换为如下代码：

```
    ...
    Quaternion direction = Quaternion.LookRotation(movement);
    transform.rotation = Quaternion.Lerp(transform.rotation,
        direction, rotSpeed * Time.deltaTime);
    }
  }
}
```

现在，不直接转向 LookRotation() 方法返回的值，而是把该值间接用作旋转的目标方向。使用 Quaternion.Lerp()方法，在当前值和目标值之间平滑旋转。

从一个值平滑变化到另一个值的术语称为插值。可以在任何类型的两个值之间进行插值，而不仅仅是旋转值。Lerp 是"线性插值(linear interpolation)"的缩写，Unity 也提供了向量和浮点值的 Lerp 方法(插入位置、颜色或其他内容)。四元数也有一个密切相关的可替换的插值方法，称为 Slerp(spherical linear interpolation，球形线性插值)。对于更慢的旋转变化，Slerp 可能看起来比 Lerp 更好。

顺便说一句，这段代码以一种有点非传统的方式使用 Lerp()。通常情况下，第三个值会随时间变化，但我们将保持第三个值不变，并更改第一个值。在传统用法中，起点和终点是恒定的，但这里不断地将起点移到终点，从而实现向终点的平滑插值。这种非传统的用法可以在 Unity Answers 网站上找到(见链接[2])。

当前，角色只是旋转而没有移动，下一节将实现角色的移动。

> **注意** 由于侧面移动使用与环绕摄像机相同的键盘控制，因此当移动方向指向侧面时，角色会慢慢旋转。双重控制(doubling up)正是这个项目所需的。

8.2.2　朝某方向前进

第 2 章为了让玩家在场景中四处移动，需要在玩家对象上添加一个角色控制器组件。为此选中玩家，然后选择 Components | Physics | Character Controller。在 Inspector 面板中，应该把控制器的半径稍微减小到 0.4，除此之外，其他默认设置都适用于此角色模型。代码清单 8.3 显示了需要添加到 RelativeMovement 脚本中的内容。

代码清单 8.3　添加代码，改变玩家的位置

```
using System.Collections;
using System.Collections.Generic;
using UnityEngine;

[RequireComponent(typeof(CharacterController))]          ◄── 被方括号包围的这一行是放置
public class RelativeMovement : MonoBehaviour {              RequireComponent()方法的上下文
...
public float moveSpeed = 6.0f;

private CharacterController charController;
                                                         ◄── 该模式在前面的章
void Start() {                                              节中介绍过，用于
    charController = GetComponent<CharacterController>();    访问其他组件

}
                                                         ◄── 面向的方向向量
void Update() {                                             大小是1，所以乘
    ...                                                     以所需的速度值
    movement = (right * horInput) + (forward * vertInput);
    movement *= moveSpeed;
    movement = Vector3.ClampMagnitude(movement, moveSpeed);  ◄──
    ...                                                     限制对角线移动的速度，
}                                                           使它和沿着轴移动的速度一样
```

```
            movement *= Time.deltaTime;
            charController.Move(movement);
    }
}
```

总是将 movement 乘以 deltaTime，
以使它们独立于帧率

如果现在运行这个游戏，会看到角色(保持 T 型姿势)在场景中移动。这个代码清单的大部分之前你已见过，所以在此简要回顾一下。

首先，在代码的开头有一个 RequireComponent()方法。如第 2 章所述，Require Component()方法会迫使 Unity 确保 GameObject 有一个传入命令的类型组件。这一行是可选的，不一定必须包含它，但如果没有这个组件，脚本会报错。

接着声明了移动值，随后获取了这个脚本对角色控制器的引用。在前面的章节中，GetComponent()会返回给定对象上依附的其他组件，如果进行搜索的对象没有显式定义，就假定是 this.gameObject.GetComponent()(即与脚本相同的对象)。

移动值是基于输入控制来分配的。之前的代码清单中也是如此。这里的区别在于，还考虑了移动速度。将移动轴乘以移动速度，并使用 Vector3.ClampMagnitude()将移动向量的大小限制为不超过移动速度。这个限制是必需的，否则对角线的移动就会比沿一个轴的移动更快(想象一个直角三角形的斜边和两条边)。

最后，为了得到独立于帧率(frame rate-independent)的移动 (“独立于帧率”的意思是，角色在帧速率不同的计算机上以相同的速度移动) ，将移动值乘以 deltaTime。把移动值传给 CharacterController.Move()方法来实现移动。

处理了所有水平移动后，接下来介绍垂直移动。

8.3　实现跳跃动作

前一小节编程实现了角色在地面上四处移动。本章的引言提过要让角色跳跃，接下来实现这个功能。大多数第三人称游戏都有跳跃控制。即使没有，也几乎总是有角色从悬崖上降落时的垂直移动。我们的代码将处理跳跃和降落这两种。具体而言，此代码将始终利用重力把玩家往下拉，偶尔在玩家跳跃时，应用一个向上的跳动。

在编写代码之前，先为场景添加一些升起的平台。目前没有可以跳上去或者掉落下去的平台。创建一对立方体对象，然后修改它们的位置和比例，作为玩家跳跃的平台。在示例项目中，添加了两个立方体，使用了如下设置：位置(5, 0.75, 5)和比例(4, 1.5, 4)；位置(1, 1.5, 5.5)和比例(4, 3, 4)。图 8.8 显示了升起的平台。

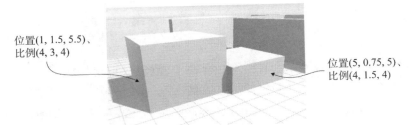

位置(1, 1.5, 5.5)、
比例(4, 3, 4)

位置(5, 0.75, 5)、
比例(4, 1.5, 4)

图 8.8　将两个升起的平台添加到稀疏的场景中

8.3.1　应用垂直速度和加速度

如前所述，第一次开始写代码清单 8.2 中的 RelativeMovement 脚本时，分步骤计算了移动值，并逐步将这些值添加到 movement 向量。代码清单 8.4 将垂直移动添加到现有的向量。

代码清单 8.4　将垂直移动添加到 RelativeMovement 脚本

```
...
public float jumpSpeed = 15.0f;
public float gravity = -9.8f;
pulic float terminalVelocity = -10.0f;
public float minFall = -1.5f;

private float vertSpeed;
...
void Start() {
    vertSpeed = minFall;          ◄── 在已有的 Start()方法中将垂直
    ...                                速度初始化为最小下落速度
}

    void Update() {
        ...                                    CharacterController 的 isGrounded 的
        if (charController.isGrounded) {   ◄── 属性用于检查控制器是否在地面上
            if (Input.GetButtonDown("Jump")) {  ◄── 当在地面时
                vertSpeed = jumpSpeed;               响应 Jump 按钮
            } else {
                vertSpeed = minFall;       ◄── 如果不在地面上，那么应用重力，
            }                                  直到垂直速度达到了终止速度
        } else {
            vertSpeed += gravity * 5 * Time.deltaTime;
            if (vertSpeed < terminalVelocity) {
                vertSpeed = terminalVelocity;
            }
        }
        movement.y = vertSpeed;        ◄── 可以在代码清单 8.3 的
                                           结尾看到这行代码
        movement *= Time.deltaTime;
        charController.Move(movement);
    }
}
```

　　像往常一样，首先在脚本的开头为各种移动值添加一些新变量，并正确初始化这些值。然后直接跳到一个用于水平移动的长 if 语句之后，在这里添加另一个用于垂直移动的长 if 语句。具体而言，代码将检测角色是否在地面上，因为垂直速度将根据角色是否在地面上做出不同的调整。CharacterController 中的 isGrounded 属性用于检测角色是否在地面上；如果角色控制器的底部与最后一帧中的任何对象碰撞，这个值就为 true。

　　如果角色在地面上，那么应将垂直速度的值(私有变量 vertSpeed)重置为 0。角色在地面上时不会下落，所以显然它的垂直速度是 0。如果角色走下悬崖，角色就会自由下落，因为它降落的速度将加快。

注意 角色在地面上时的垂直速度不完全为 0，实际上，将垂直速度值设置为 minFall，这是一个轻微向下的移动速度，这样角色水平移动时总是被按在地面上。有时，角色需要一个向下的力才能在凹凸不平的地面上行走。

　　如果单击了跳跃按钮，垂直速度值就会出现异常。在这种情况下，垂直速度应该设置为一个较高的数字。if 条件语句检查 GetButtonDown()函数，这个输入函数的作用与 GetAxis()一样，返回指定的输入按钮的状态(是否被按下)。与 Horizontal、Vertical 输入轴一样，真正分配给 Jump 的键在 Edit | Project Settings 的 Input Manager 设置中定义(默认分配的是 Space——空格键)。

　　回到上面的长 if 条件语句，如果角色没有在地面上，那么垂直速度应该不断地因重力而减小。注意这段代码不是单纯地设置速度值，而是递减这个值。这样它就不是一个恒定的速度，而是有一个向下的加速度，得到真实的下降移动。随着角色的上升速度逐渐降低为 0，角色开始下降，跳跃就出现一条自然的弧线。

　　最后，代码确保向下的速度不超过最终速度。注意，运算符是"小于"而不是"大于"，因为向下速度为负值。接着在长 if 条件语句之后，将计算好的垂直速度分配给 movement 向量的 Y 轴。

　　这就是真实的垂直移动。当角色不在地面上时，应用一个向下加速度的常量。当角色在地面上时，适当地调整速度。这段代码实现了很不错的下降行为。但这一切都取决于能否正确地检测地面，并且需要修复一个小故障。

8.3.2 修改地面检测来处理边缘和斜坡

　　如上一节所述，CharacterController 的 isGrounded 属性表明了角色控制器的底部是否和最后一帧中的任何对象碰撞。虽然这种检测地面的方法在大部分时间是有效的，但注意，角色在走到边缘上时似乎飘浮在空中。

这是因为角色的碰撞区域是个环绕的胶囊体(当选中角色对象时，可以看到这种效果)。当玩家走下平台的边缘时，胶囊体的底部仍然与地面接触。图8.9 说明了这个问题。这并不是我们想要的效果!

同样，如果角色站在斜坡上，当前的地面检测将导致有问题的行为。现在尝试在凸起的平台上创建一个倾斜的块。创建一个新的立方体对象，然后设置它的变换值：Position 为(-1.5, 1.5, 5)，Rotation 为(0, 0, -25)，Scale 为(1, 4, 4)。

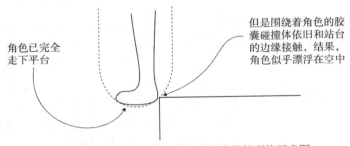

角色已完全
走下平台

但是围绕着角色的胶囊碰撞体依旧和站台的边缘接触，结果，角色似乎漂浮在空中

图8.9 角色控制器胶囊体与平台边缘的碰撞示意图

如果从地面跳上斜坡，那么你会发现可以在斜坡的中间再次跳跃并因此上升到顶部。这是因为斜坡触碰到了胶囊体的底部，然而当前的代码把底部的任何碰撞都当成是角色已经站稳了。同样，这也不是我们想要的效果。这个角色应该滑下来，因为没有可以起跳的坚实立足点。

> **注意** 只有在陡峭的斜坡上才需要向下滑动。而在比较平缓的斜坡上，如凹凸不平的地面等，玩家的行走应不受影响。如果想要进行一个测试，创建一个立方体，然后制作一个平缓的斜坡，并设置 Position 为(5.25, 0.25, 0.25)，Rotation 为(0, 90, 75)，Scale 为(1, 6, 3)。

导致所有这些问题的根本原因都相同：通过检测角色底部的碰撞体来决定角色是否在地面上，这并不是一种很好的方式。相反，可使用射线投射来检测地面。第 3 章的 AI 曾使用射线投射来检测前方的障碍物，下面用同样的方法来检测角色下方的表面。在角色的位置下方投射光线，如果它在角色的脚下产生碰撞，就意味着玩家站在地上。

这引入了一个需要处理的新情况：射线投射没有检测角色下方的地面，但角色控制器碰撞到了地面。如图 8.9 所示，当角色走下边缘时，胶囊仍与平台碰撞。图 8.10 增加了射线投射，以便展示现在所发生的情形：射线没有击中平台，但是胶囊确实触碰到边缘。代码需要处理这一特殊情况。

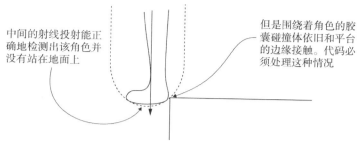

中间的射线投射能正确地检测出该角色并没有站在地面上

但是围绕着角色的胶囊碰撞体依旧和平台的边缘接触。代码必须处理这种情况

图8.10　当走下边缘时射线往下投射的示意图

在这种情况下，代码应该让角色从边缘滑落。角色仍然会降落(因为它没有站在地面上)，但它也会从碰撞点推离(因为它需要将胶囊体从它撞击的平台上移开)。那么，代码将检测角色控制器的碰撞，并通过将角色推离碰撞点来响应碰撞。代码清单 8.5 结合了刚刚讨论的内容，修改了垂直移动。

代码清单 8.5　使用射线投射检测地面

```
...
private ControllerColliderHit contact;      ◀─── 需要在函数之间
...                                              存储碰撞数据

            bool hitGround = false;
            RaycastHit hit;                       检查玩家
            if (vertSpeed < 0 &&          ◀───   是否在掉落
                Physics.Raycast(transform.position, Vector3.down, out hit)) {
                float check =
                    (charController.height + charController.radius) / 1.9f;
                hitGround = hit.distance <= check;
            }                                                检查碰撞的距离，稍微
                                                             超过胶囊体的底部
            if (hitGround) {
                if (Input.GetButtonDown("Jump")) {
                    vertSpeed = jumpSpeed;
                } else {
                    vertSpeed = minFall;
                }
            } else {
                vertSpeed += gravity * 5 * Time.deltaTime;
                if (vertSpeed < terminalVelocity) {
                    vertSpeed = terminalVelocity;
                }                                            根据角色是否
                                                             面向接触点，
                if (charController.isGrounded) {             响应略有不同
                    if (Vector3.Dot(movement, contact.normal) < 0) {
                        movement = contact.normal * moveSpeed;
                    } else {
                        movement += contact.normal * moveSpeed;
                    }
                }
            }
            movement.y = vertSpeed;
```

检查射线投射结果，代替 isGrounded 检查

射线投射没有检测到地面，但胶囊体接触到了地面

```
            movement *= Time.deltaTime;
            charController.Move(movement);
    }

    void OnControllerColliderHit(ControllerColliderHit hit) {
            contact = hit;
    }
}
```

当检测碰撞时将碰撞
数据保存在回调中

代码清单 8.5 包含了很多与代码清单 8.4 中相同的代码，新代码被穿插到现有的移动脚本中，此代码清单需要现有代码作为上下文。第一行将一个新变量添加到RelativeMovement 脚本的开头。这个变量用于在函数之间保存碰撞数据。

接下来的几行代码做射线投射。这段代码位于水平移动之下、垂直移动的 if 语句之上。Physics.Raycast() 的实际调用在前面的章节中介绍过，但这里的具体参数有所不同。虽然投射射线的位置相同(即角色的位置)，但这次的方向是向下而不是向前。之后，当射线碰撞到某物时检查射线投射的距离，如果碰撞距离在角色的脚部附近，那么角色就站在地面上，因此将 hitGround 设置为 true。

> **警告**　"检查距离"的计算方法并不是很明显，所以需要仔细地分析一下。首先将角色控制器的高度(这个高度不包含圆角端点)加上圆角端点，把这个值除以 2，因为光线从角色的中心投射(也就是说，已经投射了一半)，获取到角色底部的距离。但真的需要检查一下角色底部以外的地方，以说明射线投射存在的细微误差，因此宜除以 1.9 而不是除以 2，以得到稍微远点的距离。

做完射线投射后，在垂直移动的 if 语句中使用 hitGround 代替 isGrounded。大部分垂直运动的代码将保持不变，但是要添加代码，以处理玩家不在地面上(即玩家走下平台的边缘)时，角色控制器触碰地面的情况。这里添加了 isGrounded 条件，但注意该条件嵌套在 hitGround 条件中，目的是 isGrounded 只检查 hitGround 没有检测到地面的情况。

碰撞数据包含了一个 normal 属性(法向量表示物体的朝向)，该属性指定了推离碰撞点的方向。但一个棘手的问题是，我们想以不同的方式从碰撞点推离，具体要看玩家正在移动的方向。当之前的水平移动是朝向平台时，就要替换掉该移动，这样角色不会一直朝着错误的方向移动。但当角色背向边缘时，就应添加到先前的水平移动向量中，以继续前进，远离边缘。移动向量相对碰撞点的朝向可以使用点积来决定。

> **定义**　点积是一种作用在两个向量上的数学运算，简言之，两个向量的点积在 -N 到 N 之间 (N 由输入向量的大小相乘决定)。N 意味着它们指向相同的方向，-N 则意味着它们指向相反的方向。不要混淆点积和叉积，叉积是一种不同的但又常见的向量数学运算。

Vector3 包含了 Dot()函数，用于计算两个给定向量的点积。如果计算的是移动向量和碰撞点的法向量之间的点积，那么当它们方向相反时，返回负数，而当移动和碰撞点的方向相同时，返回正数。

最后，在代码清单 8.5 的末尾为脚本添加了一个新方法。在前面的代码中检查了碰撞的法向量，但这些信息从何而来？角色控制器的碰撞信息通过 MonoBehaviour 提供的 OnControllerColliderHit()回调函数来报告。为了响应脚本其他地方的碰撞数据，该数据必须保存在外部变量中。该函数的作用在于：将碰撞数据保存在 contact 中，以便在 Update()方法中使用它。

现在，平台边缘和斜坡上的错误已修正完毕。下面继续运行游戏并测试，跨过边缘并跳上陡峭的斜坡。这个移动的示例几乎已完成。角色在场景中已能正确移动，所以只剩下一件事：给角色添加动画，去掉 T 型姿势。

8.4　设置玩家角色上的动画

除了由网格几何体定义的更复杂的形状外，还需要为人物角色设置动画。第 4 章提到，动画是一个信息包，它定义了相关的 3D 对象的运动。当时给出的例子是一个角色在行走，而这正是目前要处理的情况。

角色在场景中行走，所以要为它实现动画，让它的手臂和腿来回摇摆。图 8.11 显示了为角色设置动画后它在场景中移动的情形。

角色正摆动胳膊和腿，而不是以 T 型姿势四处移动

图 8.11　角色随着动画的播放而移动

理解 3D 动画的一个很好的类比是操纵木偶：3D 模型是木偶，动画机是操纵木偶的人，而动画是木偶动作的记录。可通过几种不同的方法来创建动画，现在游戏的大部分角色动画(当然包括本章的所有角色动画)都使用一种称为骨骼动画(skeletal animation)的技术。

定义　在骨骼动画中，一系列骨骼在模型中建立，然后在动画过程中移动这些骨骼。当某块骨骼运动时，模型上与该骨骼关联的表层也随之移动。

顾名思义，骨骼动画通过模拟角色内部的骨骼来产生最直观的效果(如图 8.12 所示)，但骨骼是一种抽象，如果希望模型在弯曲的同时仍以确定的结构移动(例如摆来摆去的触手)就可以使用它。虽然骨骼移动很生硬，但骨骼外部的模型表层可以弯曲。

要实现图 8.11 所示的结果，有以下几个步骤：首先在导入的文件中定义动画剪辑(animation clip)，然后设置控制器来播放这些动画剪辑，最后把动画控制器并入代码中。角色模型上的动画将根据你编写的动作脚本进行回放。

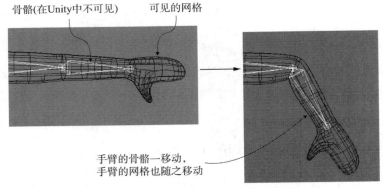

骨骼(在Unity中不可见)　　　可见的网格

手臂的骨骼一移动，
手臂的网格也随之移动

图 8.12　人物角色的骨骼动画

当然，在完成这些步骤之前，首先要打开动画系统。在 Project 视图中选择玩家模型，在 Inspector 面板中查看它的 Import 设置。选择 Animations 选项卡，确保 Import Animation 复选框被选中。之后选择 Rig 选项卡，将 Animation Type 从 Generic 切换到 Humanoid(当然，这是一个人物角色)。注意，这个菜单中也有一个 Legacy 设置，Generic 和 Humanoid 都是 Mecanim 动画系统范畴内的设置。

解释 Unity 的 Mecanim 动画系统

Unity 有一个管理模型动画的复杂系统，称为 Mecanim。 第 6 章介绍了这个动画系统，并指出后面将进行更详细的介绍，因此本章将回顾以前的解释，现在将重点放在 3D 动画而不是 2D 上。

Mecanim 这个特殊的名字表明它是一个更新、 更高级的动画系统，它被添加到 Unity 中以替代旧的动画系统。旧的系统依旧存在，被标识为 Legacy 动画，但它可能在未来的 Unity 版本中逐步被淘汰。届时，Mecanim 将是 Unity 中唯一的动画系统。

虽然要使用的动画都包含在和角色模型一样的 FBX 文件中，但 Mecanim 最主要的好处之一是可以将其他 FBX 文件中的动画应用到角色上。例如，所有人形敌人都可以共享一组动画。这有许多优点，包括保持所有数据的有序性(模型可以放在一个文件夹中，而动画放在另一个文件夹中)，同时能节约为每个角色独立制作动画的时间。

单击 Inspector 面板底部的 Apply 按钮，锁定导入模型的设置，然后继续定义动画剪辑。

> **警告**　注意 Console 视图中的一个警告（不是错误）"conversion warning: spine3 is between humanoid transforms."。不必担心这个警告，它表明在导入的模型骨架上有超出 Mecanim 预期的额外骨骼。

8.4.1　在导入的模型上定义动画剪辑

设置角色动画的第一步是定义各种可播放的动画剪辑。想象一个栩栩如生的角色在不同的时间会出现不同的运动：有时玩家跑来跑去，有时玩家跳上平台，有时角色只是站立在那儿，手臂下垂。这些运动都是一个可以单独播放的独立"剪辑"。

通常，导入的动画是一段很长的剪辑，可以被剪切成多个短小的单独动画。为了分离动画剪辑，首先选择 Inspector 面板上的 Animations 选项卡，然后会显示 Clips 面板，如图 8.13 所示，其中列出了所有已定义好的动画剪辑，而这最初就是一个导入的剪辑。注意列表底部的+和-按钮，可以使用这两个按钮来添加或删除列表中的剪辑。最终，我们要为游戏角色制作 4 个剪辑，所以根据需要来添加或删除剪辑。

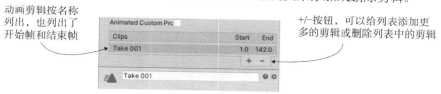

动画剪辑按名称列出，也列出了开始帧和结束帧

+/-按钮，可以给列表添加更多的剪辑或删除列表中的剪辑

图 8.13　Animation 设置中的剪辑列表

选择一个剪辑后，该剪辑的相关信息(如图 8.14 所示)就会出现在列表的下方。剪辑的名称显示在剪辑信息区域的顶部，可以输入新的剪辑名称。把第一个剪辑命名为 idle，并为这个动画剪辑定义开始帧和结束帧，这允许从导入的长动画中切出一小段动画。将 idle 动画的 Start 设置为 3，End 设置为 141。下一步介绍 Loop 设置。

> **定义**　Loop 指的是一条反复多次播放的记录。循环的动画剪辑播放结束后，再次从开头播放。

idle 动画循环时，需要同时选择 Loop Time 和 Loop Pose。顺便说一下，绿色指示器表明剪辑的开始帧和结束帧的姿势匹配。当姿势有点出入时，指示器变为黄色。当开始帧和结束帧的姿势完全不匹配时，指示器变为红色。

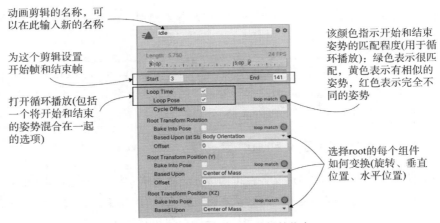

动画剪辑的名称，可以在此输入新的名称

为这个剪辑设置开始帧和结束帧

打开循环播放(包括一个将开始和结束的姿势混合在一起的选项)

该颜色指示开始和结束姿势的匹配程度(用于循环播放)：绿色表示很匹配，黄色表示有相似的姿势，红色表示完全不同的姿势

选择root的每个组件如何变换(旋转、垂直位置、水平位置)

图8.14　被选中的动画剪辑的信息

在 Loop 设置的下方有一些与根变换相关的设置。root 这个词意味着对骨骼动画所做的操作与 Unity 中的级联对象相同：root 对象是连接一切其他对象的基础对象。因此动画的 root 是角色的基点，一切其他对象都相对于它而移动。

这里有关于基点的一些不同设置，可以对动画应用这些设置。对本例而言，三个 Based Upon 菜单的设置应该按如下顺序进行：Body Orientation、Center Of Mass、Center Of Mass。

现在单击 Apply，为角色添加一个 idle 动画剪辑。用相同的操作再做两个剪辑：walk 剪辑开始帧 144，结束帧 169；run 剪辑开始帧 171，结束帧 190。因为它们都是循环动画，所以其他设置与 idle 剪辑的一样。

第四个动画剪辑是跳跃，它的设置有点不同。首先，它不是一个循环，而是静止姿势，所以不选择 Loop Time。分别设置开始帧和结束帧为 190.5 和 191。虽然它是单帧姿势，但 Unity 要求开始帧和结束帧是不同的。因为这些数据比较棘手，所以下方的动画预览显示不正确，但游戏中的姿势看起来还不错。单击 Apply，确认新的动画剪辑已完成，然后跳到下一步：创建动画控制器。

8.4.2　创建动画控制器

下一步是为角色创建动画控制器。这一步允许我们设置动画状态，并创建状态之间的变换。在不同动画状态下播放不同的动画剪辑，然后使用脚本来控制动画状态之间的变换。

这可能看起来有点奇怪——在代码和实际播放动画之间放入控制器的抽象。而我们熟悉的系统是直接在代码中播放动画，实际上，旧的 Legacy 动画系统完全采用这种方式，如 Play("idle")。但这种间接方式使得我们能够在模型之间共享动画，而不仅仅是播放此模型内部的动画。本章中不会使用这种功能，但要记住，处理大型项目时，该功能很有帮助。你可以从多个来源获得动画，包括多个动画控制器，也可以在 Unity 的在线商店购买单独的动画 (如 Unity 的 Asset Store)。

首先创建一个新的动画控制器资源(Assets | Create | Animator Controller——不是 Animation，它们是不同类型的资源)。在 Project 视图上会看到一个图标，其中包含了一个看起来很有趣的网格线，将这个资源重命名为 player，如图 8.15 所示。选择场景中的角色，注意这个对象上有一个名为 Animator 的组件。任何可以制作成动画的模型都有这个 Animator 组件，当然还有 Transform 组件和用户添加的其他组件。这个 Animator 组件包含一个可以关联特定动画控制器的 Controller 槽，所以可以将新的动画控制器资源拖放到该槽中(请确保不要选中 Root Motion)。

图 8.15　动画控制器和 Animator 组件

动画控制器是一棵连接节点的树(因此该资源的图标也表示这个含义)，打开 Animator 视图可以查看和操作它。Animator 视图类似于 Scene 或 Project 的视图(如图 8.16 所示)，但该视图默认是不打开的。进入 Window | Animation 菜单并选择 Animator(注意，不要与 Animation 窗口相混淆，Animation 是一个独立于 Animator 的选项)。此处显示的节点网络是当前选择的动画控制器(或者所选角色上的动画控制器)。

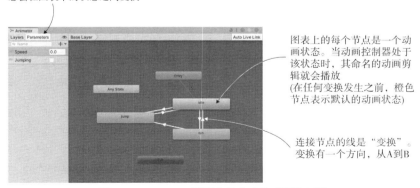

图 8.16　Animator 视图中已完成的动画控制器

提示   可以在 Unity 中移动选项卡，将它们停靠在需要的位置来组织界面。我个人喜
欢将 Animator 选项卡停靠在 Scene 和 Game 窗口旁。

起初只有两个默认节点 Entry 和 Any State。本例不使用 Any State 节点，而是拖入
动画剪辑来创建新的节点。在 Project 视图中，单击模型资源边上的箭头，展开看看它
包含了什么内容。这个资源的内容是已定义的动画剪辑(如图 8.17 所示)，将这些动画
剪辑拖入 Animator 视图中。除了 walk 剪辑(walk 剪辑可以用于其他项目)外，可以拖
入 idle、run 和 jump 剪辑。

单击这个箭头，展开某   导入的模型包含
个资源，看到它的内容   了各种动画剪辑

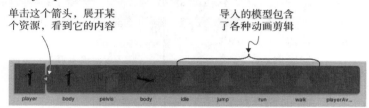

player   body   pelvis   body   idle   jump   run   walk   playerAv...

图 8.17   在 Project 视图中展开模型资源

右击 idle 节点，选择 Set As Layer Default State。该节点会变成橙色，而其他节点
保持灰色。默认的动画状态是在游戏没有做出任何更改之前网络节点开始的状态。需
要用指示动画状态之间变换的线将节点连在一起。右击节点，选择 Make Transition 以
拖出一个箭头，然后单击另一个节点进行连接。按照图 8.16 所示的模式连接节点(要
确保对大多数节点进行双向变换，但从 jump 到 run 不是双向变换)。这些变换线条决
定了动画状态如何彼此连接，并控制游戏期间从一个状态到另一个状态的变换。

变换依赖于一组控制值，下面创建这些参数。在图 8.16 的左上角有一个 Parameters
选项卡。单击它，可以看到面板上有添加参数的+按钮。添加一个浮点值 Speed 和一
个布尔值 Jumping。可以通过代码来调整这些值，它们会触发动画状态之间的变换。
单击变换线，在 Inspector 面板中查看它们的设置(见图 8.18)。

在此可以调整当参数值改变时动画状态的变化方式。例如，单击 Idle-to-Run 上的
变换线可以修改变换的条件。在 Conditions 下，选择 Speed、Greater 和 0.1。关闭 Has
Exit Time(它会迫使动画一直播放，而不是在变换发生时马上暂停)。然后单击 Settings
选项卡旁边的箭头，以查看整个菜单。其他状态应能够中断当前变换状态，因此将
Interruption Source 菜单从 None 改为 Current State。对于表 8.1 的所有动画变换，重复
这一步。

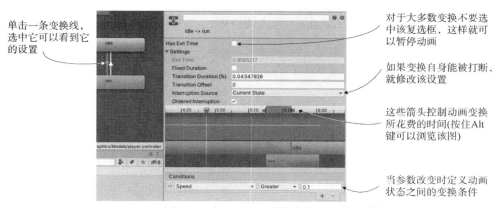

图 8.18　在 Inspector 面板中的 Transition 设置

表 8.1　在动画控制器中的所有变换条件

变　换	条　件	打　断
Idle-to-Run	速度大于 0.1	当前状态
Run-to-Idle	速度小于 0.1	无
Idle-to-Jump	Jumping 为 true	无
Run-to-Jump	Jumping 为 true	无
Jump-to-Idle	Jumping 为 false	无

　　除了这些基于菜单的设置，在 Conditions 设置的上方还有一个复杂的可视化界面，如图 8.18 所示。该图形允许直观地修改变换时间的长短。对于 Idle 和 Run 之间的变换，默认的动画变换时间看起来很合理，但所有往返于 Jump 的变换时间应该更短些，以便角色能更快地切换到 Jump 动画，以及从 Jump 动画更快地切换出来。图 8.18 的阴影区域表示动画变换需要多长时间。为了看到更多的细节，可以使用 Alt+鼠标左键单击(或者 Mac 上的 Option+鼠标左键单击)来平移图表，Alt+鼠标右键单击来缩放图表(这些操作与在 Scene 视图中的导航类似)。然后，使用阴影区域顶部的箭头将所有三个 Jump 动画的变换时间缩小到 4 毫秒以内。

　　最后，一次选择一个动画节点，调整变换的次序，来完善这个动画网络。在 Inspector 面板上会显示往返于该节点的所有变换，可以拖动这个列表中的项(它们的拖动手柄是左边的图标)将其重新排序。确保 Jump 的动画变换在 Idle 和 Run 节点的上方，这样 Jump 的变换就优先于其他变换。

　　在查看这些设置时，如果觉得动画的播放有点慢，可以修改播放速度(运行速度设置为 1.5 看起来会更好)。至此，动画控制器已设置完毕，现在可通过移动脚本来操作这些动画。

8.4.3　编写操作 Animator 组件的代码

最后，为 RelativeMovement 脚本添加一些方法。如前所述，设置动画状态的大部分工作已在动画控制器中完成，现在只需要少量代码来操作丰富多变的动画系统(见代码清单 8.6)。

代码清单 8.6　在 Animator 组件中设置值的代码

```
...
private Animator animator;
...                                        在 Start()函数
animator = GetComponent<Animator>();  ◄──── 中添加
...
                                                        正好位于水平
    animator.SetFloat("Speed", movement.sqrMagnitude);  ◄──── 移动的 if 语句下

    if (hitGround) {
        if (Input.GetButtonDown("Jump")) {
            vertSpeed = jumpSpeed;
        } else {
            vertSpeed = minFall;
            animator.SetBool("Jumping", false);
        }
    } else {
        vertSpeed += gravity * 5 * Time.deltaTime;
        if (vertSpeed < terminalVelocity) {
            vertSpeed = terminalVelocity;
        }                                        不要在关卡的开始
        if (contact != null ) {          ◄──── 处触发这个值
            animator.SetBool("Jumping", true);
        }

        if (charController.isGrounded) {
            if (Vector3.Dot(movement, contact.normal) < 0) {
                movement = contact.normal * moveSpeed;
            } else {
                movement += contact.normal * moveSpeed;
            }
        }
    }
...
```

同样，代码清单 8.6 与前面的代码清单有很多重复之处，动画代码是穿插在现有移动脚本中的几行代码。请挑出有关 animator 的几行代码，将其添加到你的代码中。

这个脚本需要引用 Animator 组件，然后在 animator 上设置值(浮点型或布尔类型)。代码中唯一需要说明的是出现在设置 Jumping 的布尔值之前的条件(contact != null)。该条件可防止 animator 在游戏开始时播放 Jump 动画。虽然从技术上讲角色是一瞬间降落，但角色第一次接触到地面前不会有任何碰撞数据。

现在已实现了玩家的移动和动画，这个很不错的第三人称移动示例带有摄像机相对控制和角色动画播放。

8.5　小结

- 第三人称视角意味着摄像机跟随角色移动而不是在角色内移动。
- 模拟阴影改善了图形，类似于实时阴影和光照贴图。
- 控制是相对于摄像机而不是相对于角色的。
- 可通过投射向下的光线来改善 Unity 的地面检测。
- 通过 Unity 的动画控制器设置高级动画，可生成栩栩如生的角色。

第 9 章

在游戏中添加交互设施和物件

本章涵盖：

- 编写程序，让玩家可以开门
- 使用物理模拟将堆叠的箱子分散
- 创建可收集的物件供玩家存储在仓库中
- 使用代码管理游戏状态，比如仓库数据
- 装备及使用仓库里的物件

接下来我们要专注的主题是实现游戏中的功能性物件。之前的章节涵盖了完整游戏的几个方面：移动、敌人、用户界面等。但是我们的项目除了敌人之外没有其他可交互的东西，也没有太多的游戏状态。本章将学习如何创建像门这种功能性物件。

本章也会讨论如何收集物件，其中包括如何在当前关卡中和对象交互以及跟踪游戏状态。游戏通常需要跟踪一些状态，诸如玩家的当前状态、对象进展等。玩家的仓库就是这种状态的一个示例，所以需要创建一个代码架构，能用来跟踪玩家收集的物品。本章最后将建立一个动态的空间，使它像一款真正的游戏！

首先，我们将探索玩家通过单击按键来操作的设施(如门)，之后将编写代码检测玩家何时与关卡中的对象发生碰撞，从而实现诸如推动附近的对象或收集可存储的物件等交互。然后，创建一个健壮的模型-视图-控制器(MVC)样式的代码架构来管理收集的仓库数据。最后，为游戏玩法编写接口以便使用仓库，例如可以用钥匙打开门。

警告 之前的章节相互之间非常独立，在技术上没有需要互相引用的地方。但是本章的代码清单要编辑第 8 章的一些脚本。如果直接开始阅读本章内容，那么为了完成本章项目，请从第 8 章下载示例项目。

这个示例项目中，有随机散落在关卡中的各种设施和物件，一款精致的游戏中会有很多精心设计的物件，但是对于仅用于测试功能的关卡而言，不需要什么精细的规划。尽管如此，本章开头列出了要实现的设施和物件的顺序。和往常一样，我们会逐步构建代码并进行解释，如果想要查看最终完成的所有代码，可以下载示例项目。

9.1 创建门和其他设施

虽然游戏中的关卡大都由静态的墙壁和风景组成，但它们也通常包括很多功能性设施。现在讨论的对象是玩家可以互动和操作的设施，例如可以打开的灯或者开始转动的风扇。具体的设施种类可以多种多样，只有你想不到，没有实现不了的。但是几乎所有设施都使用相同类型的代码来让玩家激活。本章将实现一些示例，然后调整这些代码，使它们能用于其他种类的设施。

9.1.1 用按键控制开关的门

我们创建的第一种设施是一个可以打开和关闭的门，并通过单击按键来操作。在游戏中有很多不同种类的设施，操作它们的方法也不一样。我们最终会看到一些差别，但门是游戏中最常见的互动设施，通过按键来使用物件也是最直截了当的方法。

在这个场景中，墙和墙之间有一些间隔，所以需要布置一个新的对象来挡住这个间隔。创建一个立方体对象，同时设置它的变换，Position 为(2.5, 1.5, 17)，Scale 为(5, 3, 0.5)。在图 9.1 中可以看到所创建的这个门。

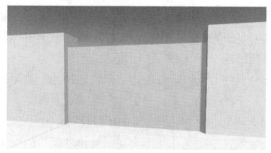

图 9.1 嵌入墙内的门对象

创建一个 C#脚本，命名为 DoorOpenDevice，然后将这个脚本放到门对象中。这段代码(如代码清单 9.1 所示)会使对象表现出门的操作。

代码清单 9.1　根据命令打开和关闭门的脚本

```
using System.Collections;
using System.Collections.Generic;
using UnityEngine;
                                              打开门时
                                              位置的偏移量
public class DoorOpenDevice : MonoBehaviour {
  [SerializeField] Vector3 dPos;

  private bool open;              ◀——  布尔参数
                                        追踪门的打开状态
  public void Operate() {
    if (open) {
      Vector3 pos = transform.position - dPos;   ◀——  根据门的状态决定
      transform.position = pos;                          打开或关闭门
    } else {
      Vector3 pos = transform.position + dPos;
      transform.position = pos;
    }
    open = !open;
  }
}
```

其中第一个变量 dPos 定义的是当门打开时位置的偏移量。当门打开时，门会移动这个偏移量，当门关上时，会减去这个偏移量。第二个变量 open 是一个私有的布尔变量，用于追踪门是打开还是关闭状态。在 Operate()方法中，将对象的变换设置为一个新位置，增加或者减少偏移量取决于门是否已经打开，然后打开或者关闭 open。

和其他序列化的变量一样，dPos 也显示在 Inspector 面板中。但这是一个 Vector3 值，所以这里会有三个输入框，都在同一个变量的名下，而不是只有一个输入框。输入门打开时的相对位置。为了让这个门下滑打开，这里的偏移量是(0, -2.9, 0)。因为门对象的高度是 3，向下移动 2.9 就可以在地面上留下门缝。

注意　立刻应用这个变换，但是当门打开时最好能够看到门的运动。如第 3 章所述，可以利用 tween 使对象平滑地移动。在不同的语境中 tween 的含义不同，在游戏编程中，它指的是使对象移动的代码命令。附录 D 提及了 Unity 的缓动系统。

现在，其他的代码需要调用 Operate()来打开或关闭门(调用该函数可以控制这两个操作)。目前还没有其他作用于玩家的脚本，下一步将编写这样的脚本。

9.1.2　在开门之前检查距离和朝向

创建一个新脚本并命名为 DeviceOperator。代码清单 9.2 会实现一个控制键，用来操作附近的设施。

```
using System.Collections;
using System.Collections.Generic;
using UnityEngine;

public class DeviceOperator : MonoBehaviour {        玩家激活
  public float radius = 1.5f;                        设施的距离

  void Update() {                                    当指定的键
    if (Input.GetKeyDown(KeyCode.C)) {               被按下时响应
      Collider[] hitColliders =
          Physics.OverlapSphere(transform.position, radius);   OverlapSphere()
      foreach (Collider hitCollider in hitColliders) {         返回一个附近对
        hitCollider.SendMessage("Operate",                     象的列表
            SendMessageOptions.DontRequireReceiver);
      }                          SendMessage()尝试调用指定的
    }                           函数，而不考虑目标对象的类型
  }
}
```

这段脚本中的大部分代码看起来都非常熟悉，但是代码中心有一个非常关键的新方法。首先，确定一个值，即距离多远可以操作设施。然后，在 Update()函数中，检查键盘输入，就像 RelativeMovement 脚本使用 GetButtonDown()和项目输入设置中的按钮一样，这次将使用 GetKeyDown()获取特定的字母键输入。

现在分析这个关键的新方法：OverlapSphere()。该方法返回距离给定位置一定范围内的所有对象的数组。通过传入玩家的位置以及 radius 变量，可以检测出玩家附近的所有对象。使用这个代码清单可以做各种不同的操作(比如引爆一个炸弹，然后施加爆破力)，但在当前情况下，我们试图对周围所有对象都调用 Operate()方法。

这个方法通过 SendMessage()，而不是经典的点标记来进行调用，在之前的章节中，UI 按钮也使用了这种方法。和之前一样，使用 SendMessage()是因为我们不知道目标对象的确切类型，而这个命令可以作用于所有的 GameObject。这次将 DontRequireReceiver 选项传给这个方法，这是因为通过 OverlapSphere()返回的对象大部分是没有 Operate()方法的。通常，当对象中没有接受消息的组件时，SendMessage()会输出错误消息，但是在这里，这个错误消息不需要被关注，因为大部分对象会忽略这个消息。

编写完这段代码后，就可以将这个脚本附加到玩家对象上。现在玩家便可站在门的附近，通过按键来开门或者关门了。

这里有一个可以修复的小细节。目前，只要玩家离门足够近，就不需要考虑玩家的朝向。但也可以调整脚本，只对玩家正面朝向的设施进行操作，现在来完成这个操作。在第 8 章中，可以通过计算点积来判断玩家的朝向，这是在两个向量上完成的数学运算，它会返回一个在-N 和 N 之间的值，其中 N 表示两个向量朝着完全相同的方

向，而-N 表示它们的方向刚好相反。当向量被归一化时，N 为 1，从而产生一个从-1
到 1 的易于操作的范围。

> **定义**　当一个向量被归一化时，结果仍然指向同一个方向，但是它的长度(也称为大小)
> 被调整为 1。许多数学运算最适合使用归一化向量，因此 Unity 提供了返回归
> 一化向量的属性。

代码清单 9.3 给出了 DeviceOperator 脚本中的新代码。

代码清单 9.3　调整 DeviceOperator，只操作玩家正面朝向的设施

```
...
foreach (Collider hitCollider in hitColliders) {        垂直校正，使方向不会
  Vector3 hitPosition = hitCollider.transform.position;  指向上或下
  hitPosition.y = transform.position.y;

  Vector3 direction = hitPosition - transform.position;
  if (Vector3.Dot(transform.forward, direction.normalized) > .5f) {
    hitCollider.SendMessage("Operate",
        SendMessageOptions.DontRequireReceiver);        当面向正确的方
  }                                                      向时才发送消息
}
...
```

在使用点积法之前需要判断一下方向，即从玩家到对象的方向。通过在玩家位置
和对象位置间进行减法运算，就可以得到一个方向向量(校正垂直位置，使方向为水平
方向，而不是向下指向较低的门)。然后在该方向向量和玩家的前进方向之间调用
Vector3.Dot()。当点积非常接近 1 时(尤其是当代码发现这个值大于 0.5 时)，就意味着
这两个向量所指向的方向非常接近。

通过这个调整，在玩家朝向其他方向时门不会被打开或者关闭，即使玩家离门非
常近。这种方法可应用到任意类型的设施上。为了证明其灵活性，下面创建另一个示
例设施。

9.1.3　创建变色监控器

前面创建了一个可以打开或关上的门，同样的设施操作逻辑也可以运用在其他种
类的设施上。接下来将创建另一种设施，它采用同样的方法来操作。这次创建一个显
示在墙上的变色监控器。

建立一个新的立方体并放置它，使它在墙上突出一小部分。例如，选择位置(10.9,
1.5，−5)，然后创建一个新脚本，命名为 ColorChangeDevice，将这段脚本(如代码清单
9.4 所示)附加到墙上的显示器上。现在跑到墙壁的监控器处，按下与门相同的"操作"
键，显示器将改变颜色，如图 9.2 所示。

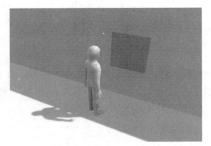

图9.2 嵌入墙内的变色显示器

代码清单 9.4 能改变设施颜色的脚本

```
using System.Collections;
using System.Collections.Generic;
using UnityEngine;                                        声明一个和门脚本
                                                          同名的方法
public class ColorChangeDevice : MonoBehaviour {
  public void Operate() {
    Color random = new Color(Random.Range(0f,1f),
        Random.Range(0f,1f), Random.Range(0f,1f));              数字是介于 0 和 1
    GetComponent<Renderer>().material.color = random;          之间的 RGB 值
  }                                            设置对象上附加
}                                              的材质的颜色
```

首先，声明一个门脚本 DoorOpenDevice 中使用的同名函数 Operate，Operate 是设施操作脚本中使用的函数名，所以为了触发显示器设施，需要使用 Operate 这个函数名。在这个函数中，代码会为对象材质分配一个随机的颜色(要记住，颜色并不是对象本身的一个属性，而是对象所拥有的材质，材质才有颜色)。

注意 作为大多数计算机图形中的标准，颜色通过红、蓝、绿三种成分来定义，但在 Unity 的 Color 对象中，颜色的值是在 0 和 1 之间，而不是在大部分情况下都通用的 0 到 255(包括 Unity 的颜色拾取器 UI)。

前面讲解了一种与游戏中设施交互的方法，甚至实现了几种不同设施来进行演示。和对象交互的另一种方法是碰撞它们，接下来讲解这个方法。

9.2 通过碰撞与对象交互

在上一节中，设施的操作是通过玩家敲击键盘来完成的，但这并不是玩家和当前关卡中的物件交互的唯一方式。另一个直接的方法就是响应玩家和对象的碰撞。Unity 将碰撞检测和物理设置内置于游戏引擎中，完成了大部分工作。虽然 Unity 会检测碰撞，但还需要编程来响应与对象的碰撞。

下面讲解三种在游戏中常见的碰撞响应：

- 推开并且倒下
- 触发关卡中的设施
- 接触后消失(适用于物品拾取)

9.2.1　和具有物理属性的障碍物碰撞

首先，创建一堆箱子，然后在玩家撞入这堆箱子时使其分散开。尽管这一过程涉及的物理计算非常复杂，但 Unity 内置了所有的运算，并以非常逼真的方式将箱子分散开。

默认情况下，Unity 并不会使用其物理模拟来移动对象。这个功能的实现需要向对象添加一个 Rigidbody 组件。这个概念最先在第 3 章中讨论过，因为敌人的火球也需要一个 Rigidbody 组件。同第 3 章所述，Unity 的物理系统仅作用于拥有 Rigidbody 组件的对象。单击 Add Component，即可在 Physics(注意不是 Physics 2D！)菜单下找到 Rigidbody。

创建一个新的立方体对象，为它添加一个 Rigidbody 组件。创建若干个这样的立方体，把它们摆成一堆。在下面的示例中，创建了五个箱子，将它们堆放成两层(如图 9.3 所示)。

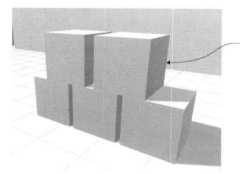

每个箱子都有一个 RigidBody组件，它们的位置分别是：

−4.2	0.5	−2.3
−4.2	0.5	−1.2
−4.2	0.5	−0.1
−4.2	1.5	−1.9
−4.2	1.5	−0.7

图 9.3　五个堆砌的箱子，用于碰撞

这些箱子现在已准备好响应物理上的外力。为了让玩家在箱子上施加一个力，向玩家的 RelativeMovement 脚本中添加一小段代码，如代码清单 9.5 所示(这段代码就是在第 8 章中编写的脚本)。

代码清单 9.5　为 RelativeMovement 脚本添加物理上的外力

```
...
public float pushForce = 3.0f;    ◀── 要应用的
...                                    力量值
void OnControllerColliderHit(ControllerColliderHit hit) {
```

```
  contact = hit;                                          ◀ 检查碰撞对象是否有Rigidbody,
                                                            以便接受物理上的外力
  Rigidbody body = hit.collider.attachedRigidbody;  ◀
  if (body != null && !body.isKinematic) {
    body.velocity = hit.moveDirection * pushForce;   ◀    将速度应用到
  }                                                          物理对象上
}
...
```

对于这段代码,不必进行太多解释:无论玩家何时碰撞到对象,都将检查碰撞到的对象是否有 Rigidbody 组件。如果有,为这个 Rigidbody 施加一个速度。

运行游戏,让玩家撞入箱子堆中,它们应该被撞散,非常逼真。这就是对场景中一堆箱子进行物理仿真所需要的操作! Unity 内置了物理仿真,所以不需要编写太多代码。这个仿真可以让对象在响应碰撞时四处移动,另一个可能的响应则是激活触发器事件。下面用这些触发器事件来控制门。

9.2.2　用触发器对象操作门

之前通过按键操控门,现在,门的开和关将通过响应角色和场景中另一个对象的碰撞来完成。

创建另一个门,将它放在另一个墙壁间隙中(这里复制了之前的那个门,并将新门移到(-2.5, 1.5, -17)的位置上)。现在,创建一个新的立方体用作触发器对象,选中碰撞器的 Is Trigger 复选框(这一步在第 3 章制作火球时有说明)。另外,将触发器对象设置为 Ignore Raycast 图层;在 Inspector 的右上角有一个 Layer 菜单。最后,需要关掉这个对象的 Cast Shadows (记住,选中对象时,此设置位于 Mesh Renderer 的下方)。

> **警告** 这些细微但很重要的步骤很容易被遗漏:将对象用作触发器时一定要打开 Is Trigger。在 Inspector 面板中,检查一下 Collider 组件里的复选框。另外,将层改为 Ignore Raycast,这样触发器对象不会在射线投射中出现。

> **注意** 第 3 章首次介绍触发器对象时,需要为这些对象添加Rigidbody 组件。但此时,Rigidbody 对于触发器对象而言不是必需的,因为触发器会对玩家做出响应(相较于早些时和墙壁的碰撞)。为了让触发器工作,无论是触发器还是进入触发器的对象,都需要启用 Unity 的物理系统。Rigidbody 组件能满足这一要求,玩家的 CharacterController 组件也满足这个要求。

接着,调整触发器对象的位置和大小,使其既覆盖到门,也覆盖到门附近的区域;选定位置(-2.5, 1.5, -17),与门的位置相同,大小为(7.5, 3, 0.6)。另外,还需要将一个半透明的材质分配给这个对象,以从视觉上区分实体对象和触发器。使用 Assets 菜单创建一个新的材质，在 Project 视图中选择这个新建的材质。查看 Inspector，顶部的设置为 Rendering Mode(当前设置为默认值 Opaque)，在这个菜单中选择 Transparent。

现在，单击 Albedo 色板，弹出 Color Picker 窗口。在该窗口的主要部分选择绿色，然后使用底部的滑块降低 alpha 值。将该材质从 Project 中拖到对象上，图 9.4 显示了选择这种材质的触发器。

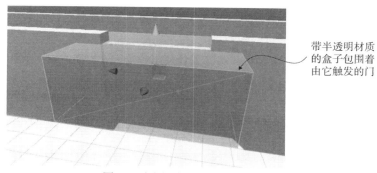

带半透明材质的盒子包围着由它触发的门

图9.4　包围要触发的门的触发空间

定义　触发器通常定义成体积，而不是对象，以便从概念上把实体对象和可穿透对象区分开。

运行游戏，现在可以自由地穿过触发空间。Unity 依然会记录与对象的碰撞，但是这些碰撞不再会影响到玩家的移动。为了响应这些碰撞，需要编写一些代码。具体来说，希望这个触发器可以控制门。创建一段新脚本，命名为 DeviceTrigger(如代码清单 9.6 所示)。

代码清单 9.6　控制设施的触发器的代码

```
using System.Collections;
using System.Collections.Generic;
using UnityEngine;

public class DeviceTrigger : MonoBehaviour {          ←┤ 触发器要激活的
  [SerializeField] GameObject[] targets;              ←┤ 目标对象的列表

  void OnTriggerEnter(Collider other) {               ←┤ 当另一个对象进入触发空间
    foreach (GameObject target in targets) {           │ 时，调用 OnTriggerEnter()
      target.SendMessage("Activate");
    }
  }

  void OnTriggerExit(Collider other) {                ←┤ 而当一个对象离开触发空间
    foreach (GameObject target in targets) {           │ 时，调用 OnTriggerExit()
      target.SendMessage("Deactivate");
    }
  }
```

```
}
```

这段代码为触发器定义了一个目标对象数组,尽管大多数情况下该列表中只有一个元素,但它能够使单一触发器控制多个设施。可以遍历目标数组,向所有目标发送消息。此循环发生在 OnTriggerEnter() 和 OnTriggerExit() 方法内部。当另一个对象首次进入和离开触发器时,会调用这些函数(而不是在对象位于触发空间内时不断地调用这些函数)。

注意,和以前发送的信息不同的是,现在需要定义门的 Activate() 和 Deactivate() 函数。现在,为 DoorOpenDevice 脚本添加代码清单 9.7 所示的代码。

代码清单 9.7 将激活和禁用函数添加到 DoorOpenDevice 脚本

```
...
public void Activate() {          仅当门没有打开时
    if (!open) {          ◄──────  才打开门
        Vector3 pos = transform.position + dPos;
        transform.position = pos;
        open = true;
    }
}
public void Deactivate() {          仅当门没有关闭时
    if (open) {          ◄──────  才关闭门
        Vector3 pos = transform.position - dPos;
        transform.position = pos;
        open = false;
    }
}
...
```

新的 Activate() 和 Deactivate() 方法的代码和之前的 Operate() 代码几乎相同,但现在,开门和关门是用不同的函数处理的,而过去是用一个函数来完成这两个操作。

在所有需要的代码都到位之后,现在就可以使用触发空间来开关门了。将 DeviceTrigger 脚本添加到触发空间,然后将门和脚本中的 targets 属性关联起来。在 Inspector 面板中,首先设置数组的大小,然后将对象从 Hierarchy 视图中拖放到目标数组中的槽中。因为只有一个门是用这个触发器控制的,所以在数组的 Size 字段中输入 1,然后将门拖到目标槽中。

完成这些之后,运行游戏,观察当玩家走向门和远离门时会发生什么。可以看到,当玩家走进和离开触发空间时,门会自动地打开和关闭。

这是在游戏关卡中加入互动的另一种好方法!这个触发空间方法不仅适用于门这样的设施,也可用来制作可收集的物件。

9.2.3　收集当前关卡散落的物件

许多游戏包含一些可由游戏玩家拾取的物件，这些物件包括装备、血量包和强化道具。与物品碰撞以拾取它们的基本机制很简单，复杂的事情大多发生在拾取物件之后，后面会介绍这一点。

创建一个球体对象，将它悬停在场景开阔区域中大概齐腰高的位置。缩小该对象，Scale 大概为(0.5, 0.5, 0.5)，除此之外，像处理大的触发空间一样来处理这个球体。选择碰撞器中的 Is Trigger 设置，将对象的层设置为 Ignore Raycast，然后创建一个新材质，给予对象完全不同的颜色。因为这个对象非常小，不需要把它设置为半透明，所以不要把 alpha 滑块完全滑到底部。另外如第 8 章所述，对象中有关闭阴影投射的设置，而是否使用阴影取决于个人的主观判断，但是对于这种非常小的拾取物件，最好关闭它。

现在，场景中的对象已经准备就绪，创建一个新脚本，将它附加到那个对象上。脚本命名为 CollectibleItem，如代码清单 9.8 所示。

代码清单 9.8　在与玩家接触时，删除物件的代码

```
using System.Collections;
using System.Collections.Generic;
using UnityEngine;

public class CollectibleItem : MonoBehaviour {        在 Inspector 面板中输入
  [SerializeField] string itemName;              ◄──    这个物件的名称

  void OnTriggerEnter(Collider other) {
    Debug.Log($"Item collected: {itemName}");
    Destroy(this.gameObject);
  }
}
```

这段脚本非常简短，为这个物件指定 name 值，这样在场景中就可以有不同的物件。OnTriggerEnter()用于销毁自身，现在 Console 视图中还会显示调试消息，但是最终它会被有用的代码代替。

警告　请确保在 this.gameObject 而不是 this 上调用 Destroy()！不要把这两者弄混淆，this 只引用这个脚本组件，而 this.gameObject 引用这段脚本所附加的对象。

回到 Unity，代码中添加的变量应该在 Inspector 面板中可见。输入一个名称来区分这个对象。将所创建的第一个对象命名为 energy，然后复制这个对象若干次，再逐个更改副本的名称。还要创建 ore、health 和 key(这些名称都必须准确，因为它们要在后面的代码中用到)。为每个对象创建独立的材质，以便给它们赋予不同的颜色。给 energy 用的是蓝色，ore 用的是深灰色，health 用的是粉色，key 用的是黄色。

提示 与这里的物品名称不同的是，在很多复杂的游戏中，物品通常具有用于查找更多数据的标识符。例如，一个物品可能被分配 ID 301，而 ID 301 与某个特定的显示名称、图片、描述等相关联。

为这些对象创建预制体，然后就可以在整个游戏关卡中克隆它们。第 3 章解释过，将对象从 Hierarchy 视图拖到 Project 视图中，可以将对象变成一个预制体，现在对这四个对象都进行这样的操作。

注意 在 Hierarchy 列表中，对象的名称会变为蓝色，蓝色的名称表示对象是预制体的实例。右击一个预制体的实例，选择 Select Prefab，然后选择对象实例所对应的预制体。

将这些预制体的实例拖出，放在游戏关卡中较开阔的区域，甚至可以拖动同一个对象的多个副本来进行测试。运行游戏，然后走到对象附近去"收集"它们。这看起来相当简单。但是当捡起一个对象时，什么都没有发生。下面要跟踪每个被收集的对象，为此，需要建立一个仓库代码结构。

9.3 管理仓库数据和游戏状态

现在已经编写了收集物品的功能，接下来需要编程实现游戏仓库的后台数据管理功能(类似网页编码模式)。要编写的代码非常类似于大多数 Web 应用程序中的 MVC 架构。MVC 架构的优点在于将数据存储与显示在屏幕上的对象解耦，从而更容易进行实验和迭代开发。甚至当数据和/或显示比较复杂时，使用 MVC 都可以使程序中某一部分的修改不影响其他部分。

也就是说，这种结构在不同的游戏中各不相同。不是每个游戏的数据管理需求都是相同的。例如，角色扮演游戏会有高度的数据管理需求，因此需要实现类似 MVC 的架构。然而一款益智游戏几乎没有需要管理的数据，因此不必为数据的管理构建复杂的解耦结构。游戏状态能通过场景中特定的控制器对象来跟踪(实际上，前面章节介绍了如何处理游戏状态)。

在这个项目中，需要管理玩家的仓库。接下来开始创建仓库需要的代码结构。

9.3.1　设置玩家和仓库管理器

这里主要的目标是将所有的数据管理任务分割成独立的、定义明确的模块，每个模块只负责管理自己的区域。我们要创建单独的模块，使用 PlayerManager 保存玩家的状态(比如玩家的血量)，使用 InventoryManager 保存玩家的物品清单。这些数据管理器就像 MVC 模式中的模型，在大多数场景中，控制器是一个不可见的对象(这里并不需要控制器，但是回想一下前面章节提到的 SceneController)，余下的场景则类似于 MVC 模型中的 View(视图)。

一个更高级别的"管理器的管理器(manager of managers)"将用来跟踪所有的独立模块。除了保存所有管理器的清单之外，这个更高级别的管理器还控制各个管理器的生命周期，特别是在最开始时将初始化它们。游戏中的所有其他脚本都可以通过这个主管理器访问这些集中的模块。具体来说，其他代码可以用主管理器中的一些静态属性来连接所需的某个模块。

访问集中式共享模块的设计模式

多年来，已经出现了各种设计模式来解决将程序的不同部分连接到整个程序共享的集中式模块的问题。例如，Singleton 模式被写入了关于设计模式的原版 *Gang of Four* 一书中。

但是很多软件工程师并不喜欢单例模式，因此他们采用了其他选择，比如服务定位器和依赖项注入。本书代码采用的模式是在静态变量的简洁性和服务定位器的灵活性之间进行了折中。

这种设计既保留了代码的易用性，又允许在不同模块中切换。例如，使用单例模式请求 InventoryManager 总是会引用同一个类，因此导致代码与这个类紧密耦合。另一方面，从服务定位器中访问 Inventory，可以返回 InventoryManager 或 DifferentInventoryManager。有时，能在相同模块的不同版本中来回切换(比如，将游戏部署到不同的平台)是很方便的。

为了让主管理器以一致的方式引用其他模块，这些模块必须继承共同的基类中的属性。为此要使用一个接口，许多编程语言(包括 C#)都允许定义一种其他类都要遵循的设计。PlayerManager 和 InventoryManager 将实现一个共同的接口(在此称为 IGameManager)，然后主 Managers 对象将把 PlayerManager 和 InventoryManager 都视为 IGameManager 类型。图 9.5 演示了这种设置。

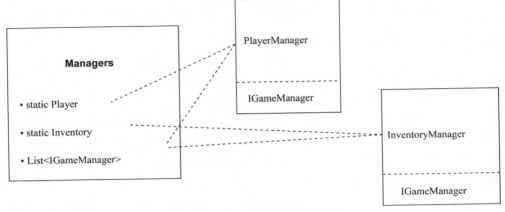

图 9.5　模块图以及它们之间的关系

　　尽管前面讨论的所有代码架构都由后台中不可见的模块组成，但 Unity 仍然需要把脚本连接到场景中的对象上来运行这些代码。就像在之前的项目中对具体场景的控制器所做的操作一样，我们将创建一个空的 GameObject 对象来关联这些数据管理器。

9.3.2　编程实现游戏管理器

　　以上解释了需要理解的所有概念，下面编写代码。新建一个名为 IGameManager 的脚本(见代码清单 9.9)。

代码清单 9.9　数据管理器将实现的基本接口

```
public interface IGameManager {
  ManagerStatus status {get;}        这是一个需要
                                     定义的枚举
  void Startup();
}
```

　　这个文件几乎没有任何代码。注意它甚至没有继承 MonoBehaviour，接口本身不执行任何操作，它存在的意义仅仅是为其他类提供结构。这个接口声明了一个属性(一个拥有 getter 函数的变量)和一种方法，它们都要在实现这个接口的类中实现。status 属性告诉其他代码，这个模块是否完成了初始化。Startup()方法的作用是处理管理器的初始化，因此初始化的任务在该方法中完成，这个方法还会设置管理器的状态。

　　注意，该属性的类型是 ManagerStatus，这是一个还未编写的枚举，因此创建脚本 ManagerStatus(见代码清单 9.10)。

代码清单 9.10　ManagerStatus: IGameManager 所有可能的状态

```
public enum ManagerStatus{
   Shutdown,
   Initializing,
   Started
}
```

这是另外一个几乎没有任何代码的文件。这次列出了管理器所有可能的状态，因此 status 属性只能是上面列出的几种状态值之一。

现在 IGameManager 已经编写完毕，可以在其他脚本中实现它。代码清单 9.11 和代码清单 9.12 包含了 PlayerManager 和 InventoryManager 的代码。

代码清单 9.11　InventoryManager

```
using System.Collections;
using System.Collections.Generic;
using UnityEngine;

public class InventoryManager : MonoBehaviour, IGameManager {
  public ManagerStatus status {get; private set;}    ← 属性可以从任何地方
                                                        获取，但只能在这个
                                                        脚本中设置
  public void Startup() {
    Debug.Log("Inventory manager starting...");      ← 任何长时间运行的
    status = ManagerStatus.Started;    ←                任务都放在这里
  }
}                                    如果是长时间运行的任务，
                                     状态变为 "Initializing"
```

代码清单 9.12　PlayerManager

```
using System.Collections;
using System.Collections.Generic;
using UnityEngine;

public class PlayerManager : MonoBehaviour, IGameManager {   ← 既继承一个类，又
  public ManagerStatus status {get; private set;}             实现一个接口

  public int health {get; private set;}
  public int maxHealth {get; private set;}

  public void Startup() {
    Debug.Log("Player manager starting...");

    health = 50;          可以使用保存的数据
    maxHealth = 100;      初始化这些值

    status = ManagerStatus.Started;
  }

  public void ChangeHealth(int value) {    ← 其他脚本不能直接设置血量，
    health += value;                         但是可以调用这个方法
```

```
    if (health > maxHealth) {
      health = maxHealth;
    } else if (health < 0) {
      health = 0;
    }

    Debug.Log($"Health: {health}/{maxHealth}");
  }
}
```

现在，InventoryManager 是一个稍后填充的 shell，而 PlayerManager 具有这个项目所需的所有功能。这些管理器都继承自 MonoBehaviour 类且实现了 IGameManager 接口。这意味着，所有的管理器既获得了 MonoBehaviour 的功能又实现了 IGameManager 定义的结构。IGameManager 中的结构是一个属性和一种方法，因此管理器定义了这两者。

定义了 status 属性便可以从任何地方获取状态(getter 方法是公有方法)，但是只能在脚本内设置状态(setter 方法是私有方法)。IGameManager 接口中的方法是 Startup()，两个管理器都定义了这个方法。在两个管理器中，初始化会立即完成(InventoryManager 没有执行任何操作，而 PlayerManager 设置了一组值)，因此 status 被设置成 Started。但是数据模块初始化的过程中可能有一些长时间运行的任务(比如加载保存的数据)，在初始化时，Startup()将运行这些任务，并将管理器的状态设置为 Initializing。这些任务完成后，将 status 改为 Started。

现在终于可以将所有功能和管理器的主管理器连接起来了。再创建一个脚本，称为 Managers(见代码清单 9.13)。

代码清单 9.13　管理器的管理器

```
using System.Collections;
using System.Collections.Generic;
using UnityEngine;                          ◀── 确保存在不
                                                同的管理器
[RequireComponent(typeof(PlayerManager))]
[RequireComponent(typeof(InventoryManager))]
                                                        其他代码用于访问
public class Managers : MonoBehaviour {                  管理器的静态属性
  public static PlayerManager Player {get; private set;} ◀──
  public static InventoryManager Inventory {get; private set;}

  private List<IGameManager> startSequence;  ◀── 启动时要遍历
                                                 的管理器列表
  void Awake() {
    Player = GetComponent<PlayerManager>();
    Inventory = GetComponent<InventoryManager>();

    startSequence = new List<IGameManager>();
    startSequence.Add(Player);
```

```
    startSequence.Add(Inventory);

    StartCoroutine(StartupManagers());   ◀──── 异步启
}                                              动序列

private IEnumerator StartupManagers() {
  foreach (IGameManager manager in startSequence) {
    manager.Startup();
  }

  yield return null;

  int numModules = startSequence.Count;
  int numReady = 0;
                                        循环至所有管理
  while (numReady < numModules) {  ◀──── 器都启动为止
    int lastReady = numReady;
    numReady = 0;

    foreach (IGameManager manager in startSequence) {
      if (manager.status == ManagerStatus.Started) {
        numReady++;
      }
    }

    if (numReady > lastReady)
      Debug.Log($"Progress: {numReady}/{numModules}");
    yield return null;          再次检查之前,
  }                        ◀──── 停顿一帧

  Debug.Log("All managers started up");
  }
}
```

　　这个模式最重要的部分是开头的静态属性。这些属性允许其他脚本通过
Managers.Player 或 Managers.Inventory 这样的语法来访问不同模块。这些属性初始是空
的，但是当运行 Awake() 方法中的代码时，它们就会被赋值。

提示　类似 Start() 和 Update()，Awake() 是 MonoBehaviour 自动提供的另一种方法。它
　　　与 Start() 很像，在代码首次运行时运行一次。但是在 Unity 的代码执行序列中，
　　　Awake() 运行得比 Start() 更早，这样能确保绝对优先的初始化任务比其他任何代
　　　码模块都更早运行。

　　Awake() 方法也列出了启动序列，然后启动协程来运行所有的管理器。具体来说，
这个方法创建了一个 List 对象，然后用 List.Add() 方法添加管理器。

定义 List 是 C# 提供的一个集合数据结构。List 对象与数组很类似：它们以特定的类型声明，把一系列元素依次存入其中。但是 List 可以在创建之后改变大小，而数组一旦创建之后就不能改变大小。

因为所有的管理器都实现了 IGameManager，所以这段代码可以把它们都列为该类型，并为每个管理器调用已定义的 Startup() 方法。这个启动序列是作为协程运行的，因此它与其他的游戏处理模块(例如，启动屏幕上的进度条动画)一起异步执行。

这个启动函数首先遍历整个管理器列表，并在每个管理器上调用 Startup() 方法。然后它进入一个循环，检查管理器是否启动，直到它们都启动了再继续运行。一旦所有的管理器都启动了，这个启动函数就会在最终完成前通知我们。

提示 之前编写的管理器的初始化过程非常简单且不需要等待，但通常这种基于协程的启动序列可以很好地处理长时间运行的异步启动任务，例如加载已保存的数据。

现在，所有的代码结构已经编写完毕。回到 Unity，创建一个空的 GameObject 对象。与往常一样，对于这种空的代码对象，将它放在 (0, 0, 0) 处，并为这个对象赋予一个描述性的名称，比如 Game Managers。将脚本组件 Managers、PlayerManager 和 InventoryManager 关联到这个新的对象上。

现在运行游戏，场景中应该没有任何可见的变化，但在 Console 视图中可以看到一系列记录启动序列进度的日志消息。假设管理器正确启动，下面就该编程实现仓库管理器了。

9.3.3 把物品存储在集合对象中：List 与 Dictionary

收集的物品列表也可存储为 List 对象。代码清单 9.14 演示了如何将物品列表添加到 InventoryManager 中。

代码清单 9.14 将物品添加到 InventoryManager

```
...
private List<string> items;

public void Startup() {
  Debug.Log("Inventory manager starting...");

  items = new List<string>();        ◄── 初始化这个
                                          空物品列表
  status = ManagerStatus.Started;
}

private void DisplayItems() {        ◄── 输出当前仓库的
  string itemDisplay = "Items: ";        Console 视图消息
```

```
foreach (string item in items) {
  itemDisplay += item + " ";
}
Debug.Log(itemDisplay);
}

public void AddItem(string name) {  ◄──
  items.Add(name);

  DisplayItems();
}
...
```

其他脚本不能直接操作物品列表，但是可以调用这个方法

对于 InventoryManager 有两个关键的修改：首先，添加了一个 List 对象来存放物品；其次，添加了一个其他代码都可以调用的公有方法 AddItem()。AddItem()方法将物品添加到列表，然后将列表信息输出到 Console 视图。现在，在 CollectibleItem 脚本中做一些小小的调整，来调用这个新的 AddItem()方法(见代码清单 9.15)。

代码清单 9.15　在 CollectibleItem 中使用新的 InventoryManager

```
...
void OnTriggerEnter(Collider other) {
  Managers.Inventory.AddItem(itemName);
  Destroy(this.gameObject);
}
...
```

现在，在运行收集物品的代码时，可以在 Console 视图信息中看到仓库在增大。这非常酷，但暴露了 List 数据结构的一个缺陷：当收集同类型的多个物品(比如收集第二个 Health 项)时，会列出两个副本，而不是累计同类型的所有物品(如图 9.6 所示)。根据游戏的不同，仓库也许要分别跟踪每件物品，但是在大多数游戏中，仓库应该累计同一物品的多个副本。这可以使用 List 来实现，但是使用 Dictionary 更方便、有效。

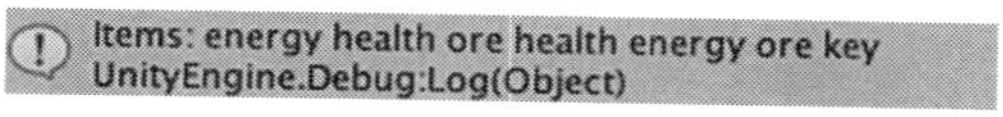

> Items: energy health ore health energy ore key
> UnityEngine.Debug:Log(Object)

图9.6　多次输出同一物品的 Console 视图信息

定义　Dictionary 是 C#提供的另一个集合数据结构。字典中的条目通过标识符(或者键)来访问，而不是通过它们在列表中的位置来访问。它类似于哈希表，但更灵活，因为字典中的键实际上可以是任意类型(例如，"返回该 GameObject 的条目")。

修改 InventoryManager 中的代码，以使用 Dictionary 来替代 List。使用代码清单9.16 中的代码来替换代码清单 9.14 中的代码。

代码清单 9.16   InventoryManager 中的物品使用 Dictionary

```
...
private Dictionary<string, int> items;          ◄─── Dictionary 用两种
public void Startup() {                               类型声明：键和值
  Debug.Log("Inventory manager starting...");


    items = new Dictionary<string, int>();

  status = ManagerStatus.Started;
}

private void DisplayItems() {
  string itemDisplay = "Items: ";
  foreach (KeyValuePair<string, int> item in items) {
    itemDisplay += item.Key + "(" + item.Value + ") ";
  }
  Debug.Log(itemDisplay);
}

public void AddItem(string name) {
  if (items.ContainsKey(name)) {     ◄─── 在输入新数据之前，检查已有
    items[name] += 1;                     的项
  } else {
    items[name] = 1;
  }

  DisplayItems();
}
...
```

所有代码与之前看起来一样，但有一些微妙的区别。如果对 Dictionary 数据结构不是很熟悉，请注意这个数据结构是用两个类型声明的。List 只声明了一种类型(列入列表的值的类型)，而 Dictionary 则同时声明了键(即标识符)和值的类型。

在 AddItem()方法中还存在一个逻辑。在将每个物品加入 List 之前，需要检查 Dictionary 是否已经包含了该物品，这就是 ContainsKey()方法的作用。如果是一个新条目，就把计数器置为 1。但如果这个条目已经存在，就递增它的存储值。运行新的代码，仓库信息就包含了每个物品的数量，如图 9.7 所示。

⚠ **Items: energy(1) health(2) ore(2) key(1)**
UnityEngine.Debug:Log(Object)

图 9.7   多个相同物品聚合后的 Console 视图信息

最终，玩家仓库中收集的物品得到了管理！这看起来像是用大量代码来处理一个相对简单的问题，而且，如果这是最终的目标，它就被过度设计了。然而，这种精心设计的代码架构的重点是将所有数据放在独立、灵活的模块中，当游戏变得复杂时，这是一个非常有用的模式。例如，现在你可以编写 UI 显示，并且分离的代码块也更容易维护。

9.4　用于使用和装备物品的仓库 UI

在游戏中，可以以多种方式使用仓库中的物品集合，但是所有的用法都依赖于某种仓库 UI，这样玩家可以看到他们收集的物品。然后，一旦仓库显现在玩家面前，就可以编写 UI 交互程序，允许玩家单击物品。下面将编写两个具体的示例(包括钥匙和消费血量包)，之后就可以将这段代码应用到其他类型的物品上。

> 注意　如第 7 章所述，Unity 既有立即模式的旧 GUI，又有基于 sprite 的新 UI 系统。本章采用立即模式的 GUI，因为这种系统能更快地实现，并且需要更少的设置；更少的设置对于实践练习极有好处。然而，基于 sprite 的 UI 系统更完善，对于实际的游戏，应使用更完善的界面。

9.4.1　在 UI 中显示仓库物品

要在 UI 中显示物品，首先需要为 InventoryManager 添加两个方法。现在物品列表是私有的，只能在管理器内部访问，为了显示列表，必须添加用于访问数据的公有方法。将代码清单 9.17 中的两个方法添加到 InventoryManager 中。

代码清单 9.17　将数据访问方法添加到 InventoryManager 中

```
...
public List<string> GetItemList() {          ◄── 返回所有 Dictionary 键
  List<string> list = new List<string>(items.Keys);      的列表
  return list;
}

public int GetItemCount(string name) {       ◄── 返回仓库中
  if (items.ContainsKey(name)) {                 物品的个数
    return items[name];
  }
  return 0;
}
...
```

GetItemList()方法返回仓库中的物品列表。你可能会想："等等，难道我们不是花了很大的代价才将 List 转为仓库对象吗？"这里的区别在于，每种物品仅在列表中出现一次。例如，如果仓库中存在两个血量包，health 只会在列表中出现一次。这是因为 List 是由 Dictionary 中的键(而不是每个独立的物品)创建的。

GetItemCount() 方法返回了仓库中指定物品的数量。例如，调用 GetItemCount("health")来询问"仓库中有多少血量包？"，这样，UI 可以显示每个物品及其数量。

为 InventoryManager 添加了这些方法后，就可以创建 UI 显示。下面在屏幕顶部水平显示所有的物品。这些物品将以图标的形式显示，所以需要将这些图片导入项目中。如果所有的资源都放在 Resources 目录下，Unity 就以一种特殊的方式来处理这些资源。

提示 Resources 目录中的资源可使用 Resources.Load()方法来加载。否则，资源只能通过 Unity 的编辑器放到场景中。

图 9.8 展示了四个图标图片和放置这些图片的目录结构。创建 Resources 目录，然后在 Resources 目录中创建 Icons 文件夹。

图 9.8　Resources 目录中存放的装备图标的图片资源

图标都已设置完毕，现在创建一个名为 Controller 的空 GameObject，然后将一个新脚本 BasicUI 分配给它(见代码清单 9.18)。

代码清单 9.18　显示仓库的 BasicUI

```
using System.Collections;
using System.Collections.Generic;
using UnityEngine;

public class BasicUI : MonoBehaviour {
  void OnGUI() {
    int posX = 10;
    int posY = 10;
    int width = 100;
    int height = 30;
    int buffer = 10;

    List<string> itemList = Managers.Inventory.GetItemList();
    if (itemList.Count == 0) {                                      ← 当仓库为空时，
      GUI.Box(new Rect(posX, posY, width, height), "No Items");        显示一条消息
    }
    foreach (string item in itemList) {
      int count = Managers.Inventory.GetItemCount(item);
      Texture2D image = Resources.Load<Texture2D>($"Icons/{item}");  ← 从 Resources 目录
      GUI.Box(new Rect(posX, posY, width, height),                      中加载资源的方法
            new GUIContent($"({count})", image));
      posX += width+buffer;          ← 循环中每次
    }                                   向一侧偏移
  }
}
```

代码清单 9.18 以水平的方式显示所收集的物品(见图 9.9)及其数量。如第 3 章所述，每个 MonoBehaviour 自动响应 OnGUI()方法。在渲染 3D 场景之后，这个方法在每一帧中都会执行。

图 9.9　仓库的 UI 显示

在 OnGUI()中，首先定义一组标记 UI 元素位置的值。当遍历所有的物品时，这些值会递增，从而在一行中定位 UI 元素。具体的 UI 元素通过 GUI.Box 绘制，这些在框中显示的文本和图片是不可交互的。

Resources.Load()方法用于从 Resources 目录中加载资源。该方法便于根据名称来加载资源，注意物品的名称将作为参数传递。必须指定要加载的类型，否则，这个方法的返回值就是通用对象。

UI 显示了收集的物品。现在可以使用这些物品了。

9.4.2　装备用于开门的钥匙

下面介绍两个关于使用仓库物品的示例，这些示例可以推广至任何类型的物品。第一个示例是装备一个用来打开门的钥匙。

此时，DeviceTrigger 脚本并不会关注物品(因为这个脚本是在仓库代码之前编写的)。代码清单 9.19 展示了如何调整该脚本。

代码清单 9.19　在 DeviceTrigger 中获得一把钥匙

```
...
public bool requireKey;

void OnTriggerEnter(Collider other) {
  if (requireKey && Managers.Inventory.equippedItem != "key") {
    return;
  }
...
```

可以看到，脚本需要一个新的公有变量和一个查找钥匙是否已装备的条件。布尔
参数 requireKey 在 Inspector 面板中显示为复选框，这样可以通过一些触发器获得钥匙，
而不是通过其他方式获得。OnTriggerEnter()开头的条件检查 InventoryManager 中是否
已装备了钥匙，这需要将代码清单 9.20 添加到 InventoryManager 中。

代码清单 9.20　InventoryManager 的装备物品代码

```
...
public string equippedItem {get; private set;}
...
public bool EquipItem(string name) {
  if (items.ContainsKey(name) && equippedItem != name) {    ◀── 检查仓库中有该物品，
    equippedItem = name;                                          但还没有被装备的情况
    Debug.Log($"Equipped {name}");
    return true;
  }

  equippedItem = null;
  Debug.Log("Unequipped");
  return false;
}
...
```

在代码清单的开头添加了被其他代码检查的 equippedItem 属性，然后添加了公有
方法 EquipItem()，允许其他代码改变被装备的物品。这个方法将装备尚未装备的物品，
或卸下已装备的物品。

最后，为了让玩家装备物品，需要把这个功能添加到 UI 上。为此，代码清单 9.21
将添加一行按钮。

代码清单 9.21　添加到 BasicUI 中的装备功能

```
...
    foreach (string item in itemList) {    ◀── 斜体代码在脚本中已存在，
     ...                                         显示在此处仅作为参考
     posX += width+buffer;
    }

    string equipped = Managers.Inventory.equippedItem;    ◀── 显示当前装备
    if (equipped != null) {                                    的物品
      posX = Screen.width - (width+buffer);
      Texture2D image = Resources.Load($"Icons/{equipped}") as Texture2D;
      GUI.Box(new Rect(posX, posY, width, height),
          new GUIContent("Equipped", image));
    }

    posX = 10;
    posY += height+buffer;
                                            ◀── 遍历所有物品
    foreach (string item in itemList) {          来创建按钮
```

```
        if (GUI.Button(new Rect(posX, posY, width, height),
            $"Equip {item}")) {
          Managers.Inventory.EquipItem(item);
        }
        posX += width+buffer;
      }
    }
  }
```

如果单击按钮，则运行其包含的代码

为了显示装备的物品，再次使用了 GUI.Box()。但这个元素是非交互式的，所以这一行的 Equip 按钮使用 GUI.Button()来绘制。这个方法创建了一个按钮，当单击该按钮时，会执行 if 语句中的代码。

所有代码都完成后，在 DeviceTrigger 中选择 requireKey 选项，然后运行游戏。试着在装备钥匙之前跑进触发空间，什么都没发生。现在收集一个钥匙，然后单击按钮装备它，跑入触发空间，门会打开。

下面的操作纯粹是为了好玩：可以在 Position (-11, 5, -14)处放置一把钥匙，以添加一个简单的游戏挑战，看看你能否拿到那把钥匙。无论你是否尝试这样做，下面继续学习如何使用血量包。

9.4.3　使用血量包恢复玩家的血量

使用物品来恢复玩家的血量是另一个有用的常见示例。这需要修改两处代码：一处是 InventryManager 中的新方法，另一处是 UI 中的新按钮(分别见代码清单 9.22 和代码清单 9.23)。

代码清单 9.22　InventoryManager 中的新方法

```
...
public bool ConsumeItem(string name) {
  if (items.ContainsKey(name)) {
    items[name]--;
    if (items[name] == 0) {
      items.Remove(name);
    }
  } else {
    Debug.Log($"Cannot consume {name}");
    return false;
  }

  DisplayItems();
  return true;
}
...
```

检查物品是否在仓库中

如果数量减为 0，则移除物品

如果仓库中没有该物品，则给出响应

代码清单 9.23　为 BasicUI 添加一个血量物品

```
...
    foreach (string item in itemList) {                    斜体代码在脚本中已存在,
      if (GUI.Button(new Rect(posX, posY, width, height),   显示在此处仅便于参考
          $"Equip {item}")) {
        Managers.Inventory.EquipItem(item);
      }

新代码的   if (item == "health") {
开始处       if (GUI.Button(new Rect(posX, posY + height+buffer, width,
                  height), "Use Health")) {               如果单击按钮,就会
          Managers.Inventory.ConsumeItem("health");        运行其包含的代码
          Managers.Player.ChangeHealth(25);
        }
      }

      posX += width+buffer;
    }
  }
}
```

这个新的 ConsumeItem()方法正好与 AddItem()方法的作用相反。它在仓库中检查某个物品,如果找到该物品,就递减它的数量。还必须考虑一些微妙的场景,比如物品数量减到 0 的情况。UI 代码会调用这个新的仓库方法,还会调用 PlayerManager 从一开始就拥有的 ChangeHealth()方法。

如果收集了一些血量物品并使用了它们,血量信息就显示在 Console 视图中。至此,就完成了使用仓库物品的多个示例。

9.5　小结

- 按键和碰撞触发器都可用于操作设施。
- 启用物理的对象可响应碰撞力或触发空间。
- 复杂的游戏状态是通过可全局访问的特殊对象来管理的。
- 可用 List 或 Dictionary 数据结构来组织对象的集合。
- 跟踪物品的装备状态可用来影响游戏的其他部分。

第III部分

冲刺阶段

现在，我们掌握了 Unity 的很多知识。知道如何编程实现玩家的控制，如何创建到处游走的敌人，如何将交互设施添加到游戏中，甚至知道如何使用 2D 和 3D 图形来构建游戏！这些内容几乎涵盖了开发完整游戏所要具备的方方面面知识，但不是全部。我们还需要完成最后几个任务，诸如将音频加入游戏中，将已完成的分散内容整合在一起。这是最后的冲刺阶段，只剩下四章了！

第*10*章

将游戏连接到互联网

本章涵盖:
- 生成天空的动态视觉效果
- 在协程中使用 Web 请求下载数据
- 解析诸如 XML 和 JSON 等常见的数据格式
- 显示从互联网下载的图像
- 将数据发送到 Web 服务器

本章将介绍如何通过网络发送和接收数据。前面章节构建的项目代表了各种不同的游戏类型,但那些项目都只存在于玩家各自的机器中。因此,连接到互联网并交换数据对于所有类型的游戏来说会越来越重要。

很多游戏几乎完全通过互联网进行,并与其他玩家社区保持连接,这种游戏通常称为 MMO(massively multiplayer online,大型多人在线游戏),最广为人知的是 MMORPG(MMO role-playing game,大型多人在线角色扮演游戏)。甚至当游戏不需要保持持续不断的连接时,现代的电子游戏通常也会包括一些联网特性,例如在全球高分排行榜中公布分数,或分析记录数据以帮助改进游戏。Unity 提供了上述网络支持,接下来将探讨这些特性。

Unity 支持多种方式的网络通信,因为不同的方式适用于不同的需求。然而,本章主要介绍最常用的互联网通信:发出 HTTP 请求。

什么是 HTTP 请求?

假定大多数读者知道什么是 HTTP 请求,但为了以防万一,这里给出快速入门介绍:超文本传输协议(HTTP)是用于向 Web 服务器发送请求和接收响应的通信协议。例如,当单击网页上的链接时,浏览器(客户端)将请求发送到指定地址,接着服务器会以新页面进行响应。可以将HTTP请求设置为不同的方法,特别是设置为GET或POST方法,以获取或发送数据。

　　HTTP请求是可靠的,因此大多数互联网应用都基于它们而创建。请求本身以及处理这种请求的基础设施都被设计得很健壮,能够处理网络中的各种错误。

　　一个好的类比是,想象现代单页面Web应用程序的工作原理(与之相对的是基于服务器端生成Web页面的老式Web开发)。在基于HTTP请求构建的在线游戏中,Unity中开发的项目本质上是一个采用Ajax风格与服务器通信的胖客户端。然而,熟悉这种方法的Web开发者可能会由于自身经验而被误导。电子游戏通常比Web应用程序有更严格的性能要求,这些差异会影响设计决策。

警告　Web应用程序和电子游戏的时间尺度有所不同。更新一个网站花费半秒看起来很短,但在一个高强度动作游戏中暂停那么一点点时间都是一种折磨。"快"的概念绝对是相对具体情况而言的。

　　在线游戏通常连接到该游戏特定的服务器。为了便于学习,我们连接到一些免费可用的互联网数据源,包括可以下载的天气数据和图像。本章最后部分要求设置一个自定义Web服务器,这部分内容虽然是可选的,但本章依然会介绍如何使用开源软件轻松实现它。

　　本章计划介绍HTTP请求的多种用法,以便你了解它们在Unity中的工作方式:

(1) 创建户外场景(特别是,构建一个可以响应天气数据的天空)

(2) 编写代码,从互联网请求天气数据

(3) 解析响应并基于数据修改场景

(4) 从互联网下载并显示图像

(5) 将数据发送到服务器(本例中是天气状况日志)

　　用于本章项目的示例游戏并不重要。本章的所有内容都是将新脚本添加到已有的项目中,而不修改任何现有的代码。对于示例代码,将采用第2章的移动示例,主要是为了可以在数据改变时以第一人称视角观察天空。

　　本章的项目和游戏玩法没有直接联系,但显然,对于我们创建的大多数游戏,都希望将网络与游戏玩法联系起来(例如,基于服务器的响应而生成敌人)。下面开始第一步!

10.1　创建户外场景

　　由于要下载天气数据,因此首先创建一个可以显示天气的户外场景。最复杂的部分是天空,但先花点时间将户外贴图应用到关卡的几何体上。

如第 4 章所述，从网站上获取一些图像(见链接[1])，并将这些图像应用到关卡的墙壁和地面。记住将下载图像的大小修改为 2 的 n 次幂，例如 256×256。

接着将图像导入 Unity 项目中，创建材质，并将图像分配到材质上(也就是将图像拖到材质的贴图槽)。将材质拖到场景中的墙壁或地面上，接着增加材质的平铺数(尝试将一个或两个方向上的平铺数设置为 8 或 9)，以便图像不会被拉伸变形。一旦地面和墙壁处理完毕，就可以开始装饰天空。

10.1.1　使用天空盒生成天空视觉效果

如第 4 章所述，首先导入天空盒图像：从链接[2]下载天空盒图像。这次下载 DarkStormy 系列和 TropicalSunnyDay(本项目中的天空将会更复杂)。只需从本书的示例项目中获得它们，或者从其他地方下载天空盒图像。将这些贴图导入 Unity 中，并(如第 4 章所述)将贴图的 Wrap Mode 设置为 Clamp。

现在创建用于这个天空盒的新材质。在这个材质设置的顶部，单击 Shader 菜单，查看可用的着色器(shader)列表。将鼠标移到 Skybox 部分，并选择子菜单中的 6-Sided。激活这个着色器后，材质现在有 6 个贴图槽(而不像标准着色器只有一个小的 Albedo 贴图槽)。

将 SunnyDay 天空盒图像拖到新材质的贴图槽中。注意图像名称和为其指定的贴图槽名称相对应(top、front 等)。链接好 6 个贴图后，就可以将这个新材质用作场景的天空盒。

通过打开 Lighting 窗口(Window | Rendering | Lighting)指定这个天空盒材质。切换到 Environment 选项卡，将天空盒材质分配给窗口顶部的 Skybox 槽(将材质拖到 Skybox 槽上或者单击 Skybox 槽旁边的小圆圈按钮)。单击 Play，可以看到图 10.1 所示的画面。

现在有了一个室外场景！天空盒完美地营造出了玩家身处广阔天地的错觉。但 Unity 内置的天空盒着色器有一个明显的限制：天空盒材质的图像不能改变，这导致显示的天空完全是静态的。接下来，通过创建自定义着色器来消除这个限制。

图 10.1　带有天空背景图像的场景

10.1.2 通过代码设置氛围

TropicalSunnyDay 系列中的图像适合于晴天，但如果要在晴天和阴天之间变换，该怎么办？这将需要第二套天空图像(一些阴天的图片)，因此需要新的着色器来实现天空盒。

如第 4 章所述，着色器是一个简短的程序，其中包含用于渲染图像的指令。这意味着可编写新的着色器，而事实上正是如此。接下来将创建新的着色器，使用两个天空盒图像集，并在它们之间变换。为此，可访问本章链接[3]对应的站点获取该着色器。

在 Unity 中创建新着色器脚本：像创建 C#脚本一样，进入 Create 菜单，但选择 Standard Surface Shader。将该资源命名为 SkyboxBlended，然后双击着色器，打开脚本。复制网页上的代码，将其粘贴到着色器脚本中。顶部一行代码为 Shader"Skybox/Blended"，这告诉 Unity 将新着色器添加到 Skybox 分类的着色器列表下(常规天空盒所在的分类)。

> **注意** 接下来不探讨着色器程序的细节。Shader 编程是一个相当高级的计算机图形学主题，超出了本书的讨论范围。如果在阅读完本书后想进一步学习，可以将 Unity Manual(详见链接[4])作为起点。

现在可以将材质的着色器设置为 Skybox Blended。再次，选择材质，然后在材质设置的顶部寻找 Shader 菜单。目前有 12 个贴图槽，即两组 6 个图像。将 TropicalSunnyDay 图像分配给前六张贴图，剩下的贴图则使用 DarkStormy 系列天空盒图像。

这个新着色器也在设置的顶部附近添加了一个 Blend 滑动条。Blend 值控制了要显示多大的天空盒图像集。将滑动条从一端调整到另一端时，天空盒将从晴天变换到阴天。可以通过调整滑动条并运行游戏来进行测试，但当游戏运行时，手动调整天空没有什么作用，因此接下来编写变换天空的代码。

在场景中创建一个空对象，并命名为 Controller。创建一个新脚本并命名为 WeatherController。将脚本拖到空对象上，接着编写代码清单 10.1 所示的代码。

代码清单 10.1　从晴天变换到阴天的 WeatherController 脚本

```
using System.Collections;
using System.Collections.Generic;
using UnityEngine;

public class WeatherController : MonoBehaviour {
  [SerializeField] Material sky;        ◄─── 引用 Project 视图中的材质，
  [SerializeField] Light sun;                而不仅仅是场景中的对象

  private float fullIntensity;
```

```
private float cloudValue = 0f;

void Start() {
  fullIntensity = sun.intensity;          ◀──  初始光源强度最开始
}                                                为满强度

void Update() {
  SetOvercast(cloudValue);                 ◀──  为了持续变换,
cloudValue += .005f;                            每帧增加一定的值
}
                                                同时调整材质的 Blend 值
private void SetOvercast(float value) {   ◀──    和光源强度
  sky.SetFloat("_Blend", value);
  sun.intensity = fullIntensity - (fullIntensity * value);
}
}
```

接下来指出这段代码中的一些要点,但关键的新方法是 SetFloat(),该方法在代码的结尾。除了该方法对应的那一行是新代码,其余代码应该都不陌生。SetFloat()方法在材质上设置了一个数值。该方法的第一个参数指明了设置哪个值。在本例中,材质有一个称为_Blend 的属性(注意材质属性在代码中以下划线开头)。

代码的剩余部分定义了一些变量,包括材质和光源。对于材质,需要引用刚刚创建的混合天空盒材质,但光源如何处理呢? 从晴天过渡到阴天时,场景也会变暗;随着 Blend 值的增加,将调低光源强度。场景中的方向光是主光源,能照亮任何地方,将材质和方向光拖到 Inspector 面板的变量中。

> **注意**　Unity 中的高级光源系统引入天空盒的原因是为了实现更真实的效果。然而,这种照明方式不适用于变化的天空盒,所以要冻结光源设置。在 Lighting 窗口的底部可以关闭 Auto Generate 复选框,现在只有单击按钮,才会更新天空盒的设置。将天空盒的 Blend 设置为中间值,以获得平衡的视觉效果,接着单击 Auto 复选框旁边的 Generate 按钮,手动烘焙光照贴图(光源信息存储在以 scene 命名的新文件夹中)。

当脚本开始运行时,它初始化光源强度。脚本将保存开始值,并认为这个开始值为"满"强度(译者注:"满"强度指运行时的光源最大强度)。这个满强度会在以后脚本减弱光源强度时使用。

接着代码在每一帧递增值,并使用该值调整天空。具体而言,代码每帧都调用SetOvercast(),而该函数封装了对场景进行的多次调整。之前已经解释了 SetFloat()的作用,这里不再赘述,最后一行代码调整了光源强度。

现在运行场景,观察代码的运行。结果如图 10.2 所示:几秒后,场景从晴天过渡到阴天。

过渡前的晴天   过渡前的阴天

图 10.2 场景从晴天过渡到阴天的对比图

看到场景从晴天过渡到阴天真的很炫酷。但实际上真正的目标是：让游戏中的天气和真实世界的天气同步。为此，需要从互联网下载天气数据。

警告 Unity 的一个意想不到的问题是材质上对 Blend 的修改是永久的。Unity 在游戏停止运行时重置场景中的对象，但对直接从 Project 视图(例如天空盒材质)中关联的资源的修改却是永久的。这种情况只发生在 Unity 编辑器中(在将游戏部署到编辑器外部时，修改不会在运行游戏过程中传递)，如果忘记了这一点，可能会产生令人沮丧的 bug。

10.2 从互联网服务下载天气数据

现在已经设置好了户外场景，接下来编写代码，下载天气数据，并基于下载的数据修改场景。这个任务将提供一个使用 HTTP 请求获取数据的好例子。有许多 Web 服务都提供天气数据，可参考 ProgrammableWeb(详见链接[5])。这里选择 OpenWeather，代码示例将使用该网站(见链接[6])提供的 API(应用程序编程接口，一种使用代码命令而不是图形界面访问其服务的方法)。

定义 Web 服务或 Web API 是一个连接到互联网并根据请求返回数据的服务器。Web API 和网站没有技术上的区别。网站是返回网页数据的 Web 服务，而浏览器将 HTML 数据解释为可视化文档。

注意 Web 服务经常要求注册，即使是免费服务也是如此。例如，如果进入 OpenWeather 的 API 页面，它有获取 API key 的说明，将这个值粘贴到请求中。

接下来编写的代码结构和第 9 章的 Managers 架构一样。这次将编写 WeatherManager 类，并在核心主管理器中初始化它。WeatherManager 负责获取和保存

天气数据，为了实现这个功能，它需要能和互联网通信。

为了实现联网，要创建一个称为 NetworkService 的工具类。NetworkService 将处理连接到互联网并发出 HTTP 请求的细节。接着 WeatherManager 告诉 NetworkService 发出请求并传回响应。图 10.3 展示了这个代码结构的操作方式。

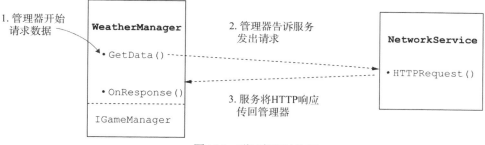

图 10.3　联网代码结构图

WeatherManager 显然需要访问 NetworkService 对象。为此，应在 Managers 中创建对象，并在初始化管理器时，将 NetworkService 对象注入不同的管理器中。这种方式不仅让 WeatherManager 拥有对 NetworkService 的引用，后续创建的其他管理器也是如此。

为了引入第 9 章的 Managers 的代码架构，首先复制 ManagerStatus 和 IGameManager (记住 IGameManager 是所有管理器必须实现的接口，而 ManagerStatus 是 IGameManager 使用的枚举)。接下来需要稍微修改 IGameManager 以包含新的 NetworkService 类，因此创建新脚本 NetworkService(删除:MonoBehaviour，否则暂时先让它空着，稍后再填充它)，接着按代码清单 10.2 所示调整 IGameManager。

代码清单 10.2　调整 IGameManager，以包含 NetworkService

```
public interface IGameManager {
  ManagerStatus status {get;}

  void Startup(NetworkService service);
}
```

Startup 函数现在带有一个参数：被注入的对象

接下来创建 WeatherManager 实现这个稍微调整的接口。创建一个新的 C#脚本(如代码清单 10.3 所示)。

代码清单 10.3　WeatherManager 的初始化脚本

```
using System.Collections;
using System.Collections.Generic;
using UnityEngine;

public class WeatherManager : MonoBehaviour, IGameManager {
```

```
  public ManagerStatus status {get; private set;}

  // Add cloud value here (listing 10.8)
  private NetworkService network;

  public void Startup(NetworkService service) {
    Debug.Log("Weather manager starting...");

    network = service;      ← 保存注入的 NetworkService 对象

    status = ManagerStatus.Started;
  }
}
```

WeatherManager 的初始版本目前还没有任何实际功能。现在它只包含了实现
IGameManager 接口需要的最小代码量：声明接口所需的 status 属性，并实现 Startup()
函数。后面会继续填充这个空的框架。最后从第 9 章复制 Managers 并调整它，以启动
WeatherManager(如代码清单 10.4 所示)。

代码清单 10.4　Managers 调整为初始化 WeatherManager

```
using System.Collections;
using System.Collections.Generic;
using UnityEngine;
                                                    需要新的管理器而
[RequireComponent(typeof(WeatherManager))]  ←       不是玩家和仓库

public class Managers : MonoBehaviour {
  public static WeatherManager Weather {get; private set;}

  private List<IGameManager> startSequence;

  void Awake() {
    Weather = GetComponent<WeatherManager>();

    startSequence = new List<IGameManager>();
    startSequence.Add(Weather);

    StartCoroutine(StartupManagers());
  }

  private IEnumerator StartupManagers() {              实例化 NetworkService,
    NetworkService network = new NetworkService();  ← 以便注入到所有管理器中

    foreach (IGameManager manager in startSequence) {
      manager.Startup(network);   ←  启动时将网络服务
    }                                传递给管理器

    yield return null;

    int numModules = startSequence.Count;
    int numReady = 0;
```

```
  while (numReady < numModules) {
    int lastReady = numReady;
    numReady = 0;

    foreach (IGameManager manager in startSequence) {
      if (manager.status == ManagerStatus.Started) {
        numReady++;
      }
    }

    if (numReady > lastReady)
      Debug.Log($"Progress: {numReady}/{numModules}");
    yield return null;
  }

  Debug.Log("All managers started up");
  }
}
```

上面的代码清单是 Managers 代码架构所需的代码。如前面章节所述，在场景中创建游戏管理器对象，并将 Managers 和 WeatherManager 附加到空对象上。尽管管理器目前还没有做任何操作，但可以在 Console 视图中看到正确设置后的启动消息。

现在，已经有了一些代码模板作为铺垫！接下来开始编写联网代码。

10.2.1　使用协程请求 HTTP 数据

NetworkService 目前是一个空脚本，因此可以在该脚本中编写代码以创建 HTTP 请求。编程时你需要了解的主要类是 UnityWebRequest。Unity 提供 UnityWebRequest 类以方便与互联网通信。使用 URL 实例化一个请求对象时，请求会发送给该 URL。

协程可以和 UnityWebRequest 类一起使用，用于等待请求完成。协程在第 3 章中介绍过，那时我们使用协程让代码暂停一段时间。回想一下第 3 章中对协程的解释：协程是特殊的函数，它似乎在程序的后台周期性地运行，之后返回到程序的剩余部分继续执行。当与 StartCoroutine()方法一起使用时，yield 关键字将导致协程临时暂停，然后返回程序流，并在下一帧中从断点处继续执行。

在第 3 章中，在 WaitForSeconds()处产生了一个协程，WaitForSeconds()返回的对象让函数暂停执行数秒。发送请求时产生的协程将使函数暂停执行，直到网络请求完成。这里的程序流类似于 Web 应用程序中的异步 Ajax 调用：首先发送一个请求，接着继续执行剩下的程序，并在一段时间后收到响应。

理论指导下的编码实践

下面在代码中实现这一点。首先打开 NetworkService 脚本，使用代码清单 10.5 中的内容替换默认模板。

代码清单 10.5　在 NetworkService 中发送 HTTP 请求

```
using System;
using System.Collections;
using System.Collections.Generic;
using UnityEngine;
using UnityEngine.Networking;

public class NetworkService {                          发送请求
  private const string xmlApi =                        的 URL
"http://api.openweathermap.org/data/2.5/weather?q=Chicago,
    us&mode=xml&appid=APIKEY";

  private IEnumerator CallAPI(string url, Action<string> callback) {
    using (UnityWebRequest request = UnityWebRequest.Get(url)) {
                                                       在 GET 模式下创建
      yield return request.SendWebRequest();           UnityWebRequest 对象
      if (request.result == UnityWebRequest.Result.ConnectionError) {
        Debug.LogError($"network problem: {request.error}");
      } else if (request.result == UnityWebRequest.Result.ProtocolError) {
        Debug.LogError($"response error: {request.responseCode}");
      } else {
        callback(request.downloadHandler.text);
      }                                                可以像原始函数
    }                                                  一样调用委托函数
  }

  public IEnumerator GetWeatherXML(Action<string> callback) {
    return CallAPI(xmlApi, callback);
  }                                                    通过相互调用的协程
}                                                      方法产生级联
```

下载时暂停

在响应中检查错误

警告　Action 类型包含在 System 命名空间中(详见后面的 "了解回调的工作原理" 中的内容)，注意脚本开头附加的 using 语句。不要忘记脚本中的这些细节！

回想一下前面解释过的代码设计：WeatherManager 将通知 NetworkService 获取数据。上述所有代码还不能真正运行，需要建立稍后由 WeatherManager 调用的代码。为了研究该代码清单，下面先从底部开始往上阅读代码。

编写彼此嵌套的协程方法

GetWeatherXML()是一个用于在代码外部告知 NetworkService 发出 HTTP 请求的协程方法。注意这个函数使用 IEnumerator 作为它的返回类型，协程中使用的方法必须把 IEnumerator 声明为其返回类型。

最初 GetWeatherXML()方法可能看起来会有点奇怪，它没有 yield 语句。yield 语句可以让协程暂停，这意味着每个协程必须在某个地方有 yield 语句。这证明 yield 语句可以通过多个方法嵌套。如果初始协程方法调用其他方法，而其他方法有部分代码返回 yield，那么协程将在第二个方法(包含 yield 代码的方法)的内部暂停和恢复。因此

CallAPI()中的 yield 语句暂停了在 GetWeatherXML()中启动的协程。图 10.4 显示了这个代码流。

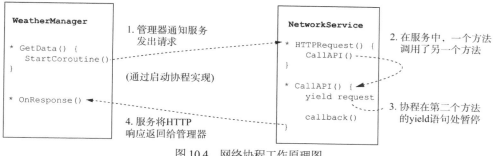

图 10.4　网络协程工作原理图

下一个可能令人不解的是 Action 类型的 callback 参数。

了解回调的工作原理

当协程启动时，会使用 callback 参数来调用方法，callback 参数的类型为 Action。但什么是 Action 呢？

定义　Action 类型是委托(C#有一些委托方法，但这种方法是最简单的)。委托是对其他一些方法/函数的引用。它们允许将函数(或者函数指针)存储在变量中，并把该函数作为参数传给其他函数。

如果不熟悉委托的概念，记住它使你能像传递数字和字符串一样传递函数。没有委托就无法传递用于后续调用的函数——只能立即调用函数。有了委托，就可以让代码稍后调用其他方法。这在很多情况下很有用，特别是对于实现回调函数。

定义　回调是用于和调用对象通信的函数。对象 A 可以向对象 B 通知关于 A 中的一个方法。对象 B 可以在之后调用 A 的方法，与 A 通信。

例如，在这个例子中，回调用于将 HTTP 请求完成后返回的数据传回。在 CallAPI()方法中，代码首先创建 HTTP 请求，接着执行 yield 语句直到请求完成，最后使用 callback()发回响应数据。

注意，Action 关键字使用◇语法。尖括号中的类型声明了这个 Action 需要的参数。换句话说，这个 Action 指向的函数必须带有和尖括号中所声明类型匹配的参数。在这个例子中，参数是一个字符串，因此回调方法的签名必须如下所示：

```
MethodName(string value)
```

在运行了代码清单 10.6 后，你就会更清楚回调的概念，这是对回调概念的初步介绍，等你看到更多代码时，就会知道它的实际作用。

代码清单 10.5 中剩余的代码非常简单。request 对象是在 using 语句中创建的，这样一旦我们使用完对象，对象的内存就会被清理干净。条件语句检查 HTTP 响应中是否存在错误。有两种类型的错误：由于网络连接错误导致的失败，或者由于某些情况导致返回的响应数据出错。另外，使用要请求的 URL 声明一个 const 值(顺便说一下，应使用自己的 OpenWeather API 密钥来替换 URL 地址末尾的 APIKEY)。

使用联网代码

上面已经在 NetworkService 中封装好了代码。接下来在 WeatherManager 中使用 NetworkService，代码清单 10.6 展示了脚本中增加的代码。

代码清单 10.6　调整 WeatherManager，以使用 NetworkService

```
...
public void Startup(NetworkService service) {
  Debug.Log ("Weather manager starting...");

  network = service;                                         开始从互联网
  StartCoroutine(network.GetWeatherXML(OnXMLDataLoaded));    加载数据

  status = ManagerStatus.Initializing;             将状态修改为 Initializing
}                                                  而不是 Started

public void OnXMLDataLoaded(string data) {         一旦数据被加载，
  Debug.Log(data);                                 则回调方法

  status = ManagerStatus.Started;
}
...
```

管理器代码主要有三处修改：启动协程以从互联网下载数据；设置不同的启动状态；定义回调方法以接收响应。

启动协程很简单。协程蕴含的大多数复杂操作已经在 NetworkService 中处理了，因此只需要调用 StartCoroutine()。接着设置不同的启动状态，因为管理器还没有完成初始化，它需要在启动完成前从互联网接收数据。

警告 通常使用 StartCoroutine()启动联网方法，一般不直接调用方法。这点很容易忘记，因为在协程外创建请求对象不会产生任何编译错误。

调用 StartCoroutine()方法时，需要调用用作参数的方法。也就是说，要真正输入圆括号()而不只是函数名。在本例中，协程方法需要一个回调函数作为它的参数，因此要定义回调函数。接下来使用 OnXMLDataLoaded()作为回调函数。注意，这个方法

有一个字符串参数，它和 NetworkService 中声明的 Action<string>相符。回调函数现在还没有发挥作用，Debug 那一行简单地将接收的数据输出到 Console 视图，以验证数据是否正确接收。接着 OnXMLDataLoaded()函数的最后一行改变了管理器的启动状态，以表示它已完全启动。

单击 Play 运行代码。假定有稳定的网络连接，就会在 Console 视图中显示一串数据。该数据是一个很长的字符串，但该字符串将以特定方式格式化以便我们使用。

10.2.2　解析 XML

以长字符串形式存在的数据，通常在字符串中嵌入了特定信息。可以通过解析字符串提取那些信息。

定义　解析意味着分析一串数据，把它们分解为独立的信息块。

为了解析字符串，需要以一种方式格式化数据，允许用户(或解析代码)识别独立的数据块。在互联网上传输数据有一些标准的常用格式，最常用的标准格式为 XML。

定义　XML 是 Extensible Markup Language(可扩展标记语言)的缩写。它是以结构化方式编码文档的一系列规则，类似 HTML 网页。

幸运的是，Unity(或 Mono，Unity 内置的代码框架)提供了解析 XML 的功能。我们请求的天气数据格式为 XML，因此我们要向 WeatherManager 添加代码以解析返回的数据并提取多云信息。将 URL 输入到 Web 浏览器中，观察返回的代码。返回的代码很多，但我们只关心包含类似<clouds value="40" name="scattered clouds"/>的节点。

除了添加代码解析 XML 外，还将与第 7 章一样使用消息系统(messenger system)。因为下载和解析天气数据后，仍然需要通知场景。创建称为 Messenger 的脚本并将相关代码(详见链接[7])粘贴到脚本中。

接着需要创建一个称为 GameEvent(如代码清单 10.7 所示)的脚本。如第 7 章所述，这个消息系统为剩余代码的事件通信提供了一种解耦方式。

代码清单 10.7　GameEvent 代码

```
public static class GameEvent {
    public const string WEATHER_UPDATED = "WEATHER_UPDATED";
}
```

一旦准备好了消息系统，就按照代码清单 10.8 所示调整 WeatherManager。

代码清单 10.8 在 WeatherManager 中解析 XML

```
using System;                          确保添加了需要的
using System.Xml;                      using 语句
...
public float cloudValue {get; private set;}    多云值对外只读,
...                                             内部可以修改
public void OnXMLDataLoaded(string data) {
  XmlDocument doc = new XmlDocument();       将 XML 解析为一
  doc.LoadXml(data);                         个可搜索的结构
  XmlNode root = doc.DocumentElement;

  XmlNode node = root.SelectSingleNode("clouds");    从数据中获取
  string value = node.Attributes["value"].Value;     一个节点
  cloudValue = Convert.ToInt32(value) / 100f;
  Debug.Log($"Value: {cloudValue}");          将值转换为 0～1
                                              的浮点数
  Messenger.Broadcast(GameEvent.WEATHER_UPDATED);
                                              广播消息,
  status = ManagerStatus.Started;             通知其他脚本
}
...
```

可以看到,最重要的改变位于 OnXMLDataLoaded()中。之前这个方法简单地将数据记录到 Console 视图,以验证数据被正确接收。这个代码清单添加了很多用于解析 XML 的代码。

首先创建一个新的空 XML 文档,该文档是一个空容器,可以使用所解析的 XML 结构填充它。下一行代码将数据字符串解析为 XML 文档中包含的结构。接着从 XML 树的根节点开始搜索,以便后续的代码可以搜索到整个 XML 树,找到所有数据。

此时可以在 XML 结构中搜索节点,以获取需要的信息。在本例中,<clouds>是我们唯一感兴趣的节点。首先在 XML 文档中找到该节点,接着从该节点中提取 value 属性。该数据将 cloud 值定义为 0～100 的整数,但我们需要把它调整为 0～1 的浮点数,以便于后面调整场景。进行这一步转换只需要向代码中添加一个简单的数学函数。

最后,在从完整的数据中提取出多云的值之后,广播一个消息,说明天气数据已更新。虽然目前没有监听这个消息的监听器,但广播者不需要了解任何与监听器相关的信息(实际上,这是解耦消息系统的要点)。稍后,我们将为场景添加一个监听器。

前面编写了解析 XML 数据的代码!但在将这些值应用到可视化场景之前,先介绍另一种数据传输选项。

10.2.3 解析 JSON

在继续该项目的下一步之前,先探讨另一种传输数据的格式。XML 是互联网中一种较为通用的数据传输格式,另一种通用格式是 JSON。

定义　JSON 是 JavaScript Object Notation 的缩写。与 XML 的目标类似，JSON 被设计为轻量级的格式。尽管 JSON 的语法源于 JavaScript，但这种格式是没有限定语言的，实际上它可用于不同种类的编程语言。

与 XML 不同，Mono 没有包含这种格式的解析器。幸运的是，有许多好的 JSON 解析器可用。Unity 本身提供了一个 JsonUtility 类，而外部选项包括来自 Newtonsoft 的 Json.NET。我的游戏通常使用 Json.NET，因为 Newtonsoft 的库在 Unity 之外的整个.NET 生态系统中被广泛使用。它可以使用 Unity 的新 Package Manager 系统安装，在示例项目中就是这样安装的。

警告　Unity 已多次打包过 Json.NET，本书使用了来自 jilleJr 的包。然而，最近 Unity 将 Json.NET 打包为 com.unity.nuget.newtonsoft-json，并将其用作其他包的依赖项。因此，如果已安装了其他软件包之一(如 Version Control)，那么你的项目中已有 Json.NET，试图第二次安装 Json.NET 将导致错误。最简单的检查方法是在 Project 视图中展开 Packages 文件夹(Assets 文件夹下)并查找 Newtonsoft Json。

GitHub 页面(见链接[8])上有很多关于如何安装的介绍，并且 *Installation via Pure UPM* 一文解释了我们需要的步骤。如第 1 章所述， Unity Package Manager (UPM) 最容易与 Unity 自身制作的包一起使用。然而，UPM 也越来越受到外部包作者的支持;例如第 4 章提到的 glTF 包就是这样安装的。当 Unity 制作的包被列在 Package Manager 窗口中，并且可供选择时，那么外部创建的包就需要调整 Manifest 文件来进行安装。

如 GitHub 页面所述，导航到电脑上的 Unity 项目文件夹，打开其中的 Packages 文件夹，然后在任何文本编辑器中打开 manifest.json。GitHub 上的安装文档列出了要粘贴到包清单中的所有文本，所以粘贴即可。安装一个包总是需要在 dependencies 块中添加一个条目。此外，一些包(例如，JSON 库)也有 scopedregistry 供你添加。最后，返回 Unity，花点时间来下载新包。

现在可以使用这个库来解析 JSON 数据。我们一直是从 OpenWeather API 获取 XML，但实际上 OpenWeather 也可以发送 JSON 格式的数据。为此，修改 NetworkService 以请求 JSON，如代码清单 10.9 所示。

代码清单 10.9　使 NetworkService 请求 JSON 而不是请求 XML

```
...                                    此处的 URL
private const string jsonApi = ◄──┐  稍微有点不同
"http://api.openweathermap.org/data/2.5/weather?q=Chicago,us&appid=APIKEY";
...
public IEnumerator GetWeatherJSON(Action<string> callback) {
```

```
        return CallAPI(jsonApi, callback);
    }
    ...
```

上面的代码类似于下载 XML 数据的代码，只是 URL 有点不同。这个请求返回的数据与请求 XML 返回的值一样，但格式不同。这次需要查找类似"clouds":{" all":40}的块。

这次不需要一大堆额外的代码，因为我们已将请求代码封装到独立的函数中，这样以后每个 HTTP 请求都将很容易添加。很好！现在修改 WeatherManager，请求 JSON 数据而不是请求 XML(如代码清单 10.10 所示)。

代码清单 10.10　修改 WeatherManager，请求 JSON

```
...
using Newtonsoft.Json.Linq;          ◄── 确保添加所需
...                                        的 using 语句
public void Startup(NetworkService service) {
  Debug.Log("Weather manager starting...");

  network = service;                                          改变的
  StartCoroutine(network.GetWeatherJSON(OnJSONDataLoaded)); ◄── 网络请求

  status = ManagerStatus.Initializing;
}
...                                           不使用自定义的 XML 容器，而是解析到
public void OnJSONDataLoaded(string data) {   JSON 对象中
  JObject root = JObject.Parse(data);      ◄──

  JToken clouds = root["clouds"];
  cloudValue = (float)clouds["all"] / 100f;       语法已经改变，
  Debug.Log($"Value: {cloudValue}");              但这些代码的
                                                  作用依然相同
  Messenger.Broadcast(GameEvent.WEATHER_UPDATED);

  status = ManagerStatus.Started;
}
...
```

可以看出，使用 JSON 的代码看起来和使用 XML 的代码很类似。唯一真正的区别是数据被解析为 JSON 对象，而不是 XML 文档容器。

注意　Json.NET 提供了多种解析数据的方法，这里使用的替代方法称为 JSON Linq。这种替代方法不需要太多的设置，这对于像这样的小示例来说很方便。然而，主要的方法仍需要先创建一个新类，其中包含反映 JSON 数据结构的字段。然后，数据使用 JsonConvert.DeserializeObject 命令填充这个类。

定义　反序列化和解析基本上意思相同，只是暗示着代码对象是通过数据创建的。它
　　　是与序列化相反的操作，意味着将代码对象编码为一种能传输和存储的格式，
　　　如 JSON 字符串。

　　除了语法不同，所有步骤都一样。即从数据块中提取值(出于某些原因，此时的值
称为 all，但那只是 API 的习惯)，通过简单的数学运算将值转换为 0～1 的浮点数，然
后广播更新的消息。完成上述操作后，现在将值应用到可视化场景中。

10.2.4　基于天气数据更新场景

　　不管数据具体是如何格式化的，一旦从响应数据中提取出多云值，就可以在
WeatherController 的 SetOvercast()方法中使用该值。不管是使用 XML 还是 JSON，数
据字符串最终都会被解析为一系列单词和数字。SetOvercast()方法采用数字作为参数。
在 9.1.2 节中，我们使用了一个逐帧递增的数字，但我们也可以很方便地使用由天气
API 返回的数字。代码清单 10.11 展示了修改后的 WeatherController 脚本的完整代码。

代码清单 10.11　对所下载的天气数据进行响应的 WeatherController

```
using System.Collections;
using System.Collections.Generic;
using UnityEngine;

public class WeatherController : MonoBehaviour {
  [SerializeField] Material sky;
  [SerializeField] Light sun;

  private float fullIntensity;

  void OnEnable() {                                    ← 添加/移除事件监听器
    Messenger.AddListener(GameEvent.WEATHER_UPDATED, OnWeatherUpdated);
  }
  void OnDisable() {
    Messenger.RemoveListener(GameEvent.WEATHER_UPDATED, OnWeatherUpdated);
  }

  void Start() {
    fullIntensity = sun.intensity;
  }

  private void OnWeatherUpdated() {                    ← 使用 WeatherManager 的多云值
    SetOvercast(Managers.Weather.cloudValue);
  }

  private void SetOvercast(float value) {
    sky.SetFloat("_Blend", value);
    sun.intensity = fullIntensity - (fullIntensity * value);
  }
}
```

注意，此处的修改不仅添加了一些代码，还移除了一些测试代码。具体而言，移除了由每帧递增的本地多云值，现在已不再需要该值了，因为后面将使用从WeatherManager中返回的值。

在OnEnable()/OnDisable()中分别添加和删除监听器(OnEnable()和OnDisable()是唤醒或移除对象时调用的两个MonoBehaviour函数)。监听器是广播消息系统的一部分，当收到消息时调用OnWeatherUpdated()。OnWeatherUpdated()从WeatherManager中获取多云值，并使用该值调用SetOvercast()。通过这种方式，场景的外观由下载的天气数据控制。

现在运行场景，天空会根据天气数据的多云值而变化。你可能会发现请求天气数据要花费一些时间。因此，在真正的游戏中，可以将更新缓慢的场景隐藏在一个加载界面之后，直到天空更新完成。

HTTP以外的游戏网络

虽然HTTP请求是健壮、可靠的，但对于大多数游戏而言，发送请求和接收响应之间的延迟可能有些长。因此HTTP请求是向服务器发送相对缓慢的消息的好方法(例如，在回合制游戏中玩家轮流移动或提交游戏高分等)，但类似多人FPS的游戏则需要不同的联网方法。

这些方法涉及各种通信技术，也包括延迟补偿技术。例如，Unity为多人游戏提供了一个API，称为MLAPI，其他选项还包括Mirror或Photon。

联网动作游戏的前沿是一个复杂的主题，它超出了本书的讨论范围。更多信息可以访问Unity Multiplayer Networking站点(见链接[9])。

现在知道了如何从互联网获取数字和字符串数据，接下来对图像做相同的处理。

10.3 添加网络布告栏

尽管来自Web API的响应通常是XML或JSON格式的文本字符串，还有很多其他类型的数据通过互联网传输，最常见的被请求的数据类型是图像。UnityWebRequest对象也可以用于下载图像。

要完成这个任务，需要创建一个布告栏，用于显示从互联网下载的图像。需要分两个步骤进行编码：下载用于显示的图像，将图像应用到布告栏对象。第三步是改善代码，保存图像，以用于多个布告板。

10.3.1 从互联网加载图像

首先，编写代码来下载图像。接下来下载一些公共领域的风景图像(如图10.5所示)以进行测试。下载的图像还不会显示在布告栏上，下一节会介绍显示图像的脚本，但现在先准备好获取图像的代码。

下载图像和下载数据的代码架构看起来很类似。我们使用一个新的管理器模块(称为 ImagesManager)来控制要显示的下载图像。同样，连接到互联网并发送 HTTP 请求的细节由 NetworkService 处理，而 ImagesManager 将调用 NetworkService 来下载所需的图像。

图 10.5　加拿大班夫国家公园的梦莲湖图像

添加的第一处代码在 NetworkService 中。代码清单 10.12 将下载图像的代码添加到脚本中。

代码清单 10.12　在 NetworkService 中下载图像

```
...
private const string webImage =          将这个 const 和其他
                                         URL 放在顶部
"http://upload.wikimedia.org/wikipedia/commons/c/c5/Moraine_Lake_17092005.jpg";
...                                     这个回调使用 Texture2D 而不是字符串
public IEnumerator DownloadImage(Action<Texture2D> callback) {
    UnityWebRequest request = UnityWebRequestTexture.GetTexture(webImage);
    yield return request.SendWebRequest();
    callback(DownloadHandlerTexture.GetContent(request));
}                                       使用 DownloadHandler
...                                     工具获得下载的图像
```

下载图像的代码看起来和下载数据的代码几乎相同。主要区别在于回调方法的类型。注意，回调方法这次使用的是 Texture2D 参数，而不是字符串。这是因为我们回传了相关响应：之前下载的是字符串数据，而现在下载的是图像。代码清单 10.13 包含了新 ImagesManager 的代码。创建一个新脚本，并输入此代码。

代码清单 10.13 创建 ImagesManager，用于获取并存储图像

```
using System;
using System.Collections;
using System.Collections.Generic;
using UnityEngine;

public class ImagesManager : MonoBehaviour, IGameManager {
  public ManagerStatus status {get; private set;}

  private NetworkService network;

  private Texture2D webImage;            ← 用于存储所下
                                           载图像的变量

  public void Startup(NetworkService service) {
    Debug.Log("Images manager starting...");

    network = service;

    status = ManagerStatus.Started;
  }

  public void GetWebImage(Action<Texture2D> callback) {
    if (webImage == null) {                           ┐检查图像是
      StartCoroutine(network.DownloadImage(callback)); ┘否已经存储
    }
    else {
      callback(webImage);      ← 如果图像已经存储，立刻
    }                            调用回调(不是下载)
  }
}
```

这段代码最有趣的部分是 GetWebImage()，该脚本中的其他部分由标准属性和实现管理器界面的方法组成。当调用 GetWebImage()时，它返回(通过回调函数)Web 图像。首先它将检查 webImage 是否有存储的图像。如果没有，就进行网络调用，下载图像，否则 GetWebImage()将返回存储的图像(而不是重新下载图像)。

注意 目前，下载的图像并未存储，这意味着 webImage 将一直为空。代码中已经指定了当 webImage 不为空时该如何处理，因此接下来的部分将调整代码，以存储图像。调整代码之所以单独放在一节中讲解，是因为它包含了一些代码技巧。

当然，就像所有管理器模块一样，需要将 ImagesManager 添加到 Managers 中。代码清单 10.14 展示了具体内容。

代码清单 10.14　将新的管理器添加到 Managers 中

```
...
[RequireComponent(typeof(ImagesManager))]
...
public static ImagesManager Images {get; private set;}
...
void Awake() {
  Weather = GetComponent<WeatherManager>();
  Images = GetComponent<ImagesManager>();

  startSequence = new List<IGameManager>();
  startSequence.Add(Weather);
  startSequence.Add(Images);

  StartCoroutine(StartupManagers());
}
...
```

与 WeatherManager 的设置不同，ImagesManager 中的 GetWebImage()在启动时不会自动调用，而是会一直等待直到被调用。下一节将对此进行介绍。

10.3.2　在布告栏上显示图像

刚刚编写的 ImagesManager 在调用前不会执行任何操作，因此现在创建一个布告栏对象，并调用 ImagesManager 中的方法。首先创建一个新的立方体，把它放在场景的中间，例如，Position 为(0, 1.5, −5)，Scale 为(5, 3, 0.5)，如图 10.6 所示。

不带图像的布告栏

带有下载图像的布告栏

图 10.6　显示下载图像之前和之后的布告栏对象对比

接下来创建一个像第 9 章中的变色显示器一样运行的设备。复制 DeviceOperator 脚本，将它放到玩家上。如前所述，在按下 C 按键时，脚本将操作附近的设备。另外，为布告栏设备创建一个名为 WebLoadingBillboard 的脚本，将该脚本添加到布告栏对象上，并输入代码清单 10.15 所示的代码。

代码清单 10.15 WebLoadingBillboard 设备脚本

```
using System.Collections;
using System.Collections.Generic;
using UnityEngine;

public class WebLoadingBillboard : MonoBehaviour {        调用 ImagesManager 中
  public void Operate() {                                 的方法
    Managers.Images.GetWebImage(OnWebImage);      ◄
  }

  private void OnWebImage(Texture2D image) {
    GetComponent<Renderer>().material.mainTexture = image;   ◄   在回调中将已经
  }                                                                下载的图像应用
}                                                                  到材质上
```

这段代码完成了两个主要操作：当设备运行时调用 ImagesManager.GetWebImage()，并应用来自回调函数的图像。由于贴图被应用到材质上，因此可以更改布告栏中材质的贴图。图 10.6 展示了在游戏运行后显示的布告栏。

> **AssetBundles：如何下载其他类型的资源**
>
> 使用 UnityWebRequest 下载图像相当简单，但如何下载其他类型的资源(例如，网格对象和预制体)呢？UnityWebRequest 有用于文本和图像的属性，但使用它下载其他资源会比较复杂。
>
> Unity 可以通过 AssetBundles 机制下载任何类型的资源。简而言之，就是首先将一些资源打包，接着 Unity 就可以在下载该包后解压缩资源。创建和下载 AssetBundles 的内容超出了本书的讨论范围。如果想学习更多相关知识，可先阅读 Unity 手册(详见链接[10]和链接[11])。

太好了，下载的图像已经显示在布告栏上！可以对这段代码进一步优化，以便用于多个布告栏。下节将进行具体优化。

10.3.3 缓存下载的图像以供重用

如 10.3.1 节所述，ImagesManager 还没有保存所下载的图像。这意味着该图像需要重复下载才能用于多个布告栏。这比较低效，因为每次显示的都是相同的图像。为优化这一点，接下来调整 ImagesManager，缓存已下载的图像。

定义 缓存(Cache)的意思是本地储存，它的最常见(但并非唯一)用途是保存来自互联网的文件(如图像)。

关键是要在 ImagesManager 中提供一个回调函数，先保存图像，接着从 WebLoad

ingBillboard 调用该回调函数。这有些棘手(与当前代码直接使用 WebLoadingBillboard 的回调相反),因为代码事先不知道 WebLoadingBillboard 的回调是什么。换言之,无法在 ImagesManager 中编写一个方法,使之调用 WebLoadingBillboard 中的特定方法,因为代码不知道要调用的具体是哪个方法。解决这个难题的做法是使用 lambda 函数。

定义 lambda 函数(也称为匿名函数)是指没有名称的函数。这种函数通常在其他函数中临时创建。

　　lambda 函数是一个棘手的代码特性,很多编程语言都支持它,包括 C#。通过为 ImagesManager 中的回调使用 lambda 函数,代码可以临时创建回调函数,使用从 WebLoadingBillboard 中传入的方法。代码不需要提前知道调用的是什么方法,因为这个 lambda 函数事先并不存在!代码清单 10.16 展示了如何在 ImagesManager 中实现这个技巧。

代码清单 10.16　ImagesManager 中用于回调的 lambda 函数

```
using System;
...
public void GetWebImage(Action<Texture2D> callback) {
  if (webImage == null) {
    StartCoroutine(network.DownloadImage((Texture2D image) => {
      webImage = image;          ← 存储已下载的图像
      callback(webImage);        ← 回调函数在 lambda 函数中使用,
    }));                           而不是直接发送到 NetworkService
  }
  else {
    callback(webImage);
  }
}
...
```

　　我们主要对传给 NetworkService.DownloadImage()的函数做了修改。之前代码传入的是和 WebLoadingBillboard 方法中一样的回调函数。修改后,发送到 NetworkService 的回调函数是当场声明的单独 lambda 函数,它调用了 WebLoadingBillboard 中的方法。注意,声明 lambda 方法的语法为: ()=>{}。

　　使回调成为一个单独的函数,这样除了调用 WebLoadingBillboard 中的方法之外,它还可以执行其他操作。具体而言,lambda 函数也保存了已下载图像的本地副本。因此 GetWebImage()只是在首次调用时下载图像,所有后续调用将使用本地保存的图像。

　　因为这个优化是针对后续调用的,所以只能在多个布告栏中观察到效果。接下来复制布告栏对象,以便在场景中拥有第二块布告栏。选择布告栏对象,单击 Duplicate(位于 Edit 菜单或者右击菜单中),并移开所复制的布告栏(例如,将 X 位置修改为 18)。

现在运行游戏，观察发生了什么。当操作第一个布告栏时，会注意到当从互联网下载图像时，游戏有显著的停顿。接着移到第二块布告栏时，图像将立刻出现，因为它已经下载过了。

这是对于下载图像的一个重要优化(这正是 Web 浏览器默认缓存图像的原因)。还有一个更主要的网络任务需要了解：将数据发送到服务器。

10.4　将数据发送到 Web 服务器

前面介绍了多个下载数据的示例，但仍需要编写一个发送数据的示例。这需要你拥有可用来发请求的服务器，因此这部分的内容是可选的。但下载开源软件并设置用于测试的服务器很容易实现。

推荐将 XAMPP 用作测试服务器。首先下载 XAMPP(见链接[12])，并按照安装说明进行安装(在 macOS 上，需要将.bz2 重命名为.dmg)。安装完成并且服务器运行后，你可以像访问互联网的服务器一样，通过 http://localhost/地址访问 XAMPP 的 htdocs 文件夹。设置好 XAMPP 并成功运行后，就在 htdocs 中创建名为 uia 的文件夹，用于放置服务器端脚本。

不管是使用 XAMPP 还是使用已有的 Web 服务器，本节的任务都是当玩家到达场景中的检查点时，将天气数据发送到服务器。这个检查点是一个触发空间，类似于第 9 章的门触发器。需要创建一个新的立方体对象，将该对象定位于场景的另一侧，将碰撞器设置为 Trigger，并如前面章节所示为该对象应用半透明材质(记住，要设置材质的 Rendering Mode)。一个应用了绿色半透明材质的检查点对象如图 10.7 所示。

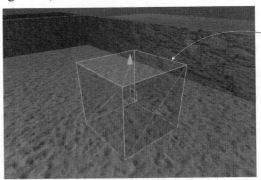

触发器空间：半透明材质的盒子

图 10.7　触发数据传输的检查点对象

现在触发器对象已经在场景中，接下来编写它调用的代码。

10.4.1　跟踪当前的天气：发送 post 请求

检查点对象调用的代码将嵌套很多脚本。和下载数据的代码一样，发送数据的代码将包含通知 NetworkService 创建请求的 WeatherManager，和处理 HTTP 通信细节的 NetworkService。代码清单 10.17 展示了需要对 NetworkService 做调整的地方。

代码清单 10.17　调整 NetworkService 以发送数据

服务器端脚本的地址，
可以根据需要进行修改
为 CallAPI() 形参添加实参

```csharp
...
private const string localApi = "http://localhost/uia/api.php";
...
private IEnumerator CallAPI(string url, WWWForm form, Action<string>
    callback) {
 using (UnityWebRequest request = (form == null) ?
    UnityWebRequest.Get(url) : UnityWebRequest.Post(url, form)) {

    yield return request.SendWebRequest();

    if (request.result == UnityWebRequest.Result.ConnectionError) {
      Debug.LogError($"network problem: {request.error}");
    } else if (request.result == UnityWebRequest.Result.ProtocolError) {
      Debug.LogError($"response error: {request.responseCode}");
    } else {
      callback(request.downloadHandler.text);
    }
  }
}

public IEnumerator GetWeatherXML(Action<string> callback) {
  return CallAPI(xmlApi, null, callback);
}
public IEnumerator GetWeatherJSON(Action<string> callback) {
  return CallAPI(jsonApi, null, callback);
}

public IEnumerator LogWeather(string name, float cloudValue, Action<string>
    callback) {
  WWWForm form = new WWWForm();
  form.AddField("message", name);
  form.AddField("cloud_value", cloudValue.ToString());
  form.AddField("timestamp", DateTime.UtcNow.Ticks.ToString());

  return CallAPI(localApi, form, callback);
}
...
```

使用 WWWForm 执行 POST，或者直接执行 GET

由于修改了形参，因此也修改调用

定义了一个需要发送值的表单

和多云值一起发送时间戳

首先，注意 CallAPI() 有一个新形参。这是一个 WWWForm 对象，是与 HTTP 请求一起发送的一系列值。代码中有一个条件，使用 WWWForm 对象来更改创建的请求。通常我们希望发送 GET 请求，但是 WWWForm 把它更改为 POST 请求，用于发送数据。针对这个主要修改，代码中的其他部分也进行了更改(例如，修改 GetWeather 代码，因为 CallAPI()形参变了)。代码清单 10.18 展示了需要在 WeatherManager 中添加的内容。

代码清单 10.18　将发送数据的代码添加到 WeatherManager 中

```
...
public void LogWeather(string name) {
  StartCoroutine(network.LogWeather(name, cloudValue, OnLogged));
}
private void OnLogged(string response) {
  Debug.Log(response);
}
...
```

最后，将检查点脚本添加到场景中的触发器空间来使用这段代码。创建一个名为 CheckpointTrigger 的脚本，将脚本添加到触发器空间上，并输入代码清单 10.19 所示的内容。

代码清单 10.19　用于触发器空间的 CheckpointTrigger 脚本

```
using System.Collections;
using System.Collections.Generic;
using UnityEngine;

public class CheckpointTrigger : MonoBehaviour {
  public string identifier;

  private bool triggered;          如果检查点已被触发，则跟踪它

  void OnTriggerEnter(Collider other) {
    if (triggered) {return;}

    Managers.Weather.LogWeather(identifier);   调用以发送数据
    triggered = true;
  }
}
```

在 Inspector 面板中会出现一个标识符槽，将它命名为 checkpoint1。运行代码，进入检查点时，数据会发送出去。不过，响应会指示出现了一个错误，这是因为还没有编写服务器接收请求的脚本。本节的最后部分将编写该脚本。

10.4.2　PHP 中的服务器端代码

服务器端需要有脚本来接收从游戏发送的数据。编写服务器端脚本超出了本书的讨论范围，因此这里不详细描述。在此仅快速编写一个 PHP 脚本，因为这是最容易的方式。在 htdocs 中(或者 Web 服务器所在的任何位置)创建一个文本文件，并命名为

api.php(见代码清单 10.20)。

代码清单 10.20　使用 PHP 编写的接收数据的服务器脚本

```php
<?php

$message = $_POST['message'];        将 post 数据
$cloudiness = $_POST['cloud_value'];  解压缩到变量中
$timestamp = $_POST['timestamp'];
$combined = $message." cloudiness=".$cloudiness." time=".$timestamp."\n";

$filename = "data.txt";     定义要写入的文件名
file_put_contents($filename, $combined, FILE_APPEND | LOCK_EX);
                                                              写入
echo "Logged";                                                文件

?>
```

注意，这个脚本将接收到的数据写入 data.txt，因此也需要在服务器上放置一个 data.txt 文本文件。一旦 api.php 准备就绪，当触发游戏中的检查点时，天气日志就出现在 data.txt 文件中。太棒了!

10.5　小结

- 天空盒用于在所有对象背后渲染天空视觉效果。
- Unity 提供了 UnityWebRequest，用于下载数据。
- XML 和 JSON 等通用数据格式很容易解析。
- 材质可显示从互联网下载的图像。
- UnityWebRequest 可将数据发送到 Web 服务器。

第11章

播放音频：音效和音乐

本章涵盖：
- 为不同音效导入并播放音频剪辑
- 将 2D 音效用于 UI，3D 音效用于场景
- 当播放音效时调整所有音效的音量
- 运行游戏时播放背景音乐
- 在不同的背景曲调之间淡入淡出

在电子游戏中，尽管图形最受关注，但音频也很重要。大多数游戏都会播放背景音乐和音效。因此 Unity 也提供了音频功能，以便在游戏中播放背景音乐和音效。Unity 可以导入和播放各种不同格式的音频文件，调整音量，甚至处理场景中特定位置的音效。

注意 对于 2D 和 3D 游戏，音频处理方式都是相同的。尽管本章中的示例项目是一个 3D 游戏，但本章的所有内容都适用于 2D 游戏。

本章从音效而不是音乐开始介绍。音效是比较短的声音剪辑，它在游戏中随着动作播放(例如当玩家开枪时播放枪击声)。然而对于音乐，声音剪辑比较长(通常运行几分钟)，且其回放与游戏中的事件没有直接关系。最终，两者虽然都是音频文件，回放代码也相同，但音乐声音文件通常比音效声音剪辑更大(实际上，音乐文件通常是游戏中最大的文件)。

本章完整的路线图将会从一个没有声音的游戏开始，完成如下工作：

(1) 导入音效的音频文件。

(2) 为敌人和射击播放音效。

(3) 编写一个音频管理器用于控制音量。

(4) 优化音乐的加载。

(5) 分别控制音乐和音效的音量，包括淡入淡出轨道。

注意 本章很大程度上独立于前面构建的项目，只是简单地将上述音乐特性添加到已有的游戏示例中。本章的所有示例均构建在第 3 章创建的 FPS 之上，可以下载该示例项目，也可以使用自己喜欢的任何游戏示例。

将已有的游戏示例复制到本章后，就可以开始处理第一步了：导入音效。

11.1　导入音效

在播放任何音效之前，很明显，需要将音效文件导入 Unity 项目中。首先以所需的文件格式收集音效剪辑，接着将文件导入 Unity 中并根据需要调整它们。

11.1.1　支持的文件格式

与第 4 章的美术资源相同，Unity 支持不同类型的各具优缺点的音频格式。表 11.1 列出了 Unity 支持的音频文件格式。

表 11.1　Unity 支持的音频文件格式

文 件 类 型	优　缺　点
WAV	Windows 上默认的音频格式。未压缩的声音文件
AIF	Mac 上默认的音频格式。未压缩的声音文件
MP3	压缩的声音文件；文件更小，但以牺牲一点质量为代价
OGG	压缩的声音文件；文件更小，但以牺牲一点质量为代价
MOD	音轨文件格式。专业类型的高效数字音乐
XM	音轨文件格式。专业类型的高效数字音乐

音频文件最主要的考量因素在于它采用的压缩方式。压缩能减小文件的大小，但是会丢失一些文件信息。音频压缩很聪明地丢弃了最不重要的信息，以便压缩后的声音听起来还不错。

然而，它还是会导致少量的质量损失，因此当声音剪辑比较短而且文件不大时，应该选择未压缩的音频。长声音剪辑(特别是音乐)应该使用已压缩的音频，否则，音频剪辑将会相当大。不过，Unity 为决定是否压缩提供了一个小便利。

提示　尽管音乐应在最终的游戏中被压缩，但 Unity 可以在导入文件之后就压缩音频。因此，在 Unity 中开发游戏时，通常选择使用未压缩的文件格式，甚至长音乐也如此，而不是导入已压缩的音频。

数字音频的工作原理

通常，音频文件保存声音播放时由扬声器创建的波形。声音是一系列的波，它们能通过空气传播，对于不同的声音，其声波的大小和频率各不相同。音频文件记录这些波时，会反复在短暂的时间间隔内进行采样，并保存每次采样时波的状态。

采样波记录得越频繁，就越能精确记录波形随时间变化的细节——两次改变之间的间隙也就越小。但更频繁地采样意味着有更多的数据需要保存，所得的文件也就越大。压缩的声音文件通过一系列技巧来减小文件的大小，包括丢弃不被听众注意的声音频率。

音轨是一种特殊类型的用于创建音乐的软件音序器。鉴于传统音乐文件保存声音的原始波形，音序器保存一些更类似于乐谱的信息：轨道文件是一系列注释，每个注释带有强度和音高等信息。这些注释组成波形，但减少了保存的数据总量，因为相同的注释在整个序列中重复使用。以这种方式合成的音乐会更高效，但这是一种相当专业的音频。

因为 Unity 在导入音频后会压缩音频，所以通常应该选择 WAV 或者 AIF 文件格式。短音效和长音乐可能需要分别调整导入设置(尤其是，告诉 Unity 什么时候应该应用压缩)，但原始文件通常是不压缩的。

创建声音文件有多种方式(附录 B 提到的 Audacity 工具可以记录从麦克风录制的声音)，但本例将从一个免费声音网站(详见链接[1])中下载一些声音，使用一些 WAV 文件格式的剪辑。

警告　"免费"声音的使用受各种许可的影响，因此应始终确保你可以使用这些声音剪辑。例如，很多免费声音只能用于非商业用途。

本示例项目将使用以下公共领域的音效(当然，可以选择下载自己的音效，请留心旁边列出的 0 许可)：

- "thump"由 hy96 制作
- "ding"由 Daphne_in_Wonderland 制作
- "swish bamboo pole"由 ra_gun 制作
- "fireplace"由 leosalom 制作

一旦有了游戏中需要的声音文件，下一步便是将这些声音文件导入 Unity。

11.1.2　导入音频文件

收集了一些音频文件后，需要将它们导入 Unity。如第 4 章中对美术资源的处理一样，必须先将音频资源导入 Unity 项目，才能在游戏中使用它们。

导入音频文件的机制很简单，和导入其他资源的机制相同：从计算机上文件所在的位置将它们拖到 Unity 的 Project 视图上(创建 Sound FX 文件夹，并将音频文件拖入其中)。就是这么简单！不过和其他资源一样，音频文件在 Inspector 面板中也有用于调整的导入设置(如图 11.1)。

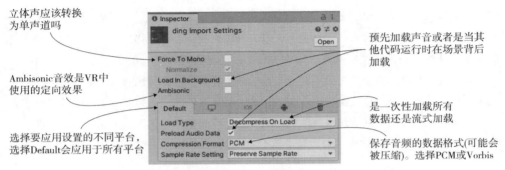

图 11.1　音频文件的导入设置

不要选中 Force To Mono 复选框，该复选框指的是单声道和立体声。通常声音都是以立体声记录的，立体声实际上在文件中记录了两个波形，一个用于左扬声器，一个用于右扬声器。为了减小文件尺寸，可以将音频信息减半，把相同的波形发送到两个扬声器，而不是将单独的波形发送到左右扬声器(还有一个 Normalize 设置，只有打开 Mono 才应用该设置，所以关闭 Mono 时它是灰显的)。

Force To Mono 的下方还有 Load In Background(后台加载)和 Preload Audio Data(预加载音频数据)复选框。预加载设置与平衡回放性能和内存使用相关。等待使用声音时，预加载音频会消耗内存，但可以避免等待加载。因此，不要预加载长音频剪辑，但要为短的声效打开该设置。

而后台加载音频设置将允许程序在音频加载时一直运行，这通常适合于长的音乐剪辑，可以使程序不会停滞。但这意味着音频不会立刻开始播放。通常，对于短音频剪辑，应该关闭这个设置，以确保它们能在播放前完全加载。因为导入的剪辑都是短的音效，所以应该关闭 Load In Background。

最后，最重要的设置是 Load Type 和 Compression Format。Compression Format 控制存储音频数据的格式。如前所述，音乐应该被压缩，本例中选择 Vorbits(一种压缩音频格式的名称)。短的声音剪辑不需要被压缩，因此为这些剪辑选择 PCM(Pulse Code Modulation，原始、采样声波的技术术语)。第三个设置 ADPCM，它是 PCM 的变体，偶尔能产生稍微好一点的音质。

　　Load Type 控制计算机加载文件中数据的方式。由于计算机的内存有限，而音频文件可能会比较大，因此有时想让音频播放的同时能流式传输到内存中，以避免计算机一次性将整个文件加载到内存中。但这样的处理在流式传输音频时会增加一点计算开销，因此当音频首次加载到内存后，音频的播放速度最快。即使那样，也可以选择音频数据是以压缩格式加载，还是因快速回放而不压缩。由于这些声音剪辑很短，因此它们不需要流式传输，且可以设置为 Decompress On Load。

　　最后一个选项是 Sample Rate Setting。保持 Preserve Sample Rate 不变，这样 Unity 就不会改变导入文件中的样本。此时，所有导入的音效已准备就绪。

11.2　播放音效

　　在项目中添加了一些声音文件后，接下来自然是播放这些声音。虽然触发音效的代码不难理解，但 Unity 中的音频系统确实有许多部分需要协同工作。

11.2.1　音频剪辑、音源和声音监听器

　　虽然在播放声音时，只需要简单地告诉 Unity 要播放哪个剪辑即可，但为了在 Unity 中播放声音，必须定义三个不同的部分：AudioClip、AudioSource 和 AudioListener。将声音系统分离为多个组件的原因与 Unity 对 3D 声音的支持有关：不同的组件向 Unity 提供用于处理 3D 声音的不同位置信息。

> **2D 和 3D 声音**
>
> 　　游戏中的声音可以是 2D 或 3D 的。2D 声音我们已熟悉，即正常播放的标准音频。"2D 声音"通常意味着"不是 3D 声音"。
>
> 　　3D 声音仅限于 3D 模拟，读者可能还不熟悉，3D 声音在模拟中有指定的位置。它们的音量和音高受到监听器移动的影响。例如，远处触发的音效听起来会很微弱。
>
> 　　Unity 支持各种类型的音频，你可以决定音源应该是播放 2D 声音还是 3D 声音。音乐之类的声音应该是 2D 声音，但为大多数音效使用 3D 声音将会在场景中创建能让人身临其境的音频。

　　作为类比，想象真实世界中的房间。房间有一套立体声系统正在播放 CD。如果有个人走进房间，他听得很清楚。当他离开房间时，他听的声音越来越轻，甚至最后听不到。类似地，如果在房间中移动立体声系统，随着系统的移动，音乐声音会发生变化。如图 11.2 所示，在这个类比中，CD 是 AudioClip，立体声系统是 AudioSource，

人是 AudioListener。

这三个不同部分中，第一种是 AudioClip。AudioClip 是我们在上一节导入的声音文件。原始波形数据是音频系统实现其他功能的基础，但音频剪辑本身不做任何操作。

第二种对象是 AudioSource。AudioSource 正是播放声音剪辑的对象。这是对音频系统实际功能的抽象，但它是一个有用的抽象，使 3D 声音更易于理解。3D 声音从指定的音源播放，该源有具体的位置。2D 声音也必须从音源播放，但位置无关紧要。

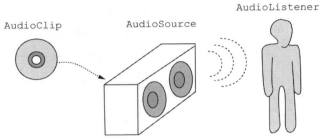

图 11.2　在 Unity 的音频系统中控制的三种对象

Unity 音频系统中包括的第三种对象是 AudioListener。顾名思义，这个对象听取音源投射的声音。这是音频系统所做的另一个抽象(显然，真正的听众是游戏的玩家!)，但——就像音源位置决定了声音投射的位置一样，音频监听器指定了它在哪个位置听取声音。

> **使用音频混合进行高级声音控制**
>
> 音频混合是 Unity 中采用的一种用于控制音频的高级替代方法。音频混合不是直接播放音频剪辑，而是允许处理音频信号，并将不同的效果应用到剪辑中。要学习更多关于 AudioMixer 的知识，可以查看 Unity 的文档，也可观看 Unity 教程视频(详见链接[2])。

尽管必须设定音频剪辑和 AudioSource 组件，但创建新场景时，AudioListener 组件已经在默认摄像机上。通常，需要通过 3D 音效来对观察者的位置做出响应。

11.2.2　设定循环播放的声音

现在，在 Unity 中设置第一个声音! 音频剪辑已经导入，而默认的摄像机有一个 AudioListener 组件，因此只需要设定一个 AudioSource 组件。接下来在 Enemy 预制体(即四处走动的敌人角色)上放置噼里啪啦的开火声。

注意　当敌人在开火时会发出声音，可以为它指定一个粒子系统，以便它看起来像是着火了。使用第 4 章中创建的粒子系统，将粒子对象变成一个预制体，并从 Asset 菜单中选择 Export Package。也可以重复第 4 章的步骤(双击 Enemy 预制体，打开它，并编辑它们，而不是编辑场景)，从头开始创建一个新的粒子对象。

通常，需要在场景中打开预制体来进行编辑，但要打开它，需要将组件添加到对象上，而无须双击预制体。选择 Enemy 预制体，使其属性出现在 Inspector 面板中。现在添加一个新组件：选择 Audio | Audio Source。这样，AudioSource 组件将出现在 Inspector 面板中。

告诉音源要播放哪个声音剪辑。将音频文件从 Project 视图拖到 Inspector 面板的 Audio Clip 槽上，本例使用"fireplace"音效(如图 11.3 所示)。

跳过一些设置，选中 Play On Awake 和 Loop(当然，要确保 Mute 没有被选中)。Play On Awake 告诉音源，在场景启动时开始播放声音(下一节将介绍如何在场景运行时手动触发声音)。Loop 告诉音源持续播放，当回放结束时重复播放声音剪辑。

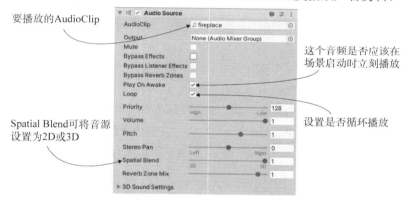

图 11.3　AudioSource 组件的设置

这个音源应播放 3D 声音。如前所述，3D 声音在场景中有具体的位置。音源使用 Spatial Blend 设置来调整该位置。这个设置是位于 2D 和 3D 间的一个滑动条。将这个音源设置为 3D。

现在运行游戏并确保打开扬声器。可以听到来自敌人的噼里啪啦的开火声，而且由于使用了 3D 音源，你走开时声音将变弱。

11.2.3　用代码触发音效

对于一些循环音效，将 AudioSource 组件设置为自动播放会很方便，但对于大多数音效，你需要通过代码命令来触发声音。这种方式依然要用到 AudioSource 组件，但现在 AudioSource 组件仅在程序告知时才会播放声音剪辑，而不是一直自动播放。

将 AudioSource 组件添加到玩家对象上(不是摄像机对象)。不必将特定的音频剪辑链接到组件上,因为音频剪辑将在代码中定义。可以关闭 Play On Awake,因为这个音源的声音将通过代码触发。同时,将 Spatial Blend 调整为 3D 音效,因为该声音位于场景中。

现在,在处理射击的 RayShooter 脚本中添加代码清单 11.1 中的内容。

代码清单 11.1　在 RayShooter 脚本中添加音效

```
...
[SerializeField] private AudioSource soundSource;
[SerializeField] private AudioClip hitWallSound;        ⎰引用了要播放的两个
[SerializeField] private AudioClip hitEnemySound;       ⎱声音文件
...
                                           如果目标不为 null,玩
if (target != null) {                      家击中敌人,因此……
  target.ReactToHit();                              调用 PlayOneShot()播放 Hit An
   soundSource.PlayOneShot(hitEnemySound);          Enemy 声音,或者……
} else {
  StartCoroutine(SphereIndicator(hit.point));        玩家未击中时,调用
   soundSource.PlayOneShot(hitWallSound);            PlayOneShot()播
}                                                    放 Hit A Wall 声音
...
```

新代码在脚本开头添加了一些序列化变量。将玩家对象(带有 AudioSource 组件的对象)拖到 Inspector 面板中的 soundSource 槽上。接着将要播放的音频剪辑拖到 sound 槽上。"swish"是击中墙壁的声音,而"ding"是击中敌人的声音。

另外添加的两行代码是 PlayOneShot()方法。该方法使音源播放给定的音频剪辑。在 target 条件中添加的那两个方法是为了在击中不同目标时播放不同的音效。

注意 可以在 AudioSource 中设置剪辑,并调用 Play()来播放剪辑。多个声音必须彼此分开,因此,我们使用 PlayOneShot()。用下面的代码替代 PlayOneShot(),并快速射击,看看有什么问题:

```
soundSource.clip = hitEnemySound; soundSource.Play();
```

运行游戏并四处射击。现在游戏中有了一些不同的音效。这些相同的步骤可用于所有类型的音效。然而,一个强大的游戏声音系统需要的不仅仅是一堆不连贯的声音,至少,所有游戏都应该提供音量控制。接下来通过一个中心音频模块来实现音量控制。

11.3　使用音频控制接口

继续前面章节建立的代码架构,接下来将创建一个 AudioManager。Managers 对象中

有游戏使用的不同代码模块的主列表，例如玩家仓库所用的管理器。此时，创建音频管理器，并添加到那个列表中。这个中心音频模块允许调节游戏中的音频音量甚至关闭它。最开始时将只考虑音效，但在后续章节中，还将扩展 AudioManager 以处理音乐。

11.3.1　建立中心 AudioManager

建立 AudioManager 的第一步是准备好 Managers 代码框架。复制第 10 章项目中的 IGameManager、ManagerStatus 和 NetworkService，这里不修改它们(记住，IGameManager 是所有管理器必须实现的接口，而 ManagerStatus 是由 IGameManager 使用的枚举。NetworkService 提供了对互联网的调用，而本章不会用到)。

> **注意**　Unity 可能会提示一个警告，因为设定了 NetworkService 却没有使用它。可以忽略 Unity 的警告，我们只是让代码框架具备访问互联网的功能，尽管本章并不需要该功能。

另外，还要复制 Managers 文件，接下来根据新的 AudioManager 调整它。现在先不处理它(或者如果轻微的编译错误让你抓狂，可以注释掉错误部分)。创建一个称为 AudioManager 的新脚本，该脚本可以由 Managers 代码引用(见代码清单 11.2)。

代码清单 11.2　AudioManager 的框架代码

```
using UnityEngine;
using System.Collections;
using System.Collections.Generic;

public class AudioManager : MonoBehaviour, IGameManager {
  public ManagerStatus status {get; private set;}

  private NetworkService network;

  // Add volume controls here (listing 11.4)

  public void Startup(NetworkService service) {
    Debug.Log("Audio manager starting...");

    _network = service;                              ◄── 在此执行任何长时
                                                          间运行的启动任务
    // Initialize music sources here (listing 11.11) ◄──
    status = ManagerStatus.Started;   ◄── 如果有长时间运行的启动任务，将状
  }                                         态设置为 Initializing
}
```

这段初始代码像之前章节中的管理器一样，它是 IGameManager 要求该类实现的最小代码量。现在可以使用新的管理器调整 Managers 脚本(见代码清单 11.3)。

代码清单 11.3 用 AudioManager 调整过的 Managers 脚本

```
using UnityEngine;
using System.Collections;
using System.Collections.Generic;

[RequireComponent(typeof(AudioManager))]

public class Managers : MonoBehaviour {
  public static AudioManager Audio {get; private set;}

  private List<IGameManager> _startSequence;

  void Awake() {
    Audio = GetComponent<AudioManager>();        ◄──  这个项目中只列出了 AudioManager，
                                                       并没有列出 PlayerManager 等
    _startSequence = new List<IGameManager>();
    _startSequence.Add(Audio);

    StartCoroutine(StartupManagers());
  }

  private IEnumerator StartupManagers() {
    NetworkService network = new NetworkService();

    foreach (IGameManager manager in _startSequence) {
      manager.Startup(network);
    }

    yield return null;

    int numModules = _startSequence.Count;
    int numReady = 0;

    while (numReady < numModules) {
      int lastReady = numReady;
      numReady = 0;

      foreach (IGameManager manager in _startSequence) {
        if (manager.status == ManagerStatus.Started) {
          numReady++;
        }
      }

      if (numReady > lastReady)
        Debug.Log("Progress: " + numReady + "/" + numModules);

      yield return null;
    }

    Debug.Log("All managers started up");
  }
}
```

如前面章节所述，在场景中创建 Game Managers 对象，并将 Managers 和 AudioManager 附加到这个空对象上。运行游戏，Console 视图中就显示了管理器的启动消息，但音频管理器还没有做任何操作。

11.3.2　音量控制 UI

完成 AudioManager 的基础设置后，就该为它添加音量控制功能了。随后，UI 显示会使用这些音量控制方法关闭音效或调整音量。

这里使用第 7 章介绍的 UI 工具。具体而言，需要创建一个带按钮和滑动条的弹出窗口来调整音量设置(如图 11.4 所示)。下面列出大概步骤，而不涉及细节，如果需要复习，请参考第 7 章。需要的话，在开始之前请安装好 TextMeshPro 和 2D Sprite 包(参考第 5 章和第 6 章)。

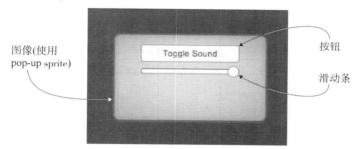

图 11.4　用于静音和音量控制的 UI 显示

(1) 将 popup.png 作为 sprite 导入(将 Texture Type 设置为 Sprite)。

(2) 在 Sprite Editor 中，将每条边设置为 12 像素的边框(记住应用修改)。

(3) 在场景中创建画布(GameObject | UI | Canvas)。

(4) 打开画布的 Pixel Perfect 设置。

(5) (可选)将对象命名为 HUD Canvas，并切换为 2D 视图模式。

(6) 创建一个连接到画布的图像(GameObject | UI | Image)。

(7) 将新对象命名为 Settings Popup。

(8) 将 popup sprite 分配给图像的 Source Image。

(9) 将 Image Type 设置为 Sliced 并打开 Fill Center。

(10) 将 pop-up 图像定位在(0, 0)，让它居中。

(11) 将 pop-up 缩放为 250 宽，150 高。

(12) 创建按钮(GameObject | UI | Button- TextMeshPro)。

(13) 使按钮的父节点为 pop-up(在 Hierarchy 中将按钮拖到 pop-up 上)。

(14) 将按钮定位在(0, 40)。

(15) 展开按钮的层级，以便选择它的文本标签。

(16) 将文本修改为 Toggle Sound。

(17) 创建滑动条(GameObject | UI | Slider)。

(18) 将滑动条的父节点设置为 pop-up 并定位在(0, 15)处。

(19) 将滑动条的 Value 设置为 1(在 Inspector 面板的底部)。

以上是创建弹出窗口的所有步骤！现在弹出窗口已经创建，接下来编写代码，使它可以运行。这需要编写用于 pop-up 对象的脚本，以及 pop-up 脚本调用的音量控制功能。首先根据代码清单 11.4 调整 AudioManager 的代码。

代码清单 11.4　在 AudioManager 中添加音量控制

```
...
public float soundVolume {                          带有 getter 和 setter 的
  get {return AudioListener.volume;}                音量属性
  set {AudioListener.volume = value;}
}                                                   使用 AudioListener
                                                    实现 getter/setter

public bool soundMute {                             为静音添加一个类似的属性
  get {return AudioListener.pause;}
  set {AudioListener.pause = value;}
}
                                                    斜体代码已经存在于脚本中，在
public void Startup(NetworkService service) {       此展示仅供参考
  Debug.Log("Audio manager starting...");

  _network = service;

  soundVolume = 1f;                                 初始化值(0 到 1；1
                                                    是满音量)
  status = ManagerStatus.Started;
}
...
```

将 soundVolume 和 soundMute 属性添加到 AudioManager 中。这两个属性的 get、set 函数使用 AudioListener 的全局值来实现。AudioListener 类可以调整所有 AudioListener 实例接收到的声音音量。设置 AudioManager 的 soundVolumn 属性与设置 AudioListener 的 volumn 属性有相同的效果。这里的优点在于封装：对音频的所有处理都通过一个管理器来处理，管理器外部的代码不需要了解实现的细节。

将这些方法添加到 AudioManager 后，就可以编写用于弹窗的脚本。创建一个称为 SettingsPopup 的脚本，并添加代码清单 11.5 中的内容。

```
using System.Collections;
using System.Collections.Generic;
using UnityEngine;

public class SettingsPopup : MonoBehaviour {

  public void OnSoundToggle() {                          ◄── 这个按钮将切换
    Managers.Audio.soundMute = !Managers.Audio.soundMute;     AudioManager 中的 mute 属性
  }

  public void OnSoundValue(float volume) {               ◄── 这个滑动条将调整 AudioManager 中
    Managers.Audio.soundVolume = volume;                     的 volume 属性
  }
}
```

该脚本中有两个方法会影响 AudioManager 的属性：OnSoundToggle()设置 sound Mute 属性，而 OnSoundValue()设置 soundVolume 属性。同往常一样，将 SettingsPopup 脚本拖到 UI 中的 Settings Popup 对象上来进行链接。

接着，为了调用按钮和滑动条上的函数，把 pop-up 对象链接到这些控件的交互事件上。在按钮的 Inspector 面板中，找到标签为 On Click 的面板。单击+按钮，为该事件添加一个新条目。将 Settings Popup 拖到这个新条目的对象槽上，然后在菜单中找到 SettingsPopup，选择 OnSoundToggle()使按钮调用该函数。

现在选择滑动条并链接一个函数，就像使用按钮所做的那样。首先查找滑动条设置面板中的交互事件，本例中的面板称为 OnValueChanged。单击+按钮添加一个新条目，接着将 Settings Popup 拖到该对象槽中。在函数菜单中找到 SettingsPopup 脚本，然后在 Dynamic Float 下选择 OnSoundValue()。

警告　记住，要在 Dynamic Float 下选择函数而不是在 Static Parameter 下选择！尽管一种方法在列表的两个部分中都会出现，但选择 Static Parameter 部分的方法只会收到一个提前输入的值(译者注：选择 Dynamic Float 部分的方法才会每次都收到最新的值)。

设置控件现在可以工作了，但还有另一个脚本需要处理：当前弹出窗口总是遮挡屏幕。一个简单的修复方法是让弹出窗口仅当按下 M 键时才打开。创建一个名为 UIController 的脚本，将该脚本关联到场景中的 Controller 对象上，并编写代码清单 11.6 所示的代码。

代码清单 11.6 切换弹出窗口设置的 UIController

```
using System.Collections;
using System.Collections.Generic;
using UnityEngine;

public class UIController : MonoBehaviour {          初始化弹出
  [SerializeField] SettingsPopup popup;             窗口为隐藏

  void Start() {                                     使用 M 键切换
    popup.gameObject.SetActive(false);             弹出窗口
  }
                                                    引用场景中的
  void Update() {                                   pop-up 对象
    if (Input.GetKeyDown(KeyCode.M)) {
      bool isShowing = popup.gameObject.activeSelf;
      popup.gameObject.SetActive(!isShowing);

      if (isShowing) {
        Cursor.lockState = CursorLockMode.Locked;
        Cursor.visible = false;
      } else {                                       随着弹出窗口
        Cursor.lockState = CursorLockMode.None;     一起切换光标
        Cursor.visible = true;
      }
    }
  }
}
```

为了连接该对象引用，将弹出窗口拖到脚本的对象槽上。运行并试着改变滑动条(记住，通过按下 M 键激活 UI)，同时四处开枪，听听声音效果，随着滑动条的移动，音效的音量也在改变。

11.3.3 播放 UI 声音

接下来为 AudioManager 添加另一个功能，允许单击按钮时播放 UI 声音。这个任务比最初看起来更复杂，因为 Unity 需要 AudioSource。当场景中的对象发出声音时，在哪里需要添加 AudioSource 是很明显的。但 UI 音效不是场景的一部分，因此要为 AudioManager 设置一个特殊的 AudioSource，在没有其他任何音源时使用。

创建一个空的 GameObject 并让它的父节点为主 Game Managers 对象。这个新对象将拥有一个由 AudioManager 使用的 AudioSource，因此把新对象命名为 Audio。将 AudioSource 组件添加到这个对象上(这次让 Spatial Blend 设置保持为 2D，因为 UI 在场景中没有任何明确的位置)，接着在 AudioManager 中添加代码清单 11.7 所示的代码，以使用这个音源。

代码清单 11.7 在 AudioManager 中播放音效

```
...
[SerializeField] private AudioSource soundSource;        ◄──── Inspector 面板中的
...                                                              变量槽，用于引用
public void PlaySound(AudioClip clip) {        ◄──── 播放没有其他      新的音源
  soundSource.PlayOneShot(clip);                     音源的声音
}
...
```

一个新的变量槽出现在管理器的 Inspector 中，将 Audio 对象拖到这个槽上。现在将 UI 音效添加到弹出脚本上(见代码清单 11.8)。

代码清单 11.8 将音效添加到 SettingsPopup 中

```
...
[SerializeField] private AudioClip sound;        ◄──── Inspector 中引用
...                                                      声音剪辑的对象槽
public void OnSoundToggle() {
  Managers.Audio.soundMute = !Managers.Audio.soundMute;
  Managers.Audio.PlaySound(sound);        ◄──── 当按下按钮时
}                                                播放音效
...
```

将 UI 音效拖到变量槽上，这里使用 2D 声音 "thump"。当按下 UI 按钮，该音效会同时播放(当然是在没有关闭声音时)。虽然 UI 本身没有任何音源，但 AudioManager 却有播放音效的音源。

建立了所有的音效后，现在开始关注音乐。

11.4 添加背景音乐

接下来将一些背景音乐添加到游戏中，为此要将音乐添加到 AudioManager 中。如本章引言所述，音乐剪辑和音效没有本质区别。数字音频的波形作用都相同，而且播放音频的命令大多也相同。主要区别在于音频长度，但此差异也会导致一些后果。

首先，音轨会消耗计算机的大量内存，必须对这种内存的消耗进行优化。必须注意内存方面的两个问题：一个是音乐过早地载入内存，一个是载入时消耗太多内存。

要优化音乐的载入时间，可以使用第 9 章介绍的 Resources.Load()命令。这个命令允许根据名称来加载资源，虽然它确实是一个方便的特性，但这并不是从 Resources 目录加载资源的唯一原因。另一个关键的考虑是延迟加载。通常当场景载入时，Unity 会立刻加载场景中的所有资源，但 Resources 中的资源直到代码主动获取它们时才会加载。在这种情况下，我们希望懒加载音乐的音频剪辑。否则，即使没有使用音乐，也会消耗大量内存。

> **定义** 懒加载是文件没有预先加载，而是直到需要时才加载。通常，如果在使用前加载数据，那么数据响应会更快(例如，声音立刻播放)，但响应能力无关紧要时，懒加载方式能节省很多内存。

第二个内存问题可通过从磁盘流式传输音乐来解决。如 11.1.2 节所述，流式传输音频使计算机无须一次加载整个文件。这种加载方式可在导入音频剪辑的 Inspector 面板中设置。最后，还有一些步骤用于播放背景音乐，也包括这些内存优化的步骤。

11.4.1 播放循环音乐

播放音乐和播放 UI 音效的步骤相同(背景音乐通常是场景中没有音源的 2D 声音)，因此接下来回顾一下这些步骤：

(1) 导入音频剪辑。

(2) 建立供 AudioManager 使用的 AudioSource。

(3) 在 AudioManager 中编写代码，播放音频剪辑。

(4) 将音乐控件添加到 UI 上。

每一步都要做一些轻微的修改以处理音乐而不是音效。下面介绍第一个步骤。

步骤 1：导入音频剪辑

通过下载或录制音轨获取一些音乐。本示例是从网络上(见链接[3])下载了以下公共区域的循环音乐：

- "loop" 由 Xythe/Ville Nousiainen 制作
- "Intro Synth" 由 noirenex 制作

将这些文件拖到 Unity 中，导入它们，接着在 Inspector 面板中调整它们的导入设置。如前所述，音乐的音频剪辑通常和音效的音频剪辑有不同的设置。首先，音频格式应设置为 Vorbis，即压缩音频。记住，压缩音频会显著减小文件的尺寸。压缩通常会稍微降低音频质量，但这种轻微的降低对于长音乐剪辑是可接受的，在出现的滑动条中设置 Quality 为 50%。

下一个调整的导入设置是 Load Type。同样，音乐应该从磁盘流式加载而不是完全加载到内存。从 Load Type 下拉菜单中选择 Streaming。类似地，选中 Load In Background 复选框，以便游戏在加载音乐时不会暂停或变慢。

实际上，调整完所有的导入设置之后，还必须将资源文件移到正确的位置，以便正确加载。记住，Resources.Load()命令要求资源必须在 Resources 文件夹中。新建一个名为 Resources 的文件夹，然后在 Resources 文件夹中创建一个名为 Music 的文件夹，并将音频文件拖到 Music 文件夹中(如图 11.5 所示)。以上是步骤(1)所完成的任务。

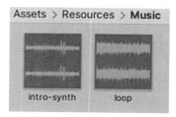

图 11.5　将音乐音频剪辑放在 Resources 文件夹中

步骤 2：建立一个用于 AudioManager 的 AudioSource

这一步将创建一个用于回放音乐的新 AudioSource。创建另一个空的 GameObject，命名为 Music 1(不是 Music，因为随后将添加 Music 2)，并将其父节点调整为 Audio 对象。

将 AudioSource 组件添加到 Music 1 上，接着调整组件的设置。不要选择 Play On Awake，但这次需要打开 Loop 选项。音效通常播放一次，而音乐则是循环播放。让 Spatial Blend 设置保留为 2D，因为音乐在场景中没有特定的位置。

还要减小 Priority 值。对于音效，这个值无关紧要，因此使用其默认值 128。但对于音乐，就要减小这个值，因此设置音源为 60。这个值告诉 Unity，当对多重声音进行分层时，哪个声音最重要。与直觉相反的是，越低的值具有越高的优先级。当太多声音同时播放时，音频系统将丢弃一些声音。通过让音乐比音效具有更高的优先级，可确保当太多音效触发时音乐一直在播放。

步骤 3：编写代码，在 AudioManager 中播放音频剪辑

现在，Music 音源已建立，下面将代码清单 11.9 中的内容添加到 Audio Manager 中。

代码清单 11.9　在 AudioManager 中播放音乐

```
...
[SerializeField] AudioSource music1Source;

[SerializeField] string introBGMusic;        在这些字符串中
[SerializeField] string levelBGMusic;         填写音乐名
...                                                         从 Resources
public void PlayIntroMusic() {                              加载 intro 音乐
  PlayMusic(Resources.Load($"Music/{introBGMusic}") as AudioClip);
}                                                           从 Resources
public void PlayLevelMusic() {                              加载主音乐
  PlayMusic(Resources.Load($"Music/{levelBGMusic}") as AudioClip);
}
                                              通过设置 AudioSource.clip
private void PlayMusic(AudioClip clip) {       属性播放音乐
  music1Source.clip = clip;
  music1Source.Play();
}
```

```
public void StopMusic() {
  music1Source.Stop();
}
...
```

同往常一样,当选中 Game Managers 对象时,新的序列化变量将出现在 Inspector 面板中。将 Music 1 拖到音源槽中。接着在两个字符串变量中输入音乐文件的名称: intro-synth 和 loop。

剩余的新增代码调用了加载和播放音乐的命令(最后一个方法是停止播放音乐)。 Resources.Load()命令从 Resources 文件夹加载指定名称的资源(注意,音乐文件位于 Resources 文件夹下的 Music 子目录中)。Resources.Load()命令会返回一个泛型对象, 可以使用 as 关键字将这个对象转换为更具体的类型(本例中是 AudioClip)。

接着,加载的音频剪辑被传入 PlayMusic()方法中。这个方法设置了 AudioSource 的剪辑,然后调用 Play()。如前所述,音效最好使用 PlayOneShot()播放,但对音乐来 说,在 AudioSource 中设置剪辑是一种更健壮的方式,它允许你停止或暂停正在播放 的音乐。

步骤 4:在 UI 上添加音乐控制

AudioManager 中新的音乐回放方法除非被其他代码调用,否则不会执行任何操 作。接下来将更多按钮添加到音频 UI,以便按下按钮时能播放不同的音乐。下面简要 回顾了这些步骤(更详细的解释请参阅第 7 章):

(1) 将弹出窗口的宽度修改为 350(以包含更多按钮)。

(2) 创建新 UI 按钮,并将其添加到 pop-up。

(3) 将按钮的宽度设置为 100 并定位到(0, −20)。

(4) 展开按钮的层级并选择文本标签,将文本标签设置为 Level Music。

(5) 重复上述步骤两次,创建另外两个按钮。

(6) 将一个按钮定位在(−105, −20),另一个按钮定位在(105, −20),这样它们会出现 在两侧。

(7) 将第一个按钮的文本标签修改为 Intro Music,将最后一个文本标签修改为 No Music。

现在 pop-up 有三个用于播放不同音乐的按钮。在 SettingsPopup 中编写一个方法(见 代码清单 11.10),它将链接到每个按钮。

代码清单 11.10   将音乐控制添加到 SettingsPopup 中

```
...
public void OnPlayMusic(int selector) {          ◀───────  这个方法从按钮获取
  Managers.Audio.PlaySound(sound);                          一个数字参数

  switch (selector) {                            ◀───────  对每个按钮调用 AudioManager
    case 1:                                                 中不同的音乐方法
      Managers.Audio.PlayIntroMusic();
      break;
    case 2:
      Managers.Audio.PlayLevelMusic();
      break;
    default:
      Managers.Audio.StopMusic();
      break;
  }
}
...
```

注意，这个方法这次带有一个 int 参数，通常按钮方法没有参数，它们只是由按钮触发。本例中，需要区分三个按钮，因此每个按钮将发送一个不同的数字。

继续执行常规步骤，将按钮连接到代码：在 Inspector 面板的 OnClick 面板上添加一个条目，将 pop-up 拖到对象槽中，并从菜单中选择相应的函数。这次，会出现一个文本框用于输入数字，因为 OnPlayMusic() 带有一个数字参数。为 Intro Music 输入 1，为 Level Music 输入 2，而为 No Music 输入其他数字(比如 0)。OnMusic() 中的 switch 语句会根据该数字来播放 intro 音乐或 level 音乐，当数字不是 1 或 2 时停止播放。

在游戏运行时，按下音乐按钮，将听到音乐。此时代码正从 Resources 目录中加载音频剪辑。音乐实现高效播放，然而还有两处需要优化：独立控制音乐的音量和当音乐切换时淡入淡出。

11.4.2   独立控制音乐的音量

游戏已经有音量控制，目前也能控制音乐。但大多数游戏的音效和音乐音量控制是分开的。因此接下来处理这个问题。

第一步是通知音乐的 AudioSource 组件忽略 AudioListener 的设置。我们需要全局 AudioListener 中的音量和静音继续影响所有的音效，但不想让这个音量作用到音乐上。代码清单 11.10 中包含的代码用于通知音源忽略 AudioListener 上的音量。代码清单 11.11 中的代码也添加了对音乐的音量控制和静音，因此将下面的代码添加到 AudioManager 中。

代码清单 11.11　在 AudioManager 中独立控制音乐的音量

```
...
private float _musicVolume;          私有变量，不能直接访问，
public float musicVolume {            只能通过属性的 getter 访问
  get {
    return _musicVolume;
  }
  set {
    _musicVolume = value;
                                      直接调整 AudioSource
    if (music1Source != null) {       的音量
      music1Source.volume = _musicVolume;
    }
  }
}
...
public bool musicMute {
  get {
    if (music1Source != null) {
      return music1Source.mute;
    }
    return false;                     当 AudioSource
  }                                   不存在时返回默认值
  set {
    if (music1Source != null) {
      music1Source.mute = value;
    }
  }
}

public void Startup(NetworkService service) {
  Debug.Log("Audio manager starting...");

  network = service;

  music1Source.ignoreListenerVolume = true;      斜体代码已存在于脚本中，
  music1Source.ignoreListenerPause = true;       在此展示仅供参考
                                   这些属性通知 AudioSource
  soundVolume = 1f;                忽略 AudioListener 的音量
  musicVolume = 1f;

  status = ManagerStatus.Started;
}
...
```

这段代码的关键是可以直接调整 AudioSource 的音量，不过 AudioSource 忽略了定义在 AudioListener 中的全局音量。代码中还有一些用于管理独立音源的音量和静音属性。

Startup()方法通过打开 ignoreListenerVolumn 和 ignoreListenerPause 初始化了音源。这些属性使 AudioSource 忽略 AudioListener 中的全局音量设置。

现在可以单击 Play 运行游戏，验证音乐不再受已有音量控制的影响。接下来添加第二个 UI 控件，用于控制音乐音量。首先根据代码清单 11.12 调整 SettingsPopup。

代码清单 11.12　在 SettingsPopup 中控制音乐音量

```
...
public void OnMusicToggle() {
  Managers.Audio.musicMute = !Managers.Audio.musicMute;
Managers.Audio.PlaySound(sound);          ◄────── 重复静音控制，
}                                                  仅使用 musicMute

public void OnMusicValue(float volume) {  ◄── 重复音量控制，仅使用
  Managers.Audio.musicVolume = volume;       musicVolume
}
...
```

这段代码不需要太多解释——它主要重复音量控制。显然，使用的 AudioManager 属性已经从 soundMute/soundVolume 变为 musicMute/musicVolumn。

在编辑器中，如之前所做创建一个按钮和滑动条。步骤如下：

(1) 将弹出窗口的高度改为 225(以包含更多控件)。

(2) 创建 UI 按钮。

(3) 将按钮的父节点设置为 pop-up。

(4) 将按钮定位在(0, –60)。

(5) 展开按钮的层级，选择它的文本标签。

(6) 将文本改为 Toggle Music。

(7) 创建一个滑动条(从相同的 UI 菜单中创建)。

(8) 将滑动条的父节点改为 pop-up，并定位在(0, –85)。

(9) 将滑动条的 Value(在 Inspector 底部)设置为 1。

将这些 UI 控件链接到 SettingsPopup 中的代码。在 UI 元素的设置中找到 OnClick/OnValueChanged 面板，单击+按钮添加一个条目，将 pop-up 对象拖到对象槽中，并从菜单中选择函数。需要从菜单的 Dynamic Float 部分选择 OnMusicToggle()和 OnMusicValue()函数。

现在运行代码，影响音效和音乐的控件分开了。这让音频系统变得相当精致，但还有一点需要优化：音轨间的淡入淡出。

11.4.3　背景音乐的淡入淡出

最后一个优化是让 AudioManager 在不同的背景音乐之间淡入淡出。目前，不同音轨之间的切换非常刺耳，声音突然终止，直接切换到新的音轨。我们可通过让前一个音轨的音量迅速降低到 0，然后新的音轨音量从 0 迅速增加，来实现平滑过渡。这

是一段简单而巧妙的代码，结合了你刚刚看到的音量控制方法，以及随时间递增音量的协程。

代码清单 11.13 向 AudioMananger 添加了很多内容，但大部分是围绕一个简单的概念展开：现在我们有两个独立的音源，将在独立的音源中播放独立的音轨，并在降低一个音源音量的同时递增另一个音源的音量(和往常一样，斜体代码是脚本中已有的代码，在此显示仅方便参考)。

代码清单 11.13　在 AudioManager 中对两个音乐进行淡入淡出处理

```
...
[SerializeField] private AudioSource music2Source;          ◀── 第二个 AudioSource
                                                                (也保留第一个)
private AudioSource _activeMusic;          ◀── 记录哪个音源是激活的，
private AudioSource _inactiveMusic;             哪个是非激活的

public float crossFadeRate = 1.5f;
private bool _crossFading;          ◀── 避免音乐淡入淡出时
...                                     出现错误的开关
public float musicVolume {
  ...
  set {
    _musicVolume = value;

    if (music1Source != null && !_crossFading) {
      music1Source.volume = _musicVolume;
      music2Source.volume = _musicVolume;          ◀── 调整两个音源
    }                                                   的音量
  }
}
...
public bool musicMute {
  ...
  set {
    if (music1Source != null) {
      music1Source.mute = value;
      music2Source.mute = value;
    }
  }
}

public void Startup(NetworkService service) {
  Debug.Log("Audio manager starting...");

  network = service;

  music1Source.ignoreListenerVolume = true;
  music2Source.ignoreListenerVolume = true;
  music1Source.ignoreListenerPause = true;
  music2Source.ignoreListenerPause = true;

  soundVolume = 1f;
```

```
    musicVolume = 1f;

    activeMusic = music1Source;            初始化一个音源作为激活的
    inactiveMusic = music2Source;          AudioSource

    status = ManagerStatus.Started;
  }
  ...
  private void PlayMusic(AudioClip clip) {
    if (_crossFading) {return;}            当切换音乐时
    StartCoroutine(CrossFadeMusic(clip));  调用协程
  }
  private IEnumerator CrossFadeMusic(AudioClip clip) {
    crossFading = true;

    inactiveMusic.clip = clip;
    inactiveMusic.volume = 0;
    inactiveMusic.Play();

    float scaledRate = crossFadeRate * _musicVolume;
    while (_activeMusic.volume > 0) {
      activeMusic.volume -= scaledRate * Time.deltaTime;
      inactiveMusic.volume += scaledRate * Time.deltaTime;

      yield return null;                   该 yield 语句
    }                                      暂停一帧

    AudioSource temp = _activeMusic;       用于交换_active 和
                                           inactive 的临时变量
    activeMusic = _inactiveMusic;
    activeMusic.volume = _musicVolume;

    inactiveMusic = temp;
    inactiveMusic.Stop();

    crossFading = false;
  }

  public void StopMusic() {
    activeMusic.Stop();
    inactiveMusic.Stop();
  }
  ...
```

首先添加的是用于第二个音源的变量。保留第一个 AudioSource 对象，同时复制该对象(确保设置相同——选择 Loop)，并将新对象拖到这个 Inspector 槽中。这段代码也定义了 AudioSource 对象的变量 activeMusic 和 inactiveMusic，但这两个变量都是代码中的私有变量，未显示在 Inspector 面板中。具体而言，这些变量定义了在任何给定时间内哪个音源是"激活的"，哪个是"非激活的"。

现在当播放新音乐时，代码调用协程。这个协程设置新的音乐在一个 AudioSource 上播放，而旧音乐继续在旧 AudioSource 上播放。接着协程逐步提高新音乐的音量，同时逐步降低旧音乐的音量。一旦淡入淡出完成(也就是音量完全交换过来)，这个函数就交换了"激活的"和"非激活的"两个音源。

至此，已实现了游戏音频系统的背景音乐。

> **FMOD 和 Wwise：用于游戏音频的高级插件**
>
> Unity 中的音频系统由 FMOD 提供技术支持，这是一个有名的音频程序库。Unity 集成了许多 FMOD 的功能，但更高级的音频功能可以通过 FMOD Studio 访问，并且提供了插件(见链接[4])。另外，Wwise 是一个不同的音频系统，它也提供了一个 Unity 插件(见链接[5])。
>
> 本章的示例仅使用 Unity 内置的功能。内置的核心功能包含游戏音频系统最重要的特性。大多数游戏开发者的音频需求都可通过这个插件的核心功能得到满足，但对于那些期望游戏音频实现更复杂效果的开发者来说，上述插件很有帮助。

11.5　小结

- 音效应该是未压缩的音频，而音乐应该是压缩的音频，但都应该使用 WAV 格式，因为 Unity 提供了对所导入音频的压缩。
- 音频剪辑可以是播放相同内容的 2D 声音，也可以是对监听者位置做出响应的 3D 声音。
- 使用 Unity 的 AudioListener 可以很容易地实现音效音量的整体调节。
- 可以对播放音乐的独立音源进行音量控制。
- 通过设置不同音源上的音量，可以让背景音乐淡入淡出。

第*12*章

将各部分整合为一个完整的游戏

本章涵盖：

- 组装来自其他项目的对象和代码
- 编程实现"点击"控制
- 将 UI 从旧系统升级为新系统
- 加载新关卡，响应目标
- 设置成功/失败条件
- 保存并加载玩家进度

本章的项目将把前面章节中的所有内容组合在一起。本书中的大部分章节都是相互独立的，没有用一个完整的游戏来贯穿整本书。本章把之前分别介绍的内容组合起来，以便学习如何利用所有这些碎片知识来搭建一个完整的游戏。

本章也会讨论游戏的外围结构，包括关卡的切换，游戏的结束(比如当游戏角色死亡时显示"Game Over"，或者到达出口时显示"Success")。同时展示如何保存游戏的进度，因为随着游戏规模的扩大，保存玩家的游戏进度会变得越来越重要。

警告 本章会用到前面章节详细解释过的任务示例，所以只列出简略的步骤。如果你对某些步骤存有疑惑，可以参阅前面的相关章节(如第 7 章中有关 UI 的讲解) 来了解更多的细节。

本章的项目是一个动作角色扮演游戏(RPG)的演示版。在这类游戏中，摄像机放在较高的位置，向下俯视(如图 12.1 所示)，可以通过单击鼠标来控制角色的移动。我们非常熟悉的 *Diablo* 就是一款动作 RPG 游戏。后面还会介绍另一种游戏类型，这样在本书结束时，你就会对游戏种类有更多的了解。

本章的项目将是到目前为止最大的游戏，它主要有以下功能：

- 可在俯视图中通过单击鼠标来控制角色移动
- 可以通过单击来操作设备
- 可收集的散落物品
- 显示在 UI 窗口中的物件
- 当前关卡中四处游荡的敌人
- 可以保存游戏，并恢复游戏的进度
- 必须按顺序完成的三个关卡

该项目的工作量很大，不过，本书已接近尾声，再浩大的项目也有完成的那一天。

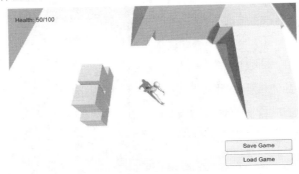

图 12.1　俯视视口的截图

12.1　再次利用项目构建动作 RPG 演示游戏

下面以第 9 章介绍的项目为基础来构建 RPG 演示游戏。复制该项目的文件夹，在 Unity 中打开副本，开始工作。如果直接跳到本章，则下载第 9 章的示例项目，然后在其基础上完成接下来的操作。

以第 9 章的项目为基础，是因为它和本章的目标最接近，需要的改动最少(与其他项目相比)。基本上，我们会将几章的资源组合在一起，所以从技术上来说，如果从其他章节的项目开始，同时使用第 9 章中提供的资源来进行构建，并不会有太大区别。

下面简述了第 9 章中项目的功能：

- 一个已设定好的动画控制器角色
- 一个跟随角色移动的第三人称视角摄像机
- 带有地面、墙壁和坡道的关卡
- 已设置好的光源和阴影
- 可操作的设备，包括变色显示器

- 可收集的仓库物品
- 后端管理器代码框架

这个长功能列表包含了 PRG 演示游戏的许多功能,但还有一些地方需要修改或添加更多内容。

12.1.1　将多个项目的资源和代码装配在一起

前两个修改是更新管理器框架并加入计算机控制的敌人。对于前一个任务,回想第 10 章对框架所做的更新,这意味着第 9 章的项目没有包含那些更新。对于后一个任务,回想第 3 章编程实现的敌人。

更新管理器框架

更新管理器是相当简单的,因此先完成这个任务。第 10 章中已经修改了 IGameManager 接口(见代码清单 12.1)。

代码清单 12.1　调整后的 IGameManager

```
public interface IGameManager {
  ManagerStatus status {get;}

  void Startup(NetworkService service);
}
```

代码清单 12.1 中的代码添加了对 NetworkService 的引用,因此也要确保复制那个额外的 NetworkService 脚本。将该文件从第 10 章的位置(记住,Unity 项目是磁盘上的一个文件夹,因此可以从文件夹中获得文件)拖放到新项目上。现在修改 Managers,以使用修改过的接口(见代码清单 12.2)。

代码清单 12.2　稍微修改 Managers 脚本中的代码

```
...
private IEnumerator StartupManagers() {        ◄──── 对该方法的开头
  NetworkService network = new NetworkService();      进行调整

  foreach (IGameManager manager in startSequence) {
  manager.Startup(network);
}
...
```

最终,调整 InventoryManager 和 PlayerManager,以反映接口的变化。代码清单 12.3 展示了 InventoryManager 中修改的代码,对 PlayerManager 中的代码需要进行相同的修改,但使用不同的名称。

代码清单 12.3　调整 InventoryManager 以反映 IGameManager 的改变

```
...
private NetworkService network;

public void Startup(NetworkService service) {
  Debug.Log("Inventory manager starting...");

  network = service;

  items = new Dictionary<string, int>();
  ...
```

对两个管理器进行同样的
调整，但需要改变名称

一旦完成了所有代码的细微修改，所有功能就应和之前一样。此处的更新应看不出区别，游戏将和之前一样运行。这个调整很简单，但接下来的调整将比较复杂。

加入 AI 敌人

除了第 10 章调整的 NetworkServices，还需要第 3 章创建的 AI 敌人。实现敌人角色需要加入一系列脚本和美术资源，因此需要导入所有这些资源。

首先复制这些脚本(记住，WanderingAI 和 ReactiveTarget 是用于 AI 敌人的行为脚本，Fireball 是发射的火焰，敌人攻击 PlayerCharacter 组件，SceneController 处理生成的敌人)：

- PlayerCharacter
- SceneController
- WanderingAI
- ReactiveTarget
- Fireball

同样，拖入文件，以获得 Flame 材质、Fireball 预制体和 Enemy 预制体。如果从第 11 章而不是第 3 章获取敌人预制体，就只需要再加入火焰粒子材质。

在复制完所有需要的资源之后，资源间的链接可能会中断，因此为了使这些资源可用，需要重新链接这些资源中的引用对象。特别是要检查所有预制体上的脚本，因为链接可能断开了。例如，Enemy 预制体在 Inspector 面板中有两个缺失的脚本，因此单击圆圈按钮(如图 12.2 所示)并从脚本列表中选择 WanderingAI 和 ReactiveTarget。类似地，检查 Fireball 预制体，重新链接需要的脚本。一旦处理好脚本，就检查材质和贴图的链接。

单击脚本槽右边
的圆圈按钮

图 12.2　将脚本链接到组件

现在将 SceneController 添加到控制器对象上，并将 Enemy 预制体拖到 Inspector 面板中对应组件的 Enemy 槽上。然后将 Fireball 预制体拖放到 Enemy 的脚本组件中(选择 Enemy 预制体，查看 Inspector 面板中的 WanderingAI)。另外，将 PlayerCharacter 添加到玩家对象上，以便敌人攻击玩家。

运行游戏，敌人会四处移动。敌人将向玩家发射火球，但它不会造成大的伤害。选择 Fireball 预制体，将 Damage 值设置为 10。

> **注意**　目前，敌人还不是特别擅长追踪和击中玩家。在这种情况下，首先为敌人指定更广阔的视野(使用第 9 章介绍的点积法)。最终，仍需要花费大量时间来打磨游戏，包括迭代敌人的行为。打磨游戏以使它更有趣虽然对游戏发行至关重要，但这不是本书的重点。

另一个问题是编写第 3 章的代码时，玩家的血量是一个为了测试而临时添加的属性。现在游戏有了 PlayerManager，因此为了在该管理器中正常使用血量，根据代码清单 12.4 来修改 PlayerCharacter。

代码清单 12.4　调整 PlayerCharacter，在 PlayerManager 中使用血量

```
using System.Collections;
using System.Collections.Generic;
using UnityEngine;

public class PlayerCharacter : MonoBehaviour {
  public void Hurt(int damage) {
    Managers.Player.ChangeHealth(-damage);   ←── 使用 PlayerManager 中的值，而不
  }                                               是 PlayerCharacter 中的变量
}
```

此时，游戏示例由多个之前的项目组合而成。敌人角色已添加到场景中，让游戏变得更加危险。但控制和视口依然来自第三人称移动示例游戏，因此接下来实现动作 RPG 游戏的"点击"(point-and-click)控制。

12.1.2　编程实现"点击"控制：角色移动和设备操控

这个示例需要俯视视角和玩家移动的鼠标控制(见图 12.1)。目前，摄像机响应鼠标，玩家响应键盘(同第 8 章所写的代码)，这和本章希望的效果相反。此外，还要修改变色显示器，以便通过单击来操作设备。在这两种情况下，现有的代码和希望的效果相差不是很远，接下来调整移动和设备脚本。

设置场景的俯视视角

首先，为了获得俯视视角，将摄像机的位置往上调到 8Y。还要调整 OrbitCamera，

以移除对摄像机的鼠标控制，仅使用方向键(见代码清单 12.5)。

代码清单 12.5 调整 OrbitCamera，移除鼠标控制

```
...
void LateUpdate() {
  rotY -= Input.GetAxis("Horizontal") * rotSpeed;        ← 方向和之
  Quaternion rotation = Quaternion.Euler(0, rotY, 0); ◄    前相反
  transform.position = target.position - (rotation * offset);
  transform.LookAt(target);
}
...
```

摄像机的 Near/Far 裁剪平面

只要调整摄像机，就会提及 Near/Far 裁剪平面(clipping plane)。这些设置之前从未提及，因为默认设置已经使其能够正常运行，但未来的项目可能需要调整这些设置。

如果需要调整这些值，选择场景中的摄像机，在 Inspector 面板中查看 Clipping Planes 部分，在其中可以输入 Near 和 Far 数字。这些值定义了所渲染网格的远近边界：比 Near 裁剪平面近的多边形或者比 Far 裁剪平面远的多边形将不会绘制。

Near/Far 裁剪平面应相距足够远，以渲染场景中所有的对象，但我们希望它们应尽可能接近。当 Near/Far 裁剪平面相距太远时(Near 裁剪平面太近，而 Far 裁剪平面太远)，渲染算法就不能确定哪个多边形更近。这会导致典型的渲染错误，称为 z-fighting(Z 轴用于表示深度)，其中两个多边形会彼此交叉。

随着摄像机升高，当运行游戏时，视角将向下。此时，移动控制依然使用键盘，因此接下来编写"点击"移动的脚本。

编写移动代码

这段代码的总体思路是自动将玩家移到目标位置(如图 12.3 所示)。该位置通过在场景中单击来设置。这样，移动玩家的代码不是直接响应鼠标，而是通过单击来间接地控制玩家的移动。

注意 这个移动算法也适用于 AI 角色。目标位置应该跟随角色的路径来设置，而不是通过鼠标单击来设置。

为了实现这种控制，创建一个称为 PointClickMovement 的新脚本，替换玩家上的 RelativeMovement 组件。开始编码 PointClickMovement 时，粘贴 RelativeMovement 的完整代码(因为脚本的大部分代码依然需要处理下落和动画)。接着根据代码清单 12.6 来调整代码。

对于每一帧，运行如下一系列步骤：

1. 检查鼠标单击，设置目标位置

2. 一直旋转到目标面向的方向

3. 向前移动(这将朝向目标)

图 12.3　点击控制的工作原理

代码清单 12.6　PointClickMovement 脚本中的新移动代码

```
...
public class PointClickMovement : MonoBehaviour {          粘贴完代码
...                                                        后改正名称
public float deceleration = 25.0f;
public float targetBuffer = 1.5f;

private float curSpeed = 0f;              使用? 符号将该值定义为 "nullable"
private Vector3? targetPos;
...
void Update() {
  Vector3 movement = Vector3.zero;

  if (Input.GetMouseButton(0)) {                当单击鼠标时
    Ray ray = Camera.main.ScreenPointToRay(Input.mousePosition);   设置目标位置
    RaycastHit mouseHit;
    if (Physics.Raycast(ray, out mouseHit)) {     将目标位置      在鼠标位置
      targetPos = mouseHit.point;                 设置为击中的位置  投射射线
      curSpeed = moveSpeed;
    }
  }
                                    如果设置了目标
                                    位置，则移动      在快速移动时
  if (targetPos != null) {                        仅转向目标
    if (curSpeed > moveSpeed * .5f) {
      Vector3 adjustedPos = new Vector3(targetPos.Value.x,
        transform.position.y, targetPos.Value.z);
      Quaternion targetRot = Quaternion.LookRotation(
        adjustedPos - transform.position);
      transform.rotation = Quaternion.Slerp(transform.rotation,
        targetRot, rotSpeed * Time.deltaTime);
  }

  movement = curSpeed * Vector3.forward;
  movement = transform.TransformDirection(movement);

  if (Vector3.Distance(targetPos.Value, transform.position) <
   targetBuffer) {
    curSpeed -= deceleration * Time.deltaTime;       当接近目标时
    if (curSpeed <= 0) {                             减速到 0
      targetPos = null;
    }
```

```
    }
}
animator.SetFloat("Speed", movement.sqrMagnitude);     ←———  此后保持一样的
...                                                            速度
```

Update()方法前面的大多数代码都比较容易理解，因为那些代码用于处理键盘控制的移动。注意，这些新代码有两个主要的if语句：一个在鼠标单击时运行，一个在设置目标时运行。

注意 可空值是在这个脚本中使用的一个方便的编程技巧。注意，目标位置值被定义为Vector3?而不仅仅是Vector3；这是C#声明空值的语法。有些值类型(如Vector3)通常不能设置为null，但是可能会遇到这样的情况，即有一个表示"没有设置值"的null状态是有用的。在这种情况下，可以将其设置为一个可空值，允许将该值设置为null，然后通过输入targetPos.Value来访问底层的Vector3(或其他内容)。

当单击鼠标时，根据鼠标单击的位置来设置目标。这是射线投射的另一个用例：决定场景中的哪个点位于鼠标光标下。目标位置设置为鼠标击中的位置。

对于第二个条件语句，首先旋转以面对目标。Quaternion.Slerp()平滑地旋转以面对目标，而不是突然旋转。此时，减速(只以半速旋转)并锁定旋转(否则玩家在到达目标时可能会奇怪地旋转)。接着将前进方向从玩家的局部坐标转换为全局坐标(以向前移动)。最后，检查玩家和目标之间的距离：如果玩家快到达目标，则降低移动速度，最终通过移除目标位置来结束移动。

> **练习：关闭跳跃控制**
> 当前，这个脚本依然具备RelativeMovement中的跳跃控制。玩家依然可以在空格键按下时跳起，但"点击"移动中不应该有跳跃按钮。提示：调整'if (hitGround)'条件分支中的代码。

以上介绍了如何使用鼠标控制来移动玩家。现在，运行游戏进行测试。接下来介绍如何让设备在鼠标点击时执行某种操作。

> **使用 A*和 NavMesh 寻找路径**
> 刚刚编写的移动代码将引导玩家朝着目标前进。然而，游戏中的角色通常必须找到绕过障碍的路，而不是沿着直线移动。在障碍周围为角色导航称为寻找路径。因为这在游戏中是很常见的情况，Unity 提供了一个内置的寻找路径解决方案，称为 NavMesh。详情请浏览链接[1]和链接[2]。
> 另外，尽管 NavMesh 是免费的，且运行良好，但许多开发者更喜欢 A* Pathfinding 项目，详见链接[3]。

使用鼠标操作设备

在第 9 章中(以及在我们调整代码之前)，设备是通过按键操作的。但设备应是通过鼠标操作的。为此，首先创建一个所有设备都可以继承的基础脚本，这个基础脚本将带有鼠标控制，而设备将继承它。创建一个称为 BaseDevice 的脚本，编写代码清单 12.7 所示的代码。

代码清单 12.7　BaseDevice 脚本在鼠标单击时运行

```
using System.Collections;
using System.Collections.Generic;
using UnityEngine;

public class BaseDevice : MonoBehaviour {
  public float radius = 3.5f;
                                        单击时运行
                                        的函数
  void OnMouseUp() {
    Transform player = GameObject.FindWithTag("Player").transform;
    Vector3 playerPosition = player.position;      修正垂直
                                                   位置
    playerPosition.y = transform.position.y;
    if (Vector3.Distance(transform.position, playerPosition) < radius) {
      Vector3 direction = transform.position - playerPosition;
      if (Vector3.Dot(player.forward, direction) > .5f) {
        Operate();
      }                          如果玩家在附近并面向设备，则调用
    }                            Operate()
  }

  public virtual void Operate() {          virtual 标记继承可以重写的
    // behavior of the specific device     方法
  }
}
```

大多数代码都在 OnMouseUp()内，因为单击对象时，MonoBehaviour 会调用这个方法。首先，它检查玩家的距离(修正了垂直位置，如第 9 章所述)，接着使用点积观察玩家是否面向设备。Operate()是一个空壳方法，这个方法的实现代码将由继承 BaseDevice 脚本的设备来填充。

注意　这段代码在场景中查找标签(tag)为 Player 的对象，因此将 Player 标签赋给玩家对象。标签是 Inspector 顶部的下拉菜单，也可以自定义标签，但默认定义了一些标签，包括 Player 标签。选择玩家对象，编辑标签，接着选择 Player 标签。

现在 BaseDevice 已经编写好，可以修改 ColorChangeDevice 来继承 BaseDevice 脚本。代码清单 12.8 展示了更新后的代码。

代码清单 12.8　调整 ColorChangeDevice，继承 BaseDevice 脚本

```
using System.Collections;
using System.Collections.Generic;
using UnityEngine;
                                              继承 BaseDevice 而不是
                                              继承 MonoBehaviour
public class ColorChangeDevice : BaseDevice {
  public override void Operate() {              重写基类中的
    Color random = new Color(Random.Range(0f,1f),  这个方法
      Random.Range(0f,1f), Random.Range(0f,1f));
    GetComponent<Renderer>().material.color = random;
  }
}
```

由于这个脚本继承 BaseDevice 而不是 MonoBehaviour，因此它具有鼠标控制的功能。接着重写空的 Operate()方法，以编写变色行为。

对 DoorOpenDevice 做同样的更改(继承 BaseDevice 而不是 MonoBehaviour，并将 override 添加到 Operate 方法)。现在，当单击鼠标时，设备将运行。同时要移除玩家的 DeviceOperator 脚本组件，因为该脚本通过控制按键来操作设备。

这个新的设备输入带来了移动控制问题：当前，移动目标随时根据鼠标单击而设置，但在单击设备时不希望设置移动目标。可以使用层(layer)来解决这个问题。类似于在玩家上设置标签的方式，可以将对象设置为不同的层，并且代码能够检查那些层。调整 PointClickMovement 以检查对象的层(见代码清单 12.9)。

代码清单 12.9　调整 PointClickMovement 中的鼠标单击代码

```
...
Ray ray = Camera.main.ScreenPointToRay(Input.mousePosition);
RaycastHit mouseHit;
if (Physics.Raycast(ray, out mouseHit)) {
  GameObject hitObject = mouseHit.transform.gameObject;    添加的代码，其他代
  if (hitObject.layer == LayerMask.NameToLayer("Ground")) {  码是为了便于参考
    targetPos = mouseHit.point;
    curSpeed = moveSpeed;
  }
}
...
```

该代码清单在鼠标单击代码中添加了一个条件，以检查单击的对象是否在 Ground 层上。层(类似标签)是 Inspector 顶部的下拉菜单，单击它可以查看菜单选项。和标签一样，默认已定义了一些层。若要创建新层，就在菜单中选择 Edit Layers。在空的层槽(可能是 slot 8，但代码中的 NameToLayer()会将名称转换为层数，所以可使用名称而不是数字)中输入 Ground。

现在 Ground 层已添加到菜单中,设置 ground 对象为 Ground 层——这意味着建筑的地面、玩家可以站立的坡道和平台也设置为 Ground 层。选择这些对象,并在 Layers 菜单中选择 Ground。

运行游戏,当单击变色显示器时,玩家不会移动。很好,“点击”控制已经完成!从之前项目中引入本项目的另一个对象 UI。

12.1.3　使用新界面替换旧 GUI

第 9 章使用的是 Unity 的旧立即模式 GUI,因为这种方式易于编码。但第 9 章的 UI 看起来不如第 7 章的漂亮,因此接下来引入该界面系统。新 UI 带来的视觉效果比旧 UI 更好。图 12.4 展示了要创建的界面。

首先,创建 UI 图形。一旦 UI 图像在场景中准备就绪,就可以将脚本附加到 UI 对象上。接下来列出的步骤均不涉及细节,如果需要回顾这些内容,请参阅第 7 章。如果需要,请在开始之前安装 TextMeshPro 和 2D Sprite 包(参考第 5 章和第 6 章)。具体步骤如下:

(1) 将 popup.png 作为 sprite 导入(选择 Texture Type)。

(2) 在 Sprite Editor 中,所有边都设置 12 像素宽(记得应用修改)。

(3) 在场景中创建画布(GameObject | UI | Canvas)。

(4) 选择画布的 Pixel Perfect 设置。

(5) 可选:将对象命名为 HUD Canvas 并切换为 2D 视图模式。

(6) 创建一个连接到画布的 Text 对象(GameObject | UI | Text- TextMeshPro)。

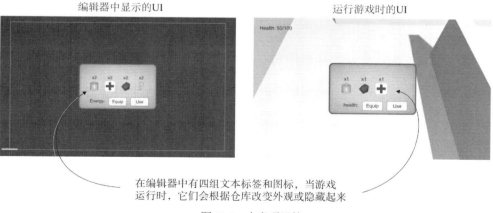

编辑器中显示的UI　　　　　　　　　运行游戏时的UI

在编辑器中有四组文本标签和图标,当游戏运行时,它们会根据仓库改变外观或隐藏起来

图 12.4　本章项目的 UI

(7) 将 Text 对象的锚点设置为左上角,定位为(120, −50)。

(8) 将标签的 Vertex Color 设置为黑色,将 Font Size 设置为 16,并输入 Health:

作为文本。

(9) 创建连接到画布的图像(GameObject | UI | Image)。

(10) 将新对象命名为 Inventory Popup。

(11) 将弹出窗口 sprite 分配给图像的 Source Image。

(12) 将 Image Type 设置为 Sliced 并选择 Fill Center。

(13) 将弹出窗口图像定位在(0, 0)，并将弹出窗口缩放为宽 250，高 150。

注意　这里回顾一下如何在 3D 场景和 2D 界面间切换：切换到 2D 视图模式，双击 Canvas 或者 Building，放大该对象。

现在边角有了 Health 标签，屏幕中心有了很大的蓝色弹出窗口。接下来编写这些部分的程序，然后再深入了解 UI 功能。界面代码将使用和第 7 章一样的消息系统，因此复制 Messenger 脚本。之后，创建 GameEvent 脚本(见代码清单 12.10)。

代码清单 12.10　Messenger 系统将使用的 GameEvent 脚本

```
public static class GameEvent {
  public const string HEALTH_UPDATED = "HEALTH_UPDATED";
}
```

现在只定义了一个事件，但本章将添加更多的事件。从 PlayerManager.cs 中(见代码清单 12.11)广播这个事件。

代码清单 12.11　从 PlayerManager.cs 中广播 health 事件

```
...
public void ChangeHealth(int value) {
  health += value;
  if (health > maxHealth) {
    health = maxHealth;
  } else if (health < 0) {
    health = 0;
  }

  Messenger.Broadcast(GameEvent.HEALTH_UPDATED);    ←── 在函数末尾
}                                                        添加这一行
...
```

每次在 ChangeHealth()结束时都会广播这个事件，用于告知其他程序，血量已发生变化。下面调整 Health 标签，以响应这个事件，因此创建一个 UIController 脚本(见代码清单 12.12)。

代码清单 12.12 用于处理界面的 UIController 脚本

```
using System.Collections;
using System.Collections.Generic;
using UnityEngine;
using TMPro;

public class UIController : MonoBehaviour {          ◀── 引用场景中
  [SerializeField] TMP_Text healthLabel;                  的 UI 对象
  [SerializeField] InventoryPopup popup;
                                                       ◀── 设置血量更新
  void OnEnable() {                                        事件的监听器
    Messenger.AddListener(GameEvent.HEALTH_UPDATED, OnHealthUpdated);
  }
  void OnDisable() {
    Messenger.RemoveListener(GameEvent.HEALTH_UPDATED, OnHealthUpdated);
  }

  void Start() {                       ◀── 启动时手动
    OnHealthUpdated();                      调用函数

    popup.gameObject.SetActive(false);  ◀──
  }                                          将弹出窗口初始化
                                             为隐藏
  void Update() {
    if (Input.GetKeyDown(KeyCode.M)) {               ◀── 使用 M 键开关
      bool isShowing = popup.gameObject.activeSelf;       弹出窗口
      popup.gameObject.SetActive(!isShowing);
      popup.Refresh();
    }
  }
                                           ◀── 事件监听器调用函数,
  private void OnHealthUpdated() {             更新 Health 标签
    string message = $"Health:
  {Managers.Player.health}/{Managers.Player.maxHealth}";
    healthLabel.text = message;
  }
}
```

从 Controller 对象中移除 BasicUI，并将这个新脚本附加到 Canvas 上(特别要注意不要将其附加到 Controller 对象上，因为此时 Controller 对象应该只有 SceneController)。另外，创建 InventoryPopup 脚本(现在添加一个空的公共 Refresh()方法即可；其余部分将稍后添加)，并将其附加到 Inventory Popup 对象上。现在，可以将弹出框拖到 Canvas 对象的 UIController 组件中的引用槽上(同时也对 Health 标签做同样的操作)。

玩家受到伤害或使用血量包时，Health 标签会变化，可以按下 M 键开关弹出窗口。最后一个要调整的细节是当前单击弹出窗口将导致玩家移动，与对设备的处理一样，我们不希望在单击 UI 时设置目标位置。代码清单 12.13 对 PointClickMovement 进行了调整。

代码清单 12.13　在 PointClickMovement 中检查 UI

```
using UnityEngine.EventSystems;
...
void Update() {
  Vector3 movement = Vector3.zero;
  if (Input.GetMouseButton(0) &&
    !EventSystem.current.IsPointerOverGameObject()) {
  ...
```

注意，上面的条件检查鼠标是否在 UI 上。这样就完成了界面的整体结构，接下来实现仓库弹出窗口。

实现仓库弹出窗口

弹出窗口当前是空白的，但它应该显示玩家的仓库(如图 12.5 所示)。

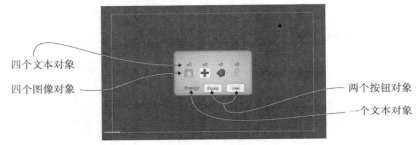

图 12.5　仓库 UI 图

以下步骤将创建 UI 对象：

(1) 创建四个图像，并使弹出窗口成为它们的父节点(即在 Hierarchy 中拖动对象)。

(2) 创建四个文本标签，使弹出窗口成为它们的父节点。

(3) 将所有图像定位在 0Y，将 X 值设置为-75、-25、 25 和 75。

(4) 将文本标签定位在 45Y，将 X 值设置为-75、-25、 25 和 75。

(5) 将文本(不是锚点)设置为 Center 对齐，Bottom 垂直对齐，Height 为 60。

(6) 为所有文本标签输入 x2。设置 Vertex Color 为黑色，Font Size 为 16。

(7) 在 Resources 目录中，将所有的仓库物品图标设置为 Sprite(而不是 Textures)。

(8) 将这些 sprite 拖到 Image 对象的 Source Image 槽(同时设置 Native Size)。

(9) 添加另一个文本标签和两个按钮，将其父节点都设置为弹出窗口。

(10) 将这个文本标签定位在(-140,-45)并设置为 Right 对齐和 Middle 垂直对齐。

(11) 为这个标签上的文本输入 "Energy: "。设置 Vertex Color 为黑色，Font Size 为 14。

(12) 将所有的按钮设置为 Width 60，接着设置位置 Y 为-50, X 为 0 或 70。

(13)在 Hierarchy 中展开两个按钮，在一个按钮上输入 Equip，在另一个按钮上输入 Use。

这些是仓库弹出窗口的可视化元素。将代码清单 12.14 中的内容输入
InventoryPopup 脚本中。

代码清单 12.14　InventoryPopup 的完整脚本

```
using System.Collections;
using System.Collections.Generic;
using UnityEngine;
using UnityEngine.UI;
using UnityEngine.EventSystems;
using TMPro;

public class InventoryPopup : MonoBehaviour {
  [SerializeField] Image[] itemIcons;                引用四个图像和
  [SerializeField] TMP_Text[] itemLabels;            文本标签的数组

  [SerializeField] TMP_Text curItemLabel;
  [SerializeField] Button equipButton;
  [SerializeField] Button useButton;

  private string curItem;

  public void Refresh() {
    List<string> itemList = Managers.Inventory.GetItemList();

    int len = itemIcons.Length;
    for (int i = 0; i < len; i++) {              当循环所有 UI 图像时
      if (i < itemList.Count) {                  检查仓库列表
        itemIcons[i].gameObject.SetActive(true);
        itemLabels[i].gameObject.SetActive(true);

        string item = itemList[i];
                                                          从 Resources 目录
        Sprite sprite = Resources.Load<Sprite>($"Icons/{item}");   加载 sprite
        itemIcons[i].sprite = sprite;
        itemIcons[i].SetNativeSize();
                                                      将图像的大小重新设置
                                                      为 sprite 的原始大小
        int count = Managers.Inventory.GetItemCount(item);
        string message = $"x{count}";
        if (item == Managers.Inventory.equippedItem) {    标签除了显示物品数量，
          message = "Equipped\n" + message;               还可以显示 "Equipped"
        }
        itemLabels[i].text = message;

        EventTrigger.Entry entry = new EventTrigger.Entry();
        entry.eventID = EventTriggerType.PointerClick;    允许单击
        entry.callback.AddListener((BaseEventData data) => {  图标
          OnItem(item);
        });                   为每个物品触发不同的
                              lambda 函数

        EventTrigger trigger = itemIcons[i].GetComponent<EventTrigger>();
```

```
            trigger.triggers.Clear();            清除监听器, 以便
            trigger.triggers.Add(entry);         重新开始
        }
      else {                                     将监听器函数添加
        itemIcons[i].gameObject.SetActive(false);  到EventTrigger
        itemLabels[i].gameObject.SetActive(false);  如果没有物品需要显示,
      }                                              则隐藏这个图像/文本
    }

    if (!itemList.Contains(curItem)) {
      curItem = null;                            如果没有选择物品,
    }                                            则隐藏按钮
    if (curItem == null) {
      curItemLabel.gameObject.SetActive(false);
      equipButton.gameObject.SetActive(false);
      useButton.gameObject.SetActive(false);     显示当前选择的
    }                                            物品
    else {
      curItemLabel.gameObject.SetActive(true);
      equipButton.gameObject.SetActive(true);    仅对血量包
      if (curItem == "health") {                 使用按钮
        useButton.gameObject.SetActive(true);
      } else {
        useButton.gameObject.SetActive(false);
      }

      curItemLabel.text = $"{curItem}:";
    }
  }
                                                 由鼠标单击监听器
  public void OnItem(string item) {              调用的函数
    curItem = item;
    Refresh();           在改变物品后
  }                      刷新仓库显示

  public void OnEquip() {
    Managers.Inventory.EquipItem(curItem);
    Refresh();
  }

  public void OnUse() {
    Managers.Inventory.ConsumeItem(curItem);
    if (curItem == "health") {
      Managers.Player.ChangeHealth(25);
    }
    Refresh();
  }
}
```

好长的脚本! 代码编写完毕后, 将界面中的其他对象链接到一起。这个 pop-up 对象的脚本组件现在包含各种对象引用, 包括两个数组, 展开这两个数组, 并设置长度为 4(如图 12.6 所示)。将四个图像拖到 icons 数组上, 然后将四个文本标签拖到 labels 数组上。

> **注意**　如果不确定某个对象被拖放到何处(它们看起来都一样)，可以单击 Inspector 面板中的槽，查看 Hierarchy 视图中高亮显示的对象。

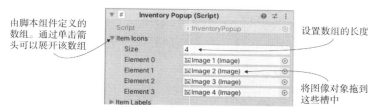

图 12.6　显示在 Inspector 面板中的数组

同样，组件中的槽引用了弹出窗口下方的文本标签和按钮。在链接这些对象之后，为这两个按钮添加 OnClick 监听器。将这些事件链接到 pop-up 对象上，并相应地选择 OnEquip()或 OnUse()。

最终，将 EventTrigger 组件添加到所有 4 个物品的图像上。InventoryPopup 脚本修改了每个图标上的 EventTrigger 组件，因此它们最好有这个组件！在 Add Component | Event 下找到 EventTrigger(通过单击组件顶角的小齿轮按钮来复制/粘贴组件可能会更方便：从一个对象中选择 Copy Component，在另一个对象上选择 Paste As New)。添加此组件，但不要分配事件监听器，因为该操作已在 InventoryPopup 代码中完成。

这样，仓库 UI 就完成了！运行游戏，当收集物品并单击按钮时，观察弹出的仓库窗口。现在我们已完成了前面项目中各部分的整合，接下来讲解如何从这个项目开始构建一个更复杂的游戏。

12.2　开发总体游戏结构

现在有了一个运作良好的动作 RPG 游戏演示版，下面构建这个游戏的总体结构。这意味着要构建游戏的整体流程，包括多个关卡和打通关卡的进度。第 9 章的项目只制作了一个关卡，但本章的路线图包括三个关卡。

为实现这一点，需要进一步将场景从 Managers 后台中分离，因此要广播与管理器相关的消息(与 PlayerManager 广播血量更新一样)。创建一个名为 StartupEvent(见代码清单 12.15)的新脚本。将这些事件放在一个独立的脚本中定义，因为这些事件要和可重用的 Managers 系统一起使用，而 GameEvent 是特定于游戏的。

代码清单 12.15   StartupEvent 脚本

```
public static class StartupEvent {
  public const string MANAGERS_STARTED = "MANAGERS_STARTED";
  public const string MANAGERS_PROGRESS = "MANAGERS_PROGRESS";
}
```

现在开始调整 Managers，包括广播这些新事件！

12.2.1 控制任务流和多个关卡

目前，项目只有一个场景，Game Managers 对象就位于该场景中。问题是：每个场景都有自己的游戏管理器集合，然而所有场景都应共享一组游戏管理器。为此，创建独立的 Startup 场景，它将初始化管理器，并和游戏的其他场景共享该对象。

还需要一个处理游戏进度的新管理器。创建一个名为 MissionManager 的新脚本(见代码清单 12.16)。

代码清单 12.16   创建 MissionManager

```
using System.Collections;
using System.Collections.Generic;
using UnityEngine;
using UnityEngine.SceneManagement;

public class MissionManager : MonoBehaviour, IGameManager {
  public ManagerStatus status {get; private set;}

  public int curLevel {get; private set;}
  public int maxLevel {get; private set;}

  private NetworkService network;

  public void Startup(NetworkService service) {
    Debug.Log("Mission manager starting...");
    network = service;

    curLevel = 0;
    maxLevel = 1;

    status = ManagerStatus.Started;
  }

  public void GoToNext() {
    if (curLevel < maxLevel) {          ◀────  检查是否到达
      curLevel++;                               最后一个关卡
      string name = $"Level{curLevel}";
      Debug.Log($"Loading {name}");
      SceneManager.LoadScene(name);     ◀────  加载场景的
    } else {                                    Unity 命令
      Debug.Log("Last level");
    }
```

```
  }
}
```

代码清单 12.16 中的大部分代码并没有什么特别之处，但要注意接近末尾的 LoadScene()方法。尽管之前(第 5 章)提起过这个方法，但现在它很重要。这个 Unity 方法用于加载场景文件，第 5 章使用它在游戏中重新加载场景，还可以通过传入场景文件的名称来加载任何场景。

将这个脚本附加到场景中的 Game Managers 对象上。同时为 Managers 脚本添加一个新组件(见代码清单 12.17)。

代码清单 12.17　为 Managers 脚本添加一个新组件

```
...
[RequireComponent(typeof(MissionManager))]

public class Managers : MonoBehaviour {
  public static PlayerManager Player {get; private set;}
  public static InventoryManager Inventory {get; private set;}
  public static MissionManager Mission {get; private set;}
  ...
  void Awake() {
    DontDestroyOnLoad(gameObject);        ◄──┐ Unity 的命令，用于让对象
                                              └ 在场景之间持久化
    Player = GetComponent<PlayerManager>();
    Inventory = GetComponent<InventoryManager>();
    Mission = GetComponent<MissionManager>();

    startSequence = new List<IGameManager>();
    startSequence.Add(Player);
    startSequence.Add(Inventory);
    startSequence.Add(Mission);
    StartCoroutine(StartupManagers());
  }

  private IEnumerator StartupManagers() {
    ...
    if (numReady > lastReady) {
      Debug.Log($"Progress: {numReady}/{numModules}");
      Messenger<int, int>.Broadcast(                    Startup 事件广播与
        StartupEvent.MANAGERS_PROGRESS, numReady, numModules); ◄─ 事件相关的数据
    }

    yield return null;
  }

  Debug.Log("All managers started up");                 Startup 事件广播时
  Messenger.Broadcast(StartupEvent.MANAGERS_STARTED); ◄──┤ 不使用参数
}
...
```

这里的大多数代码我们都应该很熟悉了(添加 MissionManager 和添加其他管理器

一样)，但还有两个新部分。一部分是发送两个整数值的事件。之前介绍过两个泛型事件和带单个数字的消息，但你也可使用相同的语法来发送任意数量的值。

另一部分新代码是 DontDestroyOnLoad()方法。它是由 Unity 提供的方法，用于在场景间持久化对象。通常，场景中的所有对象会随着新场景的加载而被清除，但通过在对象上使用 DontDestroyOnLoad()，可确保该对象在新场景中依然存在。

用于启动和关卡的不同场景

由于 Game Managers 对象将在所有场景中持久化，因此必须将管理器从游戏关卡中独立出来。在 Project 视图中，复制场景文件(Edit | Duplicate)，并适当地重命名两个文件：一个为 Startup，另一个为 Level1。打开 Level1，删除 Game Managers 对象(它将由 Startup 提供)。打开 Startup，删除 Game Managers、Controller、Main Camera、HUD Canvas 和 EventSystem 外的其他对象。为了调整摄像机，删除 OrbitCamera 组件，把 Clear Flags 菜单从 Skybox 改为 Solid Color。移除 Controller 上的脚本组件，并删除父节点为 Canvas 的 UI 对象(Health 标签和 Inventory Popup)。

这个 UI 当前是空的，因此创建一个新的滑动条(如图 12.7 所示)，关闭它的 Interactable 设置。Controller 对象不再有脚本组件，因此创建新的 StartupController 脚本，并附加到 Controller 对象上(见代码清单 12.18)。

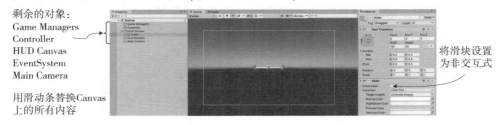

剩余的对象:
Game Managers
Controller
HUD Canvas
EventSystem
Main Camera

用滑动条替换Canvas上的所有内容

将滑块设置为非交互式

图 12.7　包含所有不必移除的对象的 Startup 场景

代码清单 12.18　新的 StartupController 脚本

```
using System.Collections;
using System.Collections.Generic;
using UnityEngine;
using UnityEngine.UI;

public class StartupController : MonoBehaviour {
  [SerializeField] Slider progressBar;

  void OnEnable() {
    Messenger<int, int>.AddListener(StartupEvent.MANAGERS_PROGRESS,
      OnManagersProgress);
    Messenger.AddListener(StartupEvent.MANAGERS_STARTED,
```

```
      OnManagersStarted);
  }
  void OnDisable() {
    Messenger<int, int>.RemoveListener(StartupEvent.MANAGERS_PROGRESS,
      OnManagersProgress);
    Messenger.RemoveListener(StartupEvent.MANAGERS_STARTED,
      OnManagersStarted);
  }

  private void OnManagersProgress(int numReady, int numModules) {
    float progress = (float)numReady / numModules;
    progressBar.value = progress;                    ◀── 更新滑动条,
  }                                                      显示加载进度

  private void OnManagersStarted() {
    Managers.Mission.GoToNext();                     ◀── 一旦管理器启动,
  }                                                      就加载下一个场景
}
```

接下来，将 Slider 对象链接到 Inspector 面板中的槽上。最后要做的准备是将两个场景添加到 Build Settings 中。构建应用是下一章要讨论的话题，因此现在只需要选择 File | Build Settings，查看并调整场景列表。单击 Add Open Scenes 按钮，将当前场景添加到列表中(加载两个场景，对每个场景执行这个操作)。

注意　需要将场景添加到 Build Settings 中，这样可以加载它们。如果不这样做，Unity 将不知道哪些场景是可用的。而在第 5 章中不需要这样做，因为不需要切换关卡——只是重载当前的场景。

现在可以在 Startup 场景中单击 Play 来运行游戏。Game Managers 对象将在两个场景中共享。

警告　因为管理器在 Startup 场景中加载，所以通常需要从 Startup 场景中启动游戏。记住，通常要在单击 Play 之前打开 Startup 场景，但有一个编辑器脚本可以在单击 Play 时自动将场景切换为所设置的场景，详见链接[4]。

提示　默认情况下，加载关卡时，照明系统会重新生成光照贴图，但这只在编辑关卡时有效；如果游戏正在运行，那么加载关卡时将不会生成光照贴图。如第 10 章所述，可以关闭 Lighting 窗口中的 Auto lighting(Window | Rendering | Lighting)，然后单击按钮，手动生成光照贴图(记住，不要访问所创建的照明数据)。

这种结构上的变化可以处理不同场景间的游戏管理器共享，但依然没有在关卡中设置任何成功/失败的条件。

12.2.2　到达出口，完成一个关卡

为了设置关卡任务，在场景中放置一个对象，让玩家触碰，当玩家达成目标时，该对象就通知 MissionManager。这将涉及 UI 如何响应关于关卡完成的消息，因此在 GameEvent 中添加另一个条目(见代码清单 12.19)。

代码清单 12.19　为 GameEvent 添加关卡完成

```
public static class GameEvent {
  public const string HEALTH_UPDATED = "HEALTH_UPDATED";
  public const string LEVEL_COMPLETE = "LEVEL_COMPLETE";
}
```

现在，为了跟踪任务目标并广播新事件消息，为 MissionManager 添加一个新方法(见代码清单 12.20)。

代码清单 12.20　MissionManager 中的目标方法

```
...
public void ReachObjective() {
  // could have logic to handle multiple objectives
  Messenger.Broadcast(GameEvent.LEVEL_COMPLETE);
}
...
```

调整 UIController 脚本，以响应该事件(见代码清单 12.21)。

代码清单 12.21　UIController 中的新事件监听器

```
...
[SerializeField] TMP_Text levelEnding;
...
void OnEnable() {
  Messenger.AddListener(GameEvent.HEALTH_UPDATED, OnHealthUpdated);
  Messenger.AddListener(GameEvent.LEVEL_COMPLETE, OnLevelComplete);
}
void OnDisable() {
  Messenger.RemoveListener(GameEvent.HEALTH_UPDATED, OnHealthUpdated);
  Messenger.RemoveListener(GameEvent.LEVEL_COMPLETE, OnLevelComplete);
}
...
void Start() {
  OnHealthUpdated();

  levelEnding.gameObject.SetActive(false);
  popup.gameObject.SetActive(false);
}
...
private void OnLevelComplete() {
  StartCoroutine(CompleteLevel());
}
private IEnumerator CompleteLevel() {
```

```
levelEnding.gameObject.SetActive(true);
levelEnding.text = "Level Complete!";

yield return new WaitForSeconds(2);          显示消息两秒钟，
                                             接着进入下一个关卡
Managers.Mission.GoToNext();
}
...
```

注意，这个代码清单包含一个对文本标签的引用。打开 Level1 场景，编辑它，创建一个新的 UI 文本对象。这个标签是出现在屏幕中间的关卡完成消息。设置文本的 Width 为 240，Height 为 60，水平和垂直对齐都是居中，Vertex Color 是黑色，Font Size 为 22。在文本区域中输入"Level Complete！"，然后将这个文本对象链接到 UIController 的 levelEnding 引用。

最后，创建一个玩家触摸的对象来完成关卡(图 12.8 显示了这个对象)。这和可收集的物品很类似：它需要一个材质和一个脚本，接下来制作整个对象的预制体。

在位置(18, 1, 0)创建一个立方体对象。选择 Box Collider 的 Is Trigger 选项，关闭 Mesh Renderer 中的 Cast 和 Receive Shadows，并将对象设置为 Ignore Raycast 层。创建一个新的名为 objective 的材质，将它设置为明亮的绿色，然后将着色器设置为 Unlit | Color，使其看起来平滑、明亮。接下来，创建 ObjectiveTrigger 脚本(见代码清单 12.22)，并将其附加到立方体对象上。

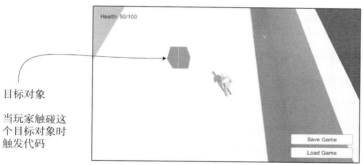

目标对象

当玩家触碰这个目标对象时触发代码

图12.8　用于被玩家触摸以完成关卡的目标对象

代码清单 12.22　附加到目标对象上的 ObjectiveTrigger 代码

```
using System.Collections;
using System.Collections.Generic;
using UnityEngine;

public class ObjectiveTrigger : MonoBehaviour {
  void OnTriggerEnter(Collider other) {      调用 MissionManager 中
    Managers.Mission.ReachObjective();       的新 objective 方法
  }
}
```

将这个对象从 Hierarchy 中拖到 Project 视图中，将它变成预制体，在未来的关卡中，可以将这个预制体放在场景中。现在运行游戏，让角色走向目标。当角色到达目标时，将显示完成的消息。接下来在失败时显示失败消息。

12.2.3　被敌人捉到时闯关失败

失败条件是指玩家消耗完血量(由于敌人的攻击)。首先在 GameEvent 中添加另一个条目：

```
public const string LEVEL_FAILED = "LEVEL_FAILED";
```

现在调整 PlayerManager，当玩家血量降为 0 时广播这个消息(见代码清单 12.23)。

代码清单 12.23　从 PlayerManager 广播关卡失败

```
...
public void Startup(NetworkService service) {
  Debug.Log("Player manager starting...");
  network = service;

  UpdateData(50, 100);    ◀── 调用 update 方法而
                              不是直接设置变量
  status = ManagerStatus.Started;
}

public void UpdateData(int health, int maxHealth) {
  this.health = health;
  this.maxHealth = maxHealth;
}

public void ChangeHealth(int value) {
  health += value;
  if (health > maxHealth) {
    health = maxHealth;
  } else if (health < 0) {
    health = 0;
  }

  if (health == 0) {
    Messenger.Broadcast(GameEvent.LEVEL_FAILED);
  }
  Messenger.Broadcast(GameEvent.HEALTH_UPDATED);
}
                            ◀── 将玩家重置
                                为初始状态
public void Respawn() {
  UpdateData(50, 100);
}
...
```

添加一个方法到 MissionManager 中，以重新启动关卡(见代码清单 12.24)。

代码清单 12.24　可以重启当前关卡的 MissionManager

```
...
public void RestartCurrent() {
  string name = $"Level{curLevel}";
  Debug.Log($"Loading {name}");
  SceneManager.LoadScene(name);
}
...
```

处理完这些后，将另一个事件监听器添加到 UIController 中(见代码清单 12.25)。

代码清单 12.25　在 UIController 中响应关卡失败

```
...
Messenger.AddListener(GameEvent.LEVEL_FAILED, OnLevelFailed);
...
Messenger.RemoveListener(GameEvent.LEVEL_FAILED, OnLevelFailed);
...
private void OnLevelFailed() {
  StartCoroutine(FailLevel());
}
private IEnumerator FailLevel() {
  levelEnding.gameObject.SetActive(true);        ◀── 重用相同的文本标签，
  levelEnding.text = "Level Failed";                    但设置为不同的消息

  yield return new WaitForSeconds(2);

  Managers.Player.Respawn();                      ◀── 在暂停两秒后
  Managers.Mission.RestartCurrent();                   重新开始当前关卡
}
...
```

运行游戏，让敌人多次射中玩家，最后将出现关卡失败的消息。现在玩家可以完成关卡，或者闯关失败！在此基础上，游戏必须跟踪玩家的进度。

12.3　处理玩家在游戏过程中的进度

现在各个关卡独立操作，和整个游戏没有太大关系。接下来添加两个处理代码，使游戏的进度更加完整：保存玩家进度，检测游戏(而不仅仅是关卡)是否通关。

12.3.1　保存并加载玩家进度

保存和加载游戏是大多数游戏的重要组成部分。Unity 和 Mono 提供了 I/O 功能来实现该任务。但在开始使用之前，必须在 MissionManager 和 InventoryManager 中添加 UpdateData()。这个方法将像在 PlayerManager 中一样工作，并且允许管理器外部的代码更新管理器中的数据。代码清单 12.26 和代码清单 12.27 显示了更改后的管理器。

代码清单 12.26 MissionManager 中的 UpdateData()方法

```
...
public void Startup(NetworkService service) {
  Debug.Log("Mission manager starting...");

  network = service;                    使用新方法
                                        修改这一行
  UpdateData(0, 1);      ◄

  status = ManagerStatus.Started;
}

public void UpdateData(int curLevel, int maxLevel) {
  this.curLevel = curLevel;
  this.maxLevel = maxLevel;
}
...
```

代码清单 12.27 InventoryManager 中的 UpdateData()方法

```
...
public void Startup(NetworkService service) {
  Debug.Log("Inventory manager starting...");

  network = service;
                                                     初始化一个
                                                     空列表
  UpdateData(new Dictionary<string, int>());  ◄

  status = ManagerStatus.Started;
}

public void UpdateData(Dictionary<string, int> items) {
  this.items = items;
}
                                        为了保存游戏需要使用 getter 方法,
                                        以访问数据
public Dictionary<string, int> GetData() {  ◄
  return items;
}
...
```

现在不同的管理器都有了 UpdateData()方法，数据可以在一个新代码模块中保存。保存数据会涉及一个被称为序列化数据的过程。

定义 序列化(serialize)意味着将一批数据编码为可以保存的形式。

接下来将游戏保存为二进制数据，但注意，C#也完全能胜任保存文本文件的任务。例如，第 10 章中使用的 JSON 字符串就是把数据序列化为文本。之前的章节使用的是

PlayerPrefs,但本项目将保存为一个本地文件(PlayerPrefs 仅用于保存少量的值,例如设置的值,而不是整个游戏所用的值)。创建 DataManager 脚本(见代码清单 12.28)。

警告　不能在网页游戏中访问文件系统。这是 Web 浏览器的一个安全特性。为了保存网页游戏的数据,需要编写一个插件,如下一章所述,或将数据发送到服务器。

代码清单 12.28　用于 DataManager 的新脚本

```
using System.Collections;
using System.Collections.Generic;
using System.Runtime.Serialization.Formatters.Binary;
using System.IO;
using UnityEngine;

public class DataManager : MonoBehaviour, IGameManager {
  public ManagerStatus status {get; private set;}

  private string filename;

  private NetworkService network;

  public void Startup(NetworkService service) {
    Debug.Log("Data manager starting...");

    network = service;

    filename = Path.Combine(                          构建game.dat文件
      Application.persistentDataPath, "game.dat");     的完整路径
    status = ManagerStatus.Started;
  }

  public void SaveGameState() {
    Dictionary<string, object> gamestate =            将被序列化的
      new Dictionary<string, object>();               Dictionary
    gamestate.Add("inventory", Managers.Inventory.GetData());
    gamestate.Add("health", Managers.Player.health);
    gamestate.Add("maxHealth", Managers.Player.maxHealth);
    gamestate.Add("curLevel", Managers.Mission.curLevel);
    gamestate.Add("maxLevel", Managers.Mission.maxLevel);

    using (FileStream stream = File.Create(filename)) {   在文件路径中
      BinaryFormatter formatter = new BinaryFormatter();   创建一个文件
      formatter.Serialize(stream, gamestate);         将Dictionary序列化为
    }                                                 所创建文件的内容
  }

  public void LoadGameState() {                        只有当文件存在
    if (!File.Exists(filename)) {                      时才继续加载
      Debug.Log("No saved game");
      return;
    }
                                                      用于放置所加载
                                                      数据的 Dictionary
    Dictionary<string, object> gamestate;
```

```
using (FileStream stream = File.Open(filename, FileMode.Open)) {
  BinaryFormatter formatter = new BinaryFormatter();
  gamestate = formatter.Deserialize(stream) as Dictionary<string,
  ➥ object>;
}

Managers.Inventory.UpdateData((Dictionary<string,           使用反序列化的
➥ int>)gamestate["inventory"]);                            数据更新管理器
Managers.Player.UpdateData((int)gamestate["health"],
➥ (int)gamestate["maxHealth"]);
Managers.Mission.UpdateData((int)gamestate["curLevel"],
➥ (int)gamestate["maxLevel"]);
Managers.Mission.RestartCurrent();
  }
}
```

　　Startup()期间，将使用 Application.persistentDataPath 来构建完整的文件路径，这是 Unity 提供的用于保存数据的位置。文件的精确位置在不同的平台上会有所不同，但 Unity 将它抽象到这个静态变量中。File.Create()方法会创建一个二进制文件。如果想创建一个文本文件，就调用 File.CreateText()方法。

警告　当构建文件路径时，不同计算机平台的路径分隔符也不同。C#中通过 Path.DirectorySeparatorChar 可以解决该问题。

　　打开 Startup 场景，找到 Game Managers。将 DataManager 脚本组件添加到 Game Managers 对象上，接着将新的管理器添加到 Managers 脚本中(见代码清单 12.29)。

代码清单 12.29　将 DataManager 添加到 Managers

```
...
[RequireComponent(typeof(DataManager))]
...
public static DataManager Data {get; private set;}
...
void Awake() {
  DontDestroyOnLoad(gameObject);

  Data = GetComponent<DataManager>();
  Player = GetComponent<PlayerManager>();
  Inventory = GetComponent<InventoryManager>();
  Mission = GetComponent<MissionManager>();        管理器以这
                                                   个顺序启动
  startSequence = new List<IGameManager>();
  startSequence.Add(Player);
  startSequence.Add(Inventory);
  startSequence.Add(Mission);
  startSequence.Add(Data);

  StartCoroutine(StartupManagers());
```

```
    }
    ...
```

警告　*因为 DataManager 要用到其他管理器(以更新它们)，所以应该确保其他管理器在启动序列中出现在 DataManager 之前。*

最后，在 Level 1 中添加按钮，以使用 DataManager 中的函数(图 12.9 展示了这些按钮)。创建两个按钮，使它们的父节点为 HUD Canvas(而不是 Inventory 弹出窗口)。将它们命名(设置附加的文本对象)为 Save Game 和 Load Game，并将 Anchor 按钮设置在右下角，然后将这两个按钮定位在(-100, 65)和(-100, 30)。

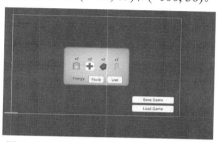

图 12.9　屏幕右下角的 Save 和 Load 按钮

这些按钮将链接到 UIController 中的函数，因此编写这些方法(见代码清单 12.30)。

代码清单 12.30　UIController 中的 Save 和 Load 方法

```
...
public void SaveGame() {
  Managers.Data.SaveGameState();
}

public void LoadGame() {
  Managers.Data.LoadGameState();
}
...
```

将这些函数链接到按钮的 OnClick 监听器(在 OnClick 设置中添加一个代码清单，并将其拖入 UIController 对象，然后从菜单中选择函数)。现在运行游戏，捡起一些物品，使用血量包增加血量，接着保存游戏。重启游戏，检查仓库，以验证它是否为空。单击 Load，现在保存游戏时，就有了血量和物品的信息。

12.3.2　完成三个关卡，游戏通关

正如保存的玩家进度所示，这个游戏可以有多个关卡，而不仅仅是当前测试的一个关卡。为了正确处理多个关卡，游戏不仅要检查单个关卡的完成进度，还要检查整个游戏的完成进度。为此，首先添加另一个 GameEvent：

```
public const string GAME_COMPLETE = "GAME_COMPLETE";
```

现在修改 MissionManager，在最后一个关卡(见代码清单 12.31)之后广播消息。

代码清单 12.31　在 MissionManager 中广播游戏完成

```
...
public void GoToNext() {
  ...
  } else {
    Debug.Log("Last level");
    Messenger.Broadcast(GameEvent.GAME_COMPLETE);
  }
}
```

在 UIController 中响应该消息(见代码清单 12.32)。

代码清单 12.32　将事件监听器添加到 UIController 中

```
...
Messenger.AddListener(GameEvent.GAME_COMPLETE, OnGameComplete);
...
Messenger.RemoveListener(GameEvent.GAME_COMPLETE, OnGameComplete);
...
private void OnGameComplete() {
  levelEnding.gameObject.SetActive(true);
  levelEnding.text = "You Finished the Game!";
}
...
```

尝试完成关卡，并观察会发生什么情况：像之前一样将玩家移到关卡目标，以完成关卡。首先会显示 Level Complete 消息，但在几秒后，该消息会变为游戏完成消息。

添加更多关卡

此时，可以添加任意数量的额外关卡，而 MissionManager 将监听最后的关卡。本章最后需要将更多的关卡添加到项目中，以演示多关卡的游戏进度。

将 Level1 场景文件复制两次(Unity 应该自动递增数字为 Level2 和 Level3)，将新关卡添加到 Build Settings 中(以便可以在游戏过程中加载它们，记得要生成照明效果)。修改每个场景，以找出不同关卡的区别。随意重新排列大多数场景，但必须保留一些必需的游戏元素：标记为 Player 的玩家对象、设置为 Ground 层的地面对象和目标对象、Controller、HUD Canvas 以及 EventSystem。

构建共享的 HUD

UI 与关卡的其他部分一起被复制，会导致出现 3 个相同的 UI 设置。这对于小型学习项目来说很好，但对于一款带有许多关卡的大型游戏来说就太麻烦了。相反，应该将 UI 移至各关卡共享的中心位置。

就像在 Startup 场景中所做的那样，可以将 UI(包括 HUD Canvas 和 EventSystem)放在一个单独的场景中，以便在加载关卡时一起加载。然而，与 Startup 场景不同的是，你可能想更谨慎地控制 UI 的加载，而不是简单地使用 DontDestroyOnLoad()函数。这个函数导致对象在所有场景中持久存在，但在游戏的每个场景中，UI 并不完全相同。例如，游戏的开始菜单场景通常具有不同于所有关卡的 UI。

Unity 通过 Additive 场景加载模式解决了这个问题。在这种模式下加载的场景会被添加到已经加载的场景中，而不是取代它。例如，修改这个项目的代码来使用一个共享的 UI 场景，只需要在 MissionManager 中每一个标准的 LoadScene()调用后，立即添加一行类似 SceneManager.LoadScene("HUDScene"/LoadSceneMode.Additive);的代码。关于这个可选场景加载模式的更多内容详见链接[5]。

还需要调整 MissionManager 来加载新关卡。将调用 UpdateData(0, 1)改为调用 UpdateData(0, 3)，从而将 maxLevel 更改为 3。现在开始玩游戏，你最初会从 Level1 开始，达到关卡目标后你将进入下一关卡！顺便说一下，也可以在后续的关卡中保存游戏，看看游戏是否会恢复该进度。

现在知道了如何创建带有多个关卡的完整游戏。显然，下一个任务是最后一章的内容：将游戏交付到玩家手中。

练习：将音频集成到完整的游戏中

第 11 章介绍了如何在 Unity 中实现音频播放。这里没有解释如何将音频集成到本章的项目中，但你应该知道实现方式。不妨试着将前面章节的音频功能集成到本章项目中，以提高自己的技能。提示：要修改用于开关音频设置弹出窗口的按键，以免和仓库弹出窗口冲突。

12.4　小结

- Unity 简化了从不同类型的游戏项目中重用资源和代码的过程。
- 射线投射的另一个主要用途是判定玩家单击了场景中的哪个位置。
- Unity 为加载关卡和在关卡间持久化对象提供了一些简单的方法。
- 通过响应游戏中的不同事件来实现关卡升级。
- 可使用 C#提供的 I/O 方法在 Application.persistentDataPath 中存储数据。

第13章

将游戏部署到玩家设备上

本章涵盖：
- 为不同的平台构建应用程序包
- 指定发布选项，例如应用程序图标或名称
- 与 Web 游戏中的网页交互
- 为移动平台上的应用程序开发插件

只要通读本书，就能学会在 Unity 中编写各种游戏，但还缺失至关重要的最后一步：将游戏部署给玩家。如果游戏不能在 Unity 编辑器以外的环境中运行，那么除了开发者，没有人对它有兴趣。Unity 在这最后一步表现出色，可以为多种不同的游戏平台构建应用程序。本章将讲解如何为这些不同的平台构建游戏。

为平台构建游戏，意味着要生成一个在该平台上运行的应用程序包。平台不同，在每个平台(Windows、iOS 等)上构建应用程序的具体形式也不同，但一旦生成了可运行的程序，应用程序包就可以脱离 Unity 运行，并分发给玩家。一个 Unity 项目可以部署到任何平台，不必为每个平台重新制作。

"构建一次，到处部署"的能力适用于游戏中的大多数功能，但不是全部功能。据估计，Unity 的所有代码(例如，本书完成的几乎所有代码)中，约 95%是与平台无关的，可以在所有平台上正常运行。但一些特殊的任务因平台而异，因此接下来讨论这些特定于平台的开发领域。

Unity 可以为下列平台构建应用程序：
- Windows PC
- macOS
- Linux
- WebGL

- Android
- iOS
- tvOS
- Oculus VR
- VIVE VR
- Windows Mixed Reality
- Microsoft HoloLens
- Magic Leap

此外，通过与平台的拥有者达成协议，Unity 还可以为下列平台构建应用：

- Xbox One
- Xbox Series X
- PlayStation 4
- PlayStation 5
- Nintendo Switch

完整的列表很长，比大多数其他游戏开发工具支持的平台要多得多。本章重点介绍前 6 个平台，因为这些平台对于探索 Unity 的大多数人来说是最感兴趣的，但请知晓有多少平台可供选择。

为了查看所有这些平台，打开 Build Settings 窗口。前面章节使用过该窗口添加要加载的场景。要访问这个窗口，选择 File | Build Settings。第 12 章只讨论了列表顶部的几个选项，现在应该关注底部的按钮(如图 13.1 所示)。注意平台列表占用了很多空间，Unity 图标指明了当前激活的平台。

> **注意** 在安装 Unity 时，Unity Hub 会要求用户指定想要哪个导出模块，你可以只构建所选的模块。如果稍后要安装最初没有选择的模块，进入 Unity Hub 中的 Installs，单击想要修改的 Unity 版本对应的三个点，然后在菜单中选择 Add Modules。

窗口底部也有 Player Settings 和 Build/Switch Platform 按钮。单击 Player Settings，可在 Inspector 中查看应用程序的设置，例如应用程序的名称和图标。另一个 Build/Switch Platform 按钮根据在平台列表中选择的平台更改其标签。如果选择了活动平台，单击 Build 将启动构建过程。对于其他任何平台，单击 Switch platform 会使该平台成为 Unity 当前正在处理的活动平台。

> **警告** 在大型项目中，切换平台通常需要花费很长的时间，请确保自己有时间等待。这是因为 Unity 以适合每个平台的方式重新压缩了所有资源(例如，贴图)。

加载的场景列表
(这是第12章的列表)

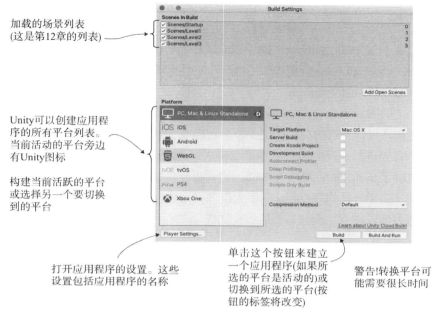

Unity可以创建应用程序的所有平台列表。
当前活动的平台旁边有Unity图标

构建当前活跃的平台或选择另一个要切换到的平台

打开应用程序的设置。这些设置包括应用程序的名称

单击这个按钮来建立一个应用程序(如果所选的平台是活动的)或切换到所选的平台(按钮的标签将改变)

警告!转换平台可能需要很长时间

图 13.1　Build Settings 窗口

提示　Build And Run 的作用与 Build 一样，但它会自动运行构建的应用程序。我通常更想手动运行，因此很少使用 Build And Run。

单击 Build 时，首先会弹出一个文件选择器，以便告诉 Unity 在哪里生成应用程序包。一旦选择了文件位置，构建过程将开始。Unity 将为当前激活的平台创建可运行的应用程序包，接下来介绍针对大多数主流平台：桌面、Web、移动的构建过程。

13.1　构建到桌面端：Windows、Mac 和 Linux

当首次学习构建 Unity 游戏时，最简单的方法是将其部署到台式机——Windows PC、Mac OS 或 Linux 上。由于 Unity 可以在台式机上运行，因此构建适合正在使用的计算机的应用程序即可。

注意　打开本节中要使用的项目，严格来说，任何 Unity 项目都可以。强烈建议在每节中使用不同的项目，以理解 Unity 可以将任何项目编译到任何平台这个事实！

13.1.1 构建应用程序

首先选择 File | Build Settings，打开 Build Settings 窗口。默认情况下，当前平台一般设置为 PC、Mac 和 Linux，但如果当前平台不是上述平台，可以从列表中选择正确的平台，并单击 Switch Platform。

在窗口右边有一个 Target Platform 菜单。这个菜单允许在 Windows PC、Mac OS X 和 Linux 之间选择。左边的列表把这 3 个平台当成一个平台，但这三个平台之间的差异很大，因此要选择正确的平台。

一旦选择了桌面平台，就单击 Build，会弹出一个文件对话框，允许选择应用程序的构建位置。之后开始构建过程，对于大型项目，这可能会需要一段时间，但对于前面制作的小型演示游戏，构建过程应该会很快。

> **自定义 post-build 脚本**
>
> 尽管基本的构建过程适用于大多数情形，但有些步骤在每次构建游戏时都要执行(例如，将帮助文件移到与应用程序相同的目录中)。可以将这些步骤放入脚本中编成程序，并在构建过程完成后执行该脚本，就可以使这些任务自动化。
>
> 首先，在Project视图中创建文件夹，将之命名为Editor。任何影响Unity编辑器(包括构建过程)的脚本必须放在Editor文件夹中。在该文件夹中创建一个新脚本，将其命名为TestPostBuild，然后编写如下代码清单：
>
> ```
> using UnityEngine;
> using UnityEditor;
> using UnityEditor.Callbacks;
>
> public static class TestPostBuild {
>
>   [PostProcessBuild]
>   public static void OnPostprocessBuild(BuildTarget target, string
>     pathToBuiltProject) {
>     Debug.Log($"build location: {pathToBuiltProject}");
>   }
> }
> ```
>
> 指令[PostProcessBuild] 告诉脚本，在构建完之后立刻运行这个函数。这个函数将接收应用程序构建的位置，这样就可以对该位置使用 C#提供的各种文件系统命令。

应用程序将出现在选定的位置，双击并运行它，就像其他程序一样。这很简单！构建应用程序非常简单，但该过程可以通过各种方式自定义。下面看看如何调整构建过程。

提示　在 Windows 上使用 Alt+F4 组合键或在 Mac 上使用 Cmd+Q 组合键，退出全屏
　　　游戏。要结束游戏，应该有一个调用 Application.Quit()方法的按钮。

13.1.2　调整 Player Settings：设置游戏的名称和图标

回到 Build Settings 窗口，但这次单击 Player Settings 而不是 Build。在 Inspector 面
板中会显示一个很长的设置列表(如图 13.2 所示)，这些设置控制了应用程序构建过程
的某些方面。

图 13.2　显示在 Inspector 面板中的玩家设置

因为有大量设置，所以可能需要在 Unity 指南中查看它们的使用方法，详见链接[1]。
顶部的前几个设置最容易理解：Company Name、Product Name、Version 和 Default
Icon。可以为前三个设置输入值。Company Name 是开发工作室的名称，而 Product Name
是这个产品的名称，Version 是随着游戏更新而增加的数字代号。接着从 Project 视图(如
果需要，导入一个图像到项目中)中拖动图像，以将图像设置为图标，当应用程序构建
完毕后，这个图像将作为应用程序的图标。

自定义应用程序的图标和名称对于游戏的最终外观很重要。自定义应用程序构建
行为的另一个重要方式是使用平台依赖的代码。

13.1.3　平台依赖的编译

默认情况下，我们编写的所有代码在所有平台上都以相同的方式运行。但 Unity
提供了一些编译器指令(称为平台定义)，能够让不同代码运行在不同的平台上。可参
考 Unity 指南中的完整平台定义列表，详见链接[2]。

如页面所示，指令可用于 Unity 支持的每个平台，这样你就可以在每个平台上运行单独的代码。通常大部分代码不一定包含在平台指令中，但偶尔小部分代码需要在不同的平台上以不同的方式运行。例如，一些代码程序集仅在一个平台上存在，因此需要让平台编译器指令包含那些命令。代码清单 13.1 展示了如何编写这样的代码。

代码清单 13.1 PlatformTest 脚本展示了如何编写平台依赖的代码

```
using System.Collections;
using System.Collections.Generic;
using UnityEngine;

public class PlatformTest : MonoBehaviour {        这部分代码只运行
  void OnGUI() {                                    在编辑器中
#if UNITY_EDITOR
    GUI.Label(new Rect(10, 10, 200, 20), "Running in Editor");      仅在桌面/单机
#elif UNITY_STANDALONE                                              应用程序中
    GUI.Label(new Rect(10, 10, 200, 20), "Running on Desktop");
#else
    GUI.Label(new Rect(10, 10, 200, 20), "Running on other platform");
#endif
  }
}
```

创建一个名为 PlatformTest 的脚本，在其中输入代码清单 13.1 所示的代码。将这个脚本附加到场景的对象上(对任何对象都可以这样做以进行测试)，屏幕左上角将出现一条小消息。在 Unity 编辑器中运行游戏时，消息将显示"Running in the Editor"。但如果构建游戏，并运行构建好的应用程序，消息就变成"Running On Desktop"。在不同情况下将运行不同的代码！

对于这个测试，我们的平台定义是将所有桌面平台视为一个平台，也可以如文档页面所示，Windows、Mac 和 Linux 都有可用的单独平台定义。实际上，Unity 支持的所有平台都有平台定义，因此可以在这些平台上面运行不同的代码。接下来转到下一个重要的平台：Web。

Quality 设置

构建的应用程序也受 Edit 菜单下的项目设置(project settings)的影响。特别是可以在此调整最终应用程序的视觉质量。单击 Edit 菜单中的 Project Settings 打开该窗口，从左边的菜单中选择 Quality。

Quality 设置显示在窗口的右边，而最重要的设置是顶部的复选标记网格。Unity 可以发布的不同目标平台在顶部以图标的形式列出，而可能的质量设置也在旁边列出来。适用于平台的质量设置，复选框为选中状态；对于正在使用的设置，复选框突出显示为绿色。大多数情况下，这些设置默认是 Very Low (质量最差)，但如果质量太差，也可以改为 Ultra 质量。如果单击平台列下方的下拉箭头，将出现一个弹出菜单。

UI 同时有复选框和默认菜单，看起来有点多余，但确实需要它们。不同的平台通常有不同的图形特性，因此 Unity 允许为不同的构建目标设置不同的质量级别(例如，在桌面平台使用最好质量，而在移动平台使用较差质量)，如图 13.3 所示。

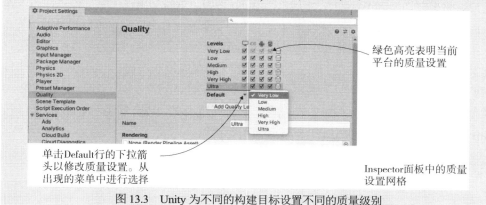

图 13.3　Unity 为不同的构建目标设置不同的质量级别

13.2　构建到 Web 端

虽然桌面平台是最基本的构建目标，但 Unity 游戏的另一个重要平台是 Web。将游戏部署到 Web 意味着游戏可以在 Web 浏览器内运行，因此玩家能够在互联网上玩游戏。

Unity Web Player 和 HTML5/ WebGL

最初，Unity 必须借助自定义浏览器插件来部署 Web 构建。这在很长一段时间内都是必需的，因为 3D 图形并未内置于 Web 浏览器中。然而在随后几年，大多数浏览器采用了 WebGL，它是一种 Web 3D 图形标准。技术上而言，WebGL 是和 HTML5 分离的，尽管在讨论 Web 3D 时，这两个术语是相关的且通常可以互换。

在 Unity 5 中，WebGL 被添加到构建应用程序的平台列表中，几个版本之后，浏览器插件被删除，使得 WebGL 成为进行 Web 构建的唯一途径。在某种程度上，Unity Web 构建中的这些变化是由 Unity(公司)的战略决策驱动的。这些变化也受到浏览器制造商的推动，他们抛弃自定义插件，并将 HTML5/WebGL 作为开发交互式 Web 应用程序(包括游戏)的方法。

13.2.1 构建嵌入网页的游戏

打开一个不同的项目(同样,这是为了强调任何项目都适用),打开 Build Settings 窗口。将平台切换到 WebGL,然后单击 Build 按钮。这时会出现一个文件选择器,输入应用程序的名称 WebTest,并根据需要更改到安全的位置(即 Unity 项目以外的位置)。

现在,构建过程将创建一个包含 index.html 网页的文件夹,并为游戏的所有代码和其他资源创建子文件夹。打开这个 Web 页面,游戏应该嵌入到空页面的中间。此时,需要从 Web 服务器运行游戏,而不是简单地将 index.html 作为本地文件打开。如第 10 章所述,如果已经有了一个网站,就可以使用现有的 Web 服务器,或者可以在 http://localhost/上用类似 XAMPP 的软件包进行测试。

注意　可能需要调整 Web 服务器的设置,以正确处理 WebGL 构建中的压缩档案。Unity 手册(详见链接[3])解释了这些服务器设置,如果因为某些原因不能调整这些设置(例如,无法配置位于第三方网站上的游戏),也可以告诉 Unity 在构建中包含一个解压缩器。可在 WebGL 播放器设置的 Publishing Settings 部分打开 Decompressor Fallback。这个设置在默认情况下是关闭的,因为浏览器的解压缩效果更好。但是要注意,这个设置在打开的情况下,你将不会注意到配置错误的服务器。

这个页面并没有什么特别之处,它只是测试游戏的一个例子。你可以自定义该页面的代码,甚至提供自己的 Web 页面(稍后介绍)。其中,最重要的定制之一是启用 Unity 和浏览器之间的通信,参见下一节。

13.2.2 与浏览器中的 JavaScript 通信

Unity Web 游戏可以和浏览器(更精确地说是运行在浏览器上的 JavaScript)通信,而这些消息可以双向传输:从 Unity 发送到浏览器,以及从浏览器发送到 Unity。要发送消息到浏览器,需要把 JavaScript 代码写入代码库,然后 Unity 有一些特殊的命令来使用该库中的函数。

对于来自浏览器的消息,浏览器中的 JavaScript 根据名称标识一个对象,然后 Unity 将消息传递给场景中的指定对象。因此场景中必须有一个能从浏览器接收通信的对象。

为了演示这些任务,在 Unity 中创建一个名为 WebTestObject 的新脚本。同时在激活的场景中创建一个名为 JSListener 的空对象(场景中的对象必须使用准确的名称,因为代码清单 13.4 中的 JavaScript 代码使用了该名称)。将新脚本附加到 JSListener 对象上,接着编写代码清单 13.2 所示的代码。

代码清单 13.2　用于测试与浏览器通信的 WebTestObject 脚本

```
using System.Runtime.InteropServices;
using UnityEngine;

public class WebTestObject : MonoBehaviour {
  private string message;

  [DllImport("__Internal")]               ← 从 JS 库中
  private static extern void ShowAlert(string msg);     导入函数

  void Start() {
    message = "No message yet";
  }

  void Update() {                              ← 当鼠标单击时，
    if (Input.GetMouseButtonDown(0)) {             调用导入的函数
      ShowAlert("Hello out there!");
    }
  }

  void OnGUI() {                                        ← 在屏幕左上角
    GUI.Label(new Rect(10, 10, 200, 20), message);        显示消息
  }
                                                       ← 被浏览器调用
  public void RespondToBrowser(string message) {          的函数
    this.message = message;
  }
}
```

主要的新增代码是 DLLImport 命令。它从 JavaScript 库中导入一个函数，以便在 C#代码中使用。这显然意味着需要有一个 JavaScript 库，所以接下来编写这个库。

首先创建包含该库的特殊文件夹：创建一个名为 Plugins 的文件夹，并在其中创建一个名为 WebGL 的文件夹。现在，将一个名为 WebTest 的文件放在 WebGL 文件夹中，该文件的扩展名为 jslib(即 WebTest.jslib)。最简单的方法是在 Unity 之外创建一个文本文件，重命名它，然后将该文件拖进来。Unity 将这个文件识别为 JavaScript 库，所以在其中编写如代码清单 13.3 所示的代码。

代码清单 13.3　JavaScript 库 WebTest

```
mergeInto(LibraryManager.library, {
                                       ← 从 C#中导入并
  ShowAlert: function(msg) {               调用的函数
    window.alert(Pointer_stringify(msg));
  },

});
```

jslib 文件包括一个包含函数的 JavaScript 对象和将定制对象合并到 Unity 库管理器中的命令。注意，除了标准的 JavaScript 命令之外，编写的函数还包括 Pointer_stringify()。

从 Unity 传递字符串时，它会变成一个数字标识符，因此 Unity 提供了该函数，来查找它指向的字符串。

现在，再一次构建 Web，以查看新代码的运行情况。单击 Web 页面的 Unity 游戏部分时，Unity 中的 WebTestObject 会调用 JavaScript 代码中的函数，尝试单击几次，将看到浏览器中的提示框。

> **注意** Unity 还具有 Application.ExternalEval()方法，用于在浏览器中运行代码，
> ExternalEval()会运行任意 JavaScript 片段，而不是调用已定义的函数。这个方法
> 已被废弃，应避免使用，但有时它却简单有效，比如使用如下代码来重新加载
> 页面：
>
> ```
> Application.ExternalEval("location.reload();");
> ```

前面在网页上测试了从 Unity 游戏到 JavaScript 的通信，但 Web 页面也可以将消息发送到 Unity 中，下面完成这个操作。这要用到页面上的新代码和按钮，幸运的是，Unity 提供了定制 Web 页面的简单方法。具体来说，Unity 在构建到 WebGL 时，会填充 Web 页面模板，你可以选择使用定制模板，而不是默认模板。

可以在/WebGLSupport/BuildTools/WebGLTemplates 下的 Unity 安装文件夹中找到默认模板(通常，Windows 上，该文件夹位于 C:\Program Files\Unity\Editor\Data；Mac 上，该文件夹位于/Applications/Unity/Editor)。在文本编辑器中打开一个模板页面，会看到该模板主要是标准的 HTML 和 JavaScript，加上一些特殊的标签，Unity 会用生成的信息来替换这些标签。尽管不使用 Unity 的内置模板很好，但它们(尤其是最小的模板)为构建你自己的模板打下了良好的基础。下面将把最小模板网页复制到你创建的自定义模板中。

在 Unity 的 Project 视图中，在 Assets 目录下直接创建一个名为 WebGLTemplates(不含空格)的文件夹，在其中保存定制模板。现在在该文件夹中创建一个名为 WebTest 的子文件夹，用于保存新模板。把 index.html 文件放在这里(可以从最小模板的网页中复制)，在文本编辑器中打开它，并在其中编写如代码清单 13.4 所示的代码。

代码清单 13.4　支持浏览器-Unity 通信的 WebGL 模板

```
<!DOCTYPE html>
<html lang="en-us">
  <head>
    <meta charset="utf-8">
    <meta http-equiv="Content-Type" content="text/html; charset=utf-8">
    <title>Unity WebGL Player | {{{ PRODUCT_NAME }}}</title>
    <style>body { background-color: #333; }</style>    ◄──── 使页面变成黑色，
  </head>                                                        而不是白色
```

```
  <body style="text-align: center">
   <canvas id="unity-canvas" width={{{ WIDTH }}} height={{{ HEIGHT }}}
    style="width: {{{ WIDTH }}}px; height: {{{ HEIGHT }}}px; background: {{{
    BACKGROUND_FILENAME ? 'url(\'Build/' + BACKGROUND_FILENAME.replace(/'/g,
    '%27') + '\') center / cover' : BACKGROUND_COLOR }}}"></canvas>
   <br><input type="button" value="Send to Unity" onclick="SendToUnity();" />

   <script src="Build/{{{ LOADER_FILENAME }}}"></script>
   <script>
     var unityInstance = null;

     createUnityInstance(document.querySelector("#unity-canvas"), {
       dataUrl: "Build/{{{ DATA_FILENAME }}}",
       frameworkUrl: "Build/{{{ FRAMEWORK_FILENAME }}}",
       codeUrl: "Build/{{{ CODE_FILENAME }}}",
#if MEMORY_FILENAME
       memoryUrl: "Build/{{{ MEMORY_FILENAME }}}",
#endif
#if SYMBOLS_FILENAME
       symbolsUrl: "Build/{{{ SYMBOLS_FILENAME }}}",
#endif
       streamingAssetsUrl: "StreamingAssets",
       companyName: "{{{ COMPANY_NAME }}}",
       productName: "{{{ PRODUCT_NAME }}}",
       productVersion: "{{{ PRODUCT_VERSION }}}",
     }).then((createdInstance) => {
       unityInstance = createdInstance;
     });

     function SendToUnity() {
       unityInstance.SendMessage("JSListener",
         "RespondToBrowser", "Hello from the browser!");
     }
   </script>
  </body>
</html>
```

调用 JavaScript
函数的按钮

SendMessage()指向 Unity
中指定的对象

如果复制最小模板，代码清单 13.4 就只是添加了几行代码。两个重要的新代码是
脚本标记中的函数和页面上的输入按钮，添加的样式改变了页面的颜色，这样更容易
看到嵌入的游戏。按钮的 HTML 标记链接到一个 JavaScript 函数，该函数在 Unity 实
例上调用 SendMessage()。这个方法调用 Unity 中某个命名对象的函数，第一个参数是
对象的名称，第二个参数是方法的名称，第三个参数是调用方法时传入的字符串。

创建了自定义模板后，仍然需要告诉 Unity 使用这个模板而不是默认模板。再次
打开 Player Settings (记住，单击 Build Settings 窗口中的 Player Settings)，在 Web 设置
中找到 WebGL 模板(如图 13.4 所示)。当前选择了 Default，但是 WebTest(前面创建的
模板文件夹)也在列表中，单击它代替 Default。

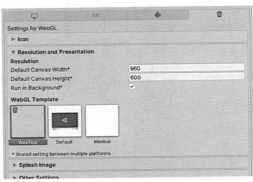

图 13.4 WebGL Template 设置

　　选中自定义模板后，再次构建到 WebGL。打开生成的 Web 页面，这次在页面底部有一个按钮。单击按钮，Unity 中就会显示更改的消息!

　　以上介绍了与浏览器通信的 Web 构建，接着讨论构建应用程序的下一个重要平台(或者说，一系列平台)：移动应用程序。

13.3　构建到移动端：iOS 和 Android

　　移动应用程序是 Unity 的另一个重要构建目标。在我印象中，使用 Unity 创建的大多数商业游戏都是移动游戏。

定义　移动设备是一种手持计算设备。最开始指的是智能手机，但现在包括了平板电脑。两个使用最广的移动计算平台是 iOS(来自苹果)和 Android(来自 Google)。

　　为移动应用程序设置构建过程比桌面或 Web 构建更复杂，因此这是一个可选部分——只需要了解而不必执行这些步骤。但本章依然会介绍这部分内容，如果想要照着做，那么必须先购买 iOS 的开发者许可证，并安装 Android 开发工具。

警告　移动设备正在经历巨大的革新，所以具体的构建过程可能会和这里介绍的有所不同。高级概念可能依然是准确的，但应该查看最新的在线文档，以准确了解要执行的命令和要按下的按钮。对于初学者，可参考有关 Apple 和 Google 的文档:详见链接[4]和链接[5]。

触摸输入

移动设备和桌面或 Web 的输入方式不同。移动设备通过触摸屏幕而不是鼠标和键盘来完成输入。Unity 有用于处理触摸的输入功能，包括类似 Input.touchCount 和 Input.GetTouch()

的代码。

当然，可以使用这些命令来编写运行在移动设备上的特定于平台的代码。然而，以这种方式处理输入可能会非常麻烦，所以有一些代码框架可用于简化触摸输入的使用。例如，在 Unity 的 Asset Store 中搜索 Fingers 或 Lean Touch。

抛开以上注意事项，接下来将介绍 iOS 和 Android 的整个构建过程。记住，这些平台偶尔会改变构建过程中的一些细节。

13.3.1　设置构建工具

移动设备与开发所用的计算机不同，而这种区别使构建和部署到设备的过程更复杂。在单击 Build 之前，需要设置不同的专用工具。

设置 iOS 构建工具

在较高的层面上，将 Unity 游戏部署到 iOS 上的过程首先需要在 Unity 中构建一个 Xcode 项目，接着使用 Xcode 将 Xcode 项目内置到 IPA(iOS 应用程序包)中。Unity 不能直接构建最终的 IPA，因为所有 iOS 应用程序都必须使用 Apple 的构建工具产生。这意味着必须安装 Xcode(Apple 的编程 IDE)，包括 iOS SDK。

警告　这意味着必须在 Mac 上部署 iOS 游戏——Xcode 只能运行在 macOS 上。在 Unity 中开发游戏可以在 Windows 或 Mac 上完成，但构建 iOS 应用程序必须在 Mac 上完成。

可以从 Apple 网站的开发部分获取 Xcode，详见链接[6]。

注意　必须成为 Apple Developer Program 的会员才能在 App Store 上销售 iOS 游戏。Apple 开发程序每年的费用是 99 美元，详见链接[7]。

一旦安装了 Xcode，就启动它并打开 Preferences 来添加开发者账号。当创建应用程序时，如果 Xcode 需要访问账户，就要登录。

现在回到 Unity，将平台切换为 iOS。你需要调整 iOS 应用程序的 Player Settings(记住，打开 Build Settings 并单击 Player Settings)。此时，你应该位于 Player Settings 的 iOS 选项卡上，如果不是，则单击带有 iOS 图标的选项卡。向下滚动到 Other Settings，找到 Identification。调整 Bundle Identifier，以便 Apple 正确识别该应用程序。

注意　iOS 称之为 Bundle Identifier，Android 称之为 Package Name，但在两个平台上，它们的用法是相同的。标识符应该遵循和其他代码包一样的约定：格式为 com.companyname.productname，且字母都小写。

另一个应用到 iOS 和 Android 的重要设置是 Version(即应用程序的版本号)。然而，除此之外的大多数设置是特定于平台的，例如，iOS 增加了一个额外的构建版本号，独立于主版本号。还有一种 Scripting Backend 设置，之前一般使用 Mono，但新的 IL2CPP 后端支持 iOS 更新，例如 64 位二进制文件。

注意 Unity 的 iOS 版本不能同时在真实设备(iPhone 和 iPad)和 iOS 模拟器上运行。默认情况下，基于 Unity 的 iOS 构建只能在真实设备上运行，但可以通过在 Player 设置中向下滚动到 Target SDK 而切换到模拟器构建。在实践中，我从未这么做过，因为所有的"外部测试"工作都是在 Unity 内部完成的，如果我做的是 iOS 构建，那么我想在真正的手机上运行它。

现在单击 Build Settings 窗口中的 Build。选择构建文件的位置，接着在这个位置生成 Xcode 项目。可能需要单击按钮来创建一个新文件夹，然后选择新创建的文件夹。

如果有需要，可以直接修改 Xcode 项目(一些简单的修改可以通过 post-build 脚本完成)。现在先打开 Xcode 项目，构建文件夹中包含很多文件，双击.xcodeproj 文件(它有一个蓝图图标)。Xcode 将打开并加载这个项目，虽然 Unity 已经处理了项目中要用到的大部分设置，但仍需要调整所使用的自动配置文件(provisioning profiles)。

Xcode 会尝试自动设置签名配置文件，这就是前面要在 Preferences 中添加账户的原因。在 Xcode 左侧的项目列表中选择应用程序，就会出现几个与所选项目相关的选项卡(见图 13.5)。

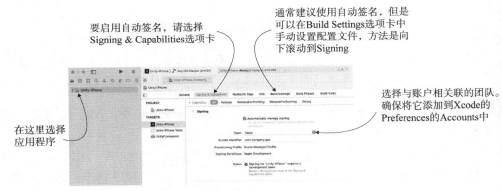

图 13.5 Xcode 中的 Provisioning/signing 设置

单击 Signing & Capabilities 选项卡，然后单击 Team 菜单，选择在 Apple developer program 中注册的团队。如果出于某些原因，你不希望 Xcode 自动管理签名，那么可以通过在 Build Settings 选项卡中向下滚动到 Signing 来手动调整配置文件。

iOS 自动配置文件

在 iOS 开发的所有方面中，自动配置文件是最不寻常的文件。简言之，这些文件用于识别和验证。Apple 严格控制哪个应用程序可以运行在对应的设备上。通常，提交到 Apple 进行审批的应用使用专用的自动配置文件，该文件允许应用程序在 App Store 上运行，而开发中的应用程序使用特定于注册设备的自动配置文件。

记得要将 iPhone 的 UDID(针对设备的 ID)和应用的 ID(Unity 中的 Bundle Identifier)添加到 Apple 网站上的 iOS 开发人员账户中。这个过程的完整解释详见链接[8](如图 13.6 所示)。

图 13.6　iOS Dev Center 中管理自动配置文件的位置

一旦自动配置文件设置完毕，就开始构建应用程序。在 Product 菜单中，选择 Run 或 Archive。Product 菜单中包括许多选项，包括引人注目的 Build，但对于我们来说，有用的两个选项是 Run 或 Archive。Build 生成可执行文件,但不将这些文件绑定到 iOS,而 Run 和 Archive 会完成这个操作：

- Run 将在通过 USB 连接线与计算机连接的 iPhone 上测试应用程序。
- Archive 将创建应用程序包,可以将该应用程序包发送到其他注册的设备上(要么是发布，要么是通过 Apple 所谓的 "ad-hoc distribution" 进行测试)。

Archive 并不会直接创建应用程序包,而是在原始代码文件和 IPA 之间的中间阶段创建包。所创建的 archive 包在 Xcode 的 Organizer 窗口中列出。在该窗口中，选择生成的 archive 包，单击右边的 Distribute App，之后系统会询问是将应用程序发布到商店上还是通过 ad hoc distribution 进行测试。

如果选择 ad hoc distribution，将得到一个可以发送给测试者的 IPA 文件。可以直接将该文件发送给测试者，并通过 iTunes 安装，但建立一个网站来处理分发和安装测试构建会更方便。或者，在已上传至商店但尚未提交的构建版本上使用 TestFlight(详见链接[9])。

设置 Android 构建工具

与 iOS 应用程序不同，Unity 可以直接生成最终的 Android 应用程序(用于 Android 应用程序包的 APK，或用于 Android 应用程序捆绑包的 AAB)。这需要将 Unity 指向 Android SDK，Android SDK 包括一个必要的编译器。可以安装 Android SDK 以及 Unity 的 Android 构建模块，或者可以在 Android Studio 中安装它，并在 Unity 的首选项中指向该文件位置(见图 13.7)。有关 Android 构建工具的下载详见链接[10]。

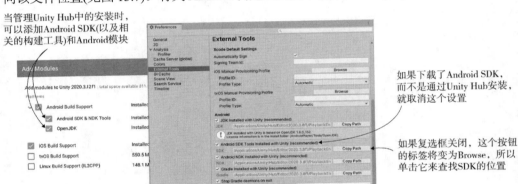

图 13.7　将 Unity 首选项设置为指向 Android SDK

在 Unity 首选项中设置 Android SDK 之后，需要像在 iOS 中那样指定应用程序的标识符。在 Player Settings 中找到 Package Name，将它设置为 com.companyname. productname(就像之前在 iOS 中设置 Bundle Identifier 时那样)。接着单击 Build 开始处理。和其他构建一样，它将询问在何处保存文件。接着在该位置创建 APK 文件。

有了应用程序包后，必须将它安装到一个设备上。可以通过网络将 APK 文件下载到 Android 手机上(像谷歌 Drive 这样的云存储很有用)，或者通过连接你电脑上的 USB 数据线来传输文件(一种称为侧载的方法)。通过 USB 将文件传输到手机上的具体实现方法会因设备而异，而一旦上传到手机，就可以使用文件管理器来安装文件。我们不了解文件管理器没有内置到 Android 中的原因，但可以从 Google Play Store 免费安装一个。在文件管理器中导航到 APK 文件并安装该应用程序。

Android 版本的 APK 和 AAB

自 Android 诞生以来，应用程序一直以 APK (Android application package，Android 应用程序包)文件的形式分发。然而，谷歌支持 AAB (Android app bundle，Android 应用程序捆绑包，一种替代应用程序文件的方法)一段时间了，并且开始要求提交到 Play Store 的应用程序采用这种格式。与其将对所有设备的支持打包到一个应用程序包中，不如选择 AAB，它允许 Play Store 生成一个仅供特定用户下载的更小的应用程序包，从而产生更小的文件。

Unity 在 Build Settings 窗口中同时支持这两种格式的应用程序包。当选择了 Android 平台后，找到 Build App Bundle 复选框；选择 APK 时关闭该复选框，选择 AAB 则打开该复选框，如图 13.8 所示。通常情况下，最好是在测试时构建 APK 文件(因为这些文件更容易安装在测试设备上)，然后构建 AAB 的最终版本，以便提交给 Play Store。

图 13.8　如何在 APK 和 AAB 之间切换 Android 版本

可以看出，Android 的基本构建过程比 iOS 更简单。但自定义构建和实现插件比 iOS 更复杂，在后面的 13.3.3 节中将介绍这些内容，下面先介绍贴图压缩。

13.3.2　贴图压缩

要知道，资源会占用大量内存，尤其是贴图资源。为了减小文件的大小，可以以不同的方式压缩资源，每种压缩方式都有其优缺点。因此需要调整 Unity 压缩贴图的方式。

管理移动设备上的贴图压缩是有必要的，尽管从技术上讲，其他平台上的贴图也经常需要压缩。但出于不同的原因(主要原因是那些平台的技术更成熟)，不必太关注其他平台上的压缩。在移动设备上，尤其要关注贴图压缩，因为移动设备对这些细节更敏感。

Unity 会自动为你压缩贴图。在大多数开发工具中，你需要自己压缩图像，但在 Unity 中，你通常导入未压缩的图像，接着 Unity 会在导入设置中为图像应用图像压缩(如图 13.9 所示)。

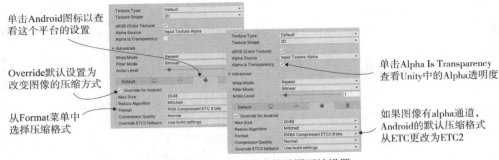

图 13.9 Inspector 面板中的贴图压缩设置

不同平台上的压缩设置是不同的，因此当切换平台时，Unity 会重新压缩图像。最初，这些压缩设置值是默认的，你可能需要针对特定的平台和特定的图像进行调整。尤其是 Android 上的图像压缩更棘手，这主要归因于 Android 设备的存储碎片：因为所有的 iOS 设备都使用基本相同的视频硬件，所以 iOS 应用程序可以针对 iOS 设备的图形芯片(GPU)中进行贴图压缩优化。而 Android 应用程序不具备这种硬件一致性，因此它们的贴图压缩只满足最低的通用标准。

具体而言，所有 iOS 设备都使用(或者说曾经使用过，现在仍然保持兼容性)PowerVR GPUs。因此，iOS 应用程序可以在所有 iOS 设备上使用优化的 PowerVR Texture Compression (PVRTC)，甚至从版本 6 开始所有 iPhone 都支持更新的 ASTC 格式。一些 Android 设备也使用 PowerVR 芯片，但经常使用 Qualcomm 的 Adreno 芯片、ARM 的 Mali GPUs 或其他芯片。结果 Android 应用程序通常依赖 Ericsson 贴图压缩(Ericsson Texture Compression，ETC)，这是所有 Android 设备都支持的一种通用压缩算法。对于带有 alpha 通道的贴图，Unity 默认使用 ETC2(更高级的第二个版本)，因为原始的 ETC 压缩格式没有 alpha 通道，但请注意，旧的 Android 设备可能不支持 ETC2。

这个默认设置适合大多数情况，但是如果需要调整贴图的压缩，请调整图 13.9 所示的设置。单击 Android 图标选项卡以覆盖该平台的默认设置，然后从 Format 菜单中选择特定的压缩格式。特别是，有可能某些关键图像需要解压。虽然这样一来它们的文件尺寸会大得多，但是图像质量会更好。只要压缩了大部分的贴图，并根据具体情况选择个别图像不压缩，那么增加的文件尺寸就不会太大。讨论完调整贴图压缩后，最后一个移动开发主题是开发本地插件。

13.3.3 开发插件

Unity 内置了很多功能，但那些功能大多局限于所有平台共有的特性。而要利用特定于平台的工具包(例如，Android 上的 Play Game Services)，通常需要安装 Unity 的附加插件。

提示 有各种用于 iOS 和 Android 特性的预制移动插件，附录 D 列出了一些可以获取
移动插件的地方。这些插件的操作方式如本节所述，但插件代码已编写好。

与移动插件通信的过程类似于与浏览器通信的过程。在 Unity 端，会使用特定命
令调用插件内的函数。在插件端，插件可以使用 SendMessage() 将消息发送给 Unity 场
景中的对象。具体的代码在不同平台上是不同的，但基本理念通常一样。

警告 与初始的构建过程一样，移动设备上的原生开发过程经常发生变化，不是 Unity
端的那部分，而是原生代码部分。下面将简要概述该开发过程，但你应该查阅
最新的在线文档。

另外，用于两种平台的插件都放在 Unity 中的同一位置。如果需要，在 Project 视
图中创建一个名为 Plugins 的文件夹，然后，在 Plugins 文件夹内部为 Android 和 iOS
分别创建一个文件夹。一旦放入 Unity 中，插件文件也具有相应的平台设置。通常情
况下，Unity 会自动指定这个设置(iOS 插件设置为 iOS，Android 插件设置为 Android
等)，但是如有必要，可在 Inspector 面板中查找这些设置。

iOS 插件

"插件"通常是 Unity 调用的一些原生代码。首先在 Unity 中创建一个脚本，用
于处理原生代码，将该脚本文件命名为 TestPlugin(如代码清单 13.5 所示)。

代码清单 13.5 从 Unity 中调用 iOS 原生代码的 TestPlugin 脚本

```
using System;
using System.Collections;
using System.Runtime.InteropServices;
using UnityEngine;

public class TestPlugin : MonoBehaviour {
  private static TestPlugin _instance;

  public static void Initialize() {          在这个静态函数中创建对象，
    if (_instance != null) {                   因此不必在编辑器中创建它
      Debug.Log("TestPlugin instance was found. Already initialized");
      return;
    }
    Debug.Log("TestPlugin instance not found. Initializing...");

    GameObject owner = new GameObject("TestPlugin_instance");
    _instance = owner.AddComponent<TestPlugin>();
    DontDestroyOnLoad(_instance);
  }
                                  标识代码部分的标签，
  #region iOS                      标签本身不做任何操作
```

```
[DllImport("__Internal")]                                  引用 iOS 代码
private static extern float _TestNumber();                  中的函数

[DllImport("__Internal")]
private static extern string _TestString(string test);
#endregion iOS

public static float TestNumber() {
  float val = 0f;
  if (Application.platform == RuntimePlatform.IPhonePlayer)
    val = _TestNumber();        ◄───      如果平台是 IPhonePlayer，
  return val;                                就调用这个函数
}

public static string TestString(string test) {
  string val = "";
  if (Application.platform == RuntimePlatform.IPhonePlayer)
    val = _TestString(test);
  return val;
  }
}
```

首先，注意静态函数 Initialize()创建了场景中的永久对象，因此不必在编辑器中手动创建该对象。之前还未介绍过从头创建对象的代码，因为大多数情况使用预制体更简洁。但对于本例，在代码中创建对象更为简洁(因此可以使用插件脚本，不需要编辑场景)。

这里进行的主要操作涉及 DllImport 和 static extern 命令。这些命令会让 Unity 与你提供的原生代码中的函数关联。然后，你可以在这个脚本的方法中使用这些引用的函数(先进行检查以确保代码在 iPhone/iOS 上运行)。

接下来使用这些插件函数并测试它们。创建一个名为 MobileTestObject 的脚本，在场景中创建一个空对象，并将该脚本(如代码清单 13.6 所示)附加到这个空对象上。

代码清单 13.6　使用来自 MobileTestObject 的插件

```
using System.Collections;
using System.Collections.Generic;
using UnityEngine;

public class MobileTestObject : MonoBehaviour {
  private string message;

  void Awake() {                  开始时初
    TestPlugin.Initialize();  ◄── 始化插件
  }

  // Use this for initialization
  void Start() {
    message = "START: " + TestPlugin.TestString("ThIs Is A tEsT");
  }

  // Update is called once per frame
```

```
void Update() {

  // Make sure the user touched the screen
  if (Input.touchCount==0){return;}

  Touch touch = Input.GetTouch(0);   ←── 响应触摸
  if (touch.phase == TouchPhase.Began) {      输入
    message = "TOUCH: " + TestPlugin.TestNumber();
  }
}

void OnGUI() {                                      ←── 在屏幕角落
  GUI.Label(new Rect(10, 10, 200, 20), message);      显示消息
}
}
```

此代码清单中的脚本初始化了插件对象，并调用插件方法以响应触摸输入。一旦在设备上运行此代码，不管何时单击屏幕，屏幕角落的测试消息都会发生变化。

最后要做的事是编写 TestPlugin 引用的原生代码。iOS 设备上的代码使用 Objective C 和/或 C 来编写(或者 Swift，但我们并不使用这个语言)，因此需要 a.h 头文件和 a.mm 实现文件。如前所述，它们需要放在 Project 视图的 Plugins/iOS/文件夹中。在该文件夹中创建 TestPlugin.h 和 TestPlugin.mm，在.h 文件中编写代码清单 13.7 所示的代码。

代码清单 13.7　用于 iOS 代码的 TestPlugin.h 头文件

```
#import <Foundation/Foundation.h>

@interface TestObject : NSObject {
  NSString* status;
}

@end
```

查找关于 iOS 编程的解释，以了解 TestPlugin.h 头文件的作用(有关 iOS 编程的内容超出本书的讨论范围)。在.mm 文件中编写代码清单 13.8 所示的代码。

代码清单 13.8　TestPlugin.mm 实现

```
#import "TestPlugin.h"

@implementation TestObject
@end

NSString* CreateNSString (const char* string)
{
  if (string)
  return [NSString stringWithUTF8String: string];
  else
  return [NSString stringWithUTF8String: ""];
}
```

```
char* MakeStringCopy (const char* string)
{
  if (string == NULL)
  return NULL;

  char* res = (char*)malloc(strlen(string) + 1);
  strcpy(res, string);
  return res;
}

extern "C" {
  const char* _TestString(const char* string) {
    NSString* oldString = CreateNSString(string);
    NSString* newString = [oldString lowercaseString];
    return MakeStringCopy([newString UTF8String]);
  }

  float _TestNumber() {
    return (arc4random() % 100)/100.0f;
  }
}
```

同样，对这段代码的详细解释也超出了本书的讨论范围，不再赘述。注意，代码中的很多 string 函数将 Unity 描述的字符串数据转换为原生代码使用的字符串。

提示　这个示例只是从 Unity 到插件的单向通信。原生代码也可以使用 UnitySendMessage()方法与 Unity 通信。可以将消息发送给场景中的指定对象。初始化时，插件会创建 TestPlugin_instance，用于发送消息。

原生代码准备就绪后，就可以构建 iOS 应用程序并在设备上测试了。但角落的消息最初都是小写的。然后轻触屏幕，观察显示的数字。非常酷!

要了解有关 iOS 插件的更多信息，可访问链接[11]。以上介绍的是创建 iOS 插件的方式，接下来将介绍 Android 插件。

Android 插件

对于创建 Android 插件，Unity 端的处理方式大致一样。你不必修改 MobileTestObject，只需要在 TestPlugin 中添加代码清单 13.9 所示的内容。

代码清单 13.9　修改 TestPlugin 以使用 Android 插件

```
...
  #region iOS
  [DllImport("__Internal")]
  private static extern float _TestNumber();

  [DllImport("__Internal")]
  private static extern string _TestString(string test);
```

```
    #endregion iOS

  #if UNITY_ANDROID
    private static Exception _pluginError;
    private static AndroidJavaClass _pluginClass;
    private static AndroidJavaClass GetPluginClass() {
      if (_pluginClass == null && _pluginError == null) {
        AndroidJNI.AttachCurrentThread();
        try {
          _pluginClass = new
      AndroidJavaClass("com.testcompany.testplugin.TestPlugin");
        } catch (Exception e) {
          _pluginError = e;
        }
      }
      return _pluginClass;
    }

    private static AndroidJavaObject _unityActivity;
    private static AndroidJavaObject GetUnityActivity() {
      if (_unityActivity == null) {
        AndroidJavaClass unityPlayer = new
      AndroidJavaClass("com.unity3d.player.UnityPlayer");
        _unityActivity =
      unityPlayer.GetStatic<AndroidJavaObject>("currentActivity");
      }
      return _unityActivity;
    }
  #endif

    public static float TestNumber() {
      float val = 0f;
      if (Application.platform == RuntimePlatform.IPhonePlayer)
        val = _TestNumber();
  #if UNITY_ANDROID
      if (!Application.isEditor && _pluginError == null)
        val = GetPluginClass().CallStatic<int>("getNumber");
  #endif
      return val;
    }

    public static string TestString(string test) {
      string val = "";
      if (Application.platform == RuntimePlatform.IPhonePlayer)
        val = _TestString(test);
  #if UNITY_ANDROID
      if (!Application.isEditor && _pluginError == null)
        val = GetPluginClass().CallStatic<string>("getString", test);
  #endif
      return val;
    }
}
```

Unity 提供的 AndroidJNI 功能

我们编写的类名，可以根据需要修改这个名称

Unity 为 Android 应用程序创建活动

调用 plugin.jar 中的函数

注意，大多数添加的代码都在平台定义的 UNITY_ANDROID 内部。如前面章节所述，这些编译器指令使代码只应用于特定的平台，在其他平台它们会被忽略。比如，iOS 代码不会执行中断其他平台的操作(不做任何操作，也不会产生错误)，Android 插件的代码只有在 Unity 设置为 Android 平台时才会编译。

特别要注意对 AndroidJNI 的调用。它是 Unity 中用于连接原生 Android 的系统。另一个可能让人疑惑的单词是 Activity(活动)，在 Android 应用程序中，活动就是一个应用程序进程。Unity 游戏是 Android 应用程序的一个活动，因此当插件代码访问该活动时，需要传入该活动。

最后，需要编写原生 Android 代码。iOS 代码用 Objective C 和 C 等语言来编写，而 Android 用 Java 来编写(或 Kotlin，但这里使用 Java)。但不能只简单地为插件提供原始的 Java 代码，插件必须是打包 Java 代码的 JAR。另外，Android 编程的细节已超出了本书介绍 Unity 的范围，这里只简单介绍基础知识。首先，如果下载 Android SDK 时没有安装 Android Studio，现在就安装它。

图 13.10 说明了在 Android Studio 中建立插件项目的步骤(附 4.2.1 版截图)。

(1) 通过在启动窗口中选择 New Project 或选择菜单 File | New | New Project 来创建一个新项目。

(2) 在出现的 New Project 窗口中，选择 No Activity 模板(因为这是一个插件，不是一个独立的 Android 应用程序)，并单击 Next。

(3) 现在命名为 TestPluginProj。对于这个测试来说，Min SDK 是什么并不重要，但是把 Language 设置为 Java，并注意项目的位置，因为稍后需要找到它。单击 Finish 以创建新项目，如果需要等待加载，则再次单击 Finish 以关闭窗口。

(4) 编辑器视图出现后，选择 File | New | New Module 来添加一个库。

(5) 选择 Android Library，命名为 testplugin，更改 Package name 为 com.testcompany. testplugin，然后单击 Finish。

(6) 添加该模块后，选择 Build | Select Build Variant。在打开的面板中，单击 TestPluginProj.testplugin 的 Active Build Variant 并选择 Release。

(7) 现在在上面的 Project 面板中展开 testplugin | java，右击 com.test-company.testplugin，并选择 New | Java Class。

(8) 打开一个小窗口来配置新类，因此键入名称 TestPlugin，并按 Enter 键。

TestPlugin 目前是空的，因此在其中编写插件函数。代码清单 13.10 显示了插件的 Java 代码。

(1) 启动 Android Studio，然后
选择 Create New Project

(2) 选择 No Activity，因为这只是
一个库，不是完整的应用程序

(3) 设置 TestPluginProj 名称，
其他设置现在不重要

(4) 选择 File | New |
New Module，
将库添加到项
目中

(6) 选择 Build | Select
Build Variant，打开该
面板;然后将 testplugin
的 Active Build Variant
设置为 Release

(5) 选择 Android Library，
命名为 testplugin，包名输入
com.testcompany.testplugin

(7) 展开 testplugin | java，右击
com.testcompany.testplugin，
并选择 New | Java Class

(8) 最后，输入名称 TestPlugin
并按 Enter 键。现在在新类中
编写代码

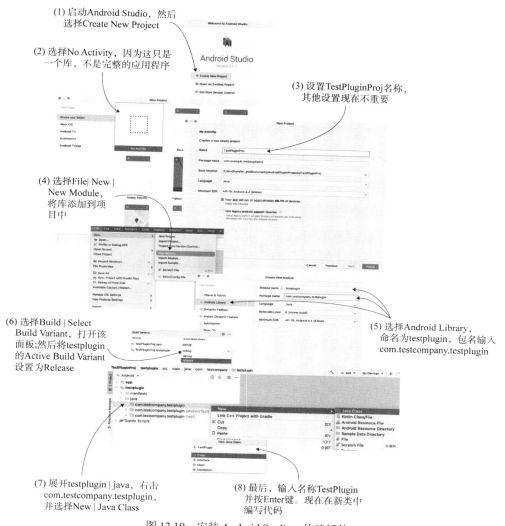

图 13.10　安装 Android Studio，构建插件

代码清单 13.10　编译为 JAR 的 TestPlugin.java

```java
package com.testcompany.testplugin;

public class TestPlugin {
  private static int number = 0;

  public static int getNumber() {
    number++;
    return number;
  }

  public static String getString(String message) {
```

```
        return message.toLowerCase();
    }
}
```

现在可以将代码打包到 JAR 中(或者更确切地说,一个包含 JAR 的 Android Archive 文件)。在顶部菜单中, 选择 Build | Build APK。构建完成后, 转到计算机上的项目, 找到<*project location*>/testplugin/build/outputs/aar/ 下的 testplugin-release.aar。将 archive 文件拖放到 Unity 的 Android plugins 文件夹中, 导入它。

> **Android 的清单(manifest)和资源文件夹**
>
> 这个简单的测试插件还不需要使用清单和资源文件夹, 但 Android 插件通常必须编辑清单文件。所有 Android 应用程序都由一个名为 Android-Manifest.xml 的主配置文件控制, 如果不提供这个文件, Unity 就会创建一个基本的清单文件, 也可以在插件旁边的 Plugins/Android/中放置一个清单, 来手动提供它。
>
> Unity 在项目运行时向项目添加一个 Temp 文件夹, 并且在构建 Android 应用程序时, Unity 将生成的清单文件放置在 StagingArea/UnityManifest.xml 的 Temp 文件夹内。复制该清单文件, 手动编辑它(本章的示例代码资源中也包括了一个示例清单文件)。
>
> 类似地, 还有一个 res 文件夹, 在其中可以放置自定义图标等资源。如果要用自己的资源替换这个生成的文件夹可以在 Android 插件文件夹中创建 res 文件夹。

使用 Plugins/Android 中的 archive 文件, 构建游戏, 并在设备上安装它。只要轻触屏幕, 消息就会改变。和 iOS 插件一样, Android 插件也可使用 UnityPlayer.UnitySend Message()与场景中的对象通信。Java 代码需要导入 Unity 的 Android Player 库, 它包含在 Unity 安装文件夹中(同样, 通常该文件夹在 Windows 中位于 C:\Program Files\ Unity\Editor\Data, 而在 Mac 中位于/Applications/Unity/Editor), 名为/PlaybackEngines/AndroidPlayer/Variations/mono/Release/Classes/classes.jar。

我知道我在开发 Android 程序库的过程中忽略了很多内容, 这是因为该过程太复杂又经常变化。如果高级开发者要为 Android 游戏开发插件, 就需要查看 Android 开发者网站的文档, 以及 Unity 上的相关文档(详见链接[12])。

13.4　XR(扩展现实)开发

注意 XR 是 extended reality(即扩展现实)的缩写, 它包括了虚拟现实 (VR) 和增强现实 (AR)。VR 是指让用户沉浸在一个完全由计算机合成的环境中, 而 AR 是指在真实环境的基础上增添计算机图形。尽管有所不同, 但两者都属于为用户营造周围环境的技术范畴。

XR 是本章介绍的最后一个"平台"。之所以给"平台"打引号，是因为在构建应用程序时从技术上并不会将 XR 视为一个单独的平台。相反，对 XR 的支持来自那些可以添加到相应构建平台的插件包，如桌面端的 VR 或移动端的 AR。让我们来看看XR 是如何工作的，首先介绍 VR，然后介绍 AR。

13.4.1　支持虚拟现实头戴式设备

目前市场上主要的 VR 设备有 Oculus Quest 、HTC VIVE、Valve Index 和 PlayStation VR。这里我们会忽略 PlayStation VR (因为本书内容不涉及 Console 视图开发)。而对于其他设备，我们可以在 Unity 中通过添加面向 PC 构建或面向 Android 构建的(在使用Oculus Quest 的情况下)VR SDK 来支持它们。

在 Unity 的 Package Manager (包管理器)中发布了许多该类型的 SDK，浏览 Unity Registry(注册表)可以看到诸如 Oculus XR 或 Windows XR 等选项。同时，对 Unity 开发者而言，另一个有吸引力的选择是 XR Interaction Toolkit(扩展现实交互工具包)。这个包有点难找到，因为它仍被认为是不完备的(但不完备大多还是指对 AR 的支持，对VR 的支持还是非常可靠的)，所以该包被视为预览包。预览包在默认情况下是不显示的，但仍可以通过更改 Package Manager 窗口上的设置来显示它们(见图 13.11)。

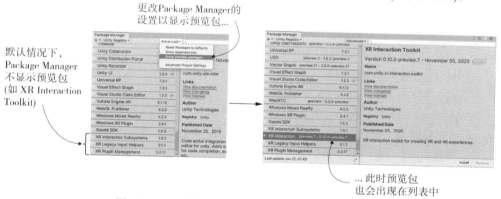

图 13.11　如何在 Package Manager 中设置预览包可见

安装好 XR 包后，必须在 XR Plug-in Management 的 Project Settings (选择 Edit | Project Settings)中启用它(如图 13.12 所示)。

注意　XR Plug-in Management 本身也是一个包，它会在安装任何其他 XR 包的同时一起安装。但是，如果该设置没有出现，就可能需要手动安装它。

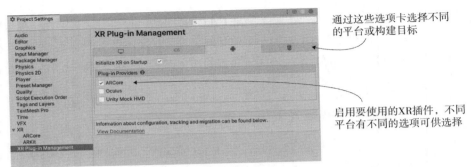

图 13.12 Project Settings 中的 XR Plugin Management

本书不会详细介绍针对任何特定 VR 设备的编程，因为需要涵盖太多内容。你可以通过访问 XR 插件的相关文档来了解相关内容：

- XR Interaction Toolkit(详见链接[13])
- Oculus XR(详见链接[14])
- Windows XR(详见链接[15])
- OpenXR(详见链接[16])

但我们会通过实现一个简单的例子来帮助理解 AR。

13.4.2 面向移动端增强现实的 AR Foundation

与 VR 不同，增强现实并不一定意味着需要头戴式显示设备 (HMD)。当然也可以有 HMD，并且 Unity 支持 HoloLens 和 Magic Leap 等设备。然而，AR 也可以通过手机来实现，这有时也被称为手持式 AR。

Apple 和 Google 分别为 iOS 和 Android 上的手持式 AR 提供了 SDK。Apple 的 SDK 称为 ARKit，而 Google 提供了 ARCore。这些库都是特定于这些平台的，因此 Unity 提供了一个名为 AR Foundation 的跨平台集成工具。作为一名开发者，要知道我们是使用 AR Foundation 的 API 进行编程，但底层调用的是 ARKit 或 ARCore。

首先，创建一个新的 Unity 项目。在新项目中，进入 Package Manager 安装 AR Foundation，以及 ARKit XR 或 ARCore XR(或二者都安装)，具体取决于要开发的移动平台。然后在 XR Plug-in Management 中启用 ARKit 或 ARCore(如图 13.12 所示)

注意 ARKit 的面部跟踪是单独的一个包，与 ARKit 的其余部分是分开的。这是因为 Apple 不允许非面部 AR 应用程序具有面部跟踪的代码。因此，如果不需要面部 AR 功能，请仅安装 ARKit XR 主插件包。如果需要，请两个包都安装。

ARKit 和 ARCore 有必须满足的设置要求，必须在 iOS 和 Android 平台的 Player

Settings 中进行设置(见图 13.13)。在 Android 平台上，首先从 Graphics API 列表中移除 Vulkan(选中 Vulkan，然后单击减号按钮)，然后向下滚动并将 Minimum API Level(最低 API 级别)更改为 24。在 iOS 上，将 Minimum iOS Version(最低 iOS 版本)设置为 11，确保 Architecture(架构)设置为 ARM64，勾选 Requires ARKit Support，然后添加 Camera Usage Description(相机使用描述)，如 "Camera required for AR"。

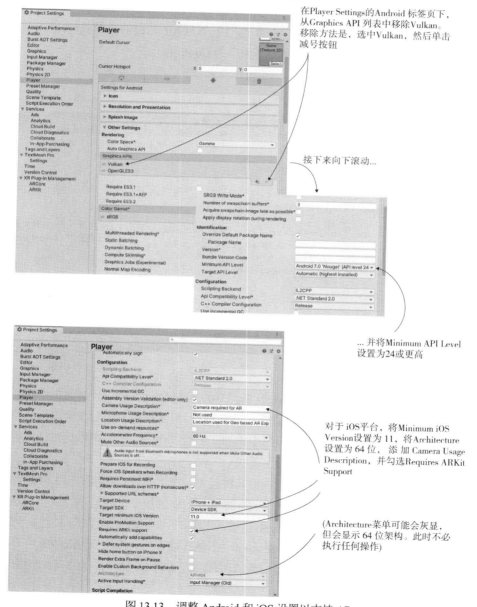

图 13.13　调整 Android 和 iOS 设置以支持 AR

ARKit 需要这些 iOS 设置才能运行，而 ARCore 需要的是 Android 设置。在 Player Settings 中进行了所有必要的调整后，接下来便要设置场景中所需的各种对象。如图 13.14 所示，要采取的步骤如下：

(1) 从 GameObject 菜单中，选择 XR | AR Session。

(2) 选择 GameObject | XR | AR Session Origin。

(3) 选择 GameObject | XR | AR Default Plane。

(4) 删除主摄像机(因为 Session Origin 包括一个为 AR 专设的摄像机)。

(5) 创建一个空的 GameObject 并将其命名为 Controllers。

接下来,创建一个名为 PlaneTrackingController 的新 C#脚本,并输入代码清单 13.11 所示的代码。

代码清单 13.11 使用 AR Foundation 的脚本 PlaneTrackingController

```
using System.Collections;
using System.Collections.Generic;
using UnityEngine;
using UnityEngine.XR.ARFoundation;
using UnityEngine.XR.ARSubsystems;

public class PlaneTrackingController : MonoBehaviour {
    [SerializeField] ARSessionOrigin arOrigin = null;
    [SerializeField] GameObject planePrefab = null;
    private ARPlaneManager planeManager;

    void Start() {
        planeManager = arOrigin.gameObject.AddComponent<ARPlaneManager>();
        planeManager.detectionMode = PlaneDetectionMode.Horizontal;
        planeManager.planePrefab = planePrefab;
    }
}
```

XR 对象的 plane 预制体, 而非任意的 Gameobject

在编辑器中添加这个组件也是可以的, 但这里通过代码添加它

该脚本将一个名为 ARPlaneManager 的组件添加到 SessionOrigin 对象上，然后对这个平面管理器(PlaneManager)组件进行了几项设置,包括使用哪个对象来可视化检测到的平面。该组件也可以在编辑器界面中添加，但通过代码添加它可以更灵活地控制 AR。

将此脚本拖到 Controllers 对象上以将其链接为一个组件。现在(如图 13.14 所示), 将 AR Session Origin 和 AR Default Plane 拖到 Inspector 面板中的组件槽上。

当一切就绪后，就可以开始构建移动应用程序以实现平面跟踪功能。因为 PlaneTrackingController 使用 AR Foundation(而不是直接使用 ARKit 或 ARCore), 所以该项目在 iOS 和 Android 上均可运行。当应用程序在设备上运行时，如果移动相机, 应该会看到图 13.15 所示的画面。

从默认场景开始：

选择菜单GameObject | XR | AR Session
创建一个 AR Session Origin
创建一个 AR Default Plane
删除主摄像机 Main Camera
创建一个名为Controllers的空GameObject

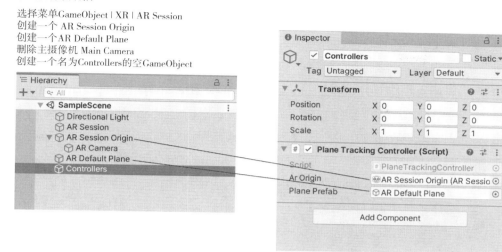

然后将PlaneTicketingController.cs 附加到Controllers
对象上，并将AR Session Origin 和AR Default Plane
拖到脚本的组件槽上

图 13.14　在场景中为简单的 AR 设置对象

图 13.15　AR 平面实时检测

很好！环境中的平面表面被检测了出来。但是，现在除了计算机检测到表面之外，什么都没有出现。也就是说，检测到的表面上没有放置任何对象。AR Foundation 提供了许多功能，不仅仅是平面跟踪，另一个有用的功能是对检测到的 AR 表面进行射线投射。可参照代码清单 13.12 添加执行 AR 射线投射的代码。

代码清单 13.12　向 PlaneTrackingController 添加射线投射

```
...
    private ARPlaneManager planeManager;
    private ARRaycastManager raycastManager;
```

在现有的管理器中
添加新字段

```
        private GameObject prim;
...
        void Start() {
            prim = GameObject.CreatePrimitive(PrimitiveType.Cube);
            prim.SetActive(false);

            raycastManager =
        arOrigin.gameObject.AddComponent<ARRaycastManager>();

            planeManager = arOrigin.gameObject.AddComponent<ARPlaneManager>();
            ...
        }

        void Update() {
            if (Input.GetMouseButtonDown(0)) {
                var hits = new List<ARRaycastHit>();
                if (raycastManager.Raycast(Input.mousePosition, hits,
                    TrackableType.PlaneWithinPolygon)) {
                    prim.SetActive(true);
                    prim.transform.localScale = new Vector3(.1f, .1f, .1f);

                    var pose = hits[0].pose;
                    prim.transform.localPosition = pose.position;
                    prim.transform.localRotation = pose.rotation;
                }
            }
        }
...
```

创建一个对象以放置在探测到的表面上

调用 Raycast 方法以响应用户的输入

再次将应用程序部署到移动设备上。这一次，点击检测到的平面，应该会出现一个立方体，如图 13.16 所示。通过这种方式便可以在真实环境中放置虚拟对象。

图 13.16　放在追踪平面上的立方体

此示例仅涉及 AR Foundation 的基础知识。更深入的用法请参考 Unity 的说明手册(详见链接[17])以及 Unity 在 GitHub 上的示例项目(详见链接[18])。

将 Unity 作为库使用

通常，Unity 项目会部署为独立的应用程序，这种配置方式非常适合游戏。然而，Unity

越来越多地被应用于非游戏的 XR 开发，此时用户便可能希望将 Unity 项目与外部应用程序集成起来。

出于此种原因，Unity 现在能够将项目部署为库以便在更大型的应用程序中使用。Unity 作为库的功能适用于 iOS 和Android，使移动开发者能够将增强现实内容(由 AR Foundation 提供支持)添加到他们的应用程序中。与此相关的更多信息详见链接[19] 和链接[20]。

恭喜，已经到了终点!

祝贺你，现在你已了解了在大多数主要平台上部署 Unity 游戏的步骤。所有平台的基本构建过程都很简单(只需一个按钮)，但在不同的平台上定制应用程序可能会很复杂。现在你已经可以开始构建自己的游戏了!

13.5　小结

- Unity 可以为各种平台(包括台式计算机、移动设备和网站)构建可执行的应用程序。
- 可应用于构建的设置有很多，包括应用程序图标、显示名称等。
- 网页游戏可以与嵌入它们的网页进行交互，从而生成各种有趣的 Web 应用程序。
- Unity 支持自定义插件以扩展其功能。

后　记

　　至此，你已学会了使用 Unity 构建完整游戏所需的一切知识——这里的"一切"是从编程的角度而言。然而，顶级游戏还需要完美的画面和声音，所以游戏开发者的成功不仅仅需要技术技能。其实，学习 Unity 并不是最终的目标，最终的目标是创建成功的游戏，而 Unity 仅仅是达成该目标的工具(显然是一个很好的工具)。

　　除了实现整个游戏所需的技术技能，还需要另一个无形的属性：决心。也就是对挑战性的项目要坚持不懈并抱有自信，坚持到底，有时也代表一种"完成能力"。提升完成能力只有一种方式，就是完成很多项目。这似乎有点矛盾(为了获取完成项目的能力，首先要完成很多项目)，但关键在于你要意识到小项目比大项目更容易完成。

　　因此，在学习过程中先构建很多小项目——因为小项目更容易完成——接着逐渐开始构建更大的项目。很多游戏开发新手都会犯的错误是构建的项目太大。这有两个主要原因：他们想复制自己喜欢的(大)游戏，却低估了制作游戏所需要的工作量。项目刚开始看起来很好，但很快就面临太多的挑战，而最后开发者非常沮丧，放弃开发。

　　游戏开发新手都应该从小项目开始。但项目太小，会令人觉得项目不重要，本书中的项目就是"小且几乎不重要"的类型，应该从这些项目开始。如果完成了本书所有的项目，就掌握了很多额外的知识。接下来就可以尝试大一些的项目，但一定要谨慎，不能跨度太大。这样就可以提升技能和自信，在每次开发项目时都更有雄心。

　　只要询问如何开始开发游戏，都会听到类似上面的建议。Unity 也针对此问题请 *Extra Credits*(一个关于游戏开发的经典系列)制作了一些关于从头开始游戏开发的视频，详见链接[1]。

游戏设计

　　整个 *Extra Credits* 系列不仅包含由 Unity 赞助的少数视频，还涵盖了很多领域，但主要侧重于游戏设计。

定义　游戏设计通过设定游戏目标、规则和挑战来定义游戏的过程。不应将游戏设计与可视化设计混淆，可视化设计指的是设计外观，而不是功能。这是一个常见的错误，因为普通人对"设计"最熟悉的理解是"图形设计"。

定义　游戏设计最核心的一个部分是制定游戏机制——游戏中的独立行为(或者运作系统)。游戏机制通常由它的规则创建，而游戏中的挑战通常来自将机制应用到特定情况。例如，在游戏中移动是一种机制，而迷宫是基于该机制的一种挑战。

游戏设计对于游戏开发新手而言会很棘手。一方面，最成功和令人满意的游戏是建立在有趣、新颖的游戏机制之上的。另一方面，过于关注第一个游戏的设计会令人无法关注游戏开发的其他方面(如编程)。最好通过模仿已有游戏的设计开始游戏设计(记住，这是指开始阶段，复制已有的游戏对于最初的练习十分可行，但最终读者将有足够的技能和经验进一步扩展它)。

其实，任何成功的游戏开发者都应该对游戏设计保持好奇心。可通过多种方式学习游戏设计——前面介绍了 *Extra Credits* 视频，还有一些其他网站，例如：

- Game Developer(详见链接[2])——内容涵盖游戏开发的工作机会，游戏更新，关于游戏的好消息/坏消息，制作游戏的画面和商业信息等。
- Lost Garden(详见链接[3])——提供有关游戏设计理论、美术和设计业务等的专业文章。
- Sloperma(详见链接[4])——单击 School-a-rama 可获取游戏商业建议页面。

另外，有很多关于游戏设计的优秀图书，例如：

- *The Art of Game Design*，第 3 版，Jesse Schell 著(A K Peters/CRC Press, 2019)。
- *Game Design Workshop*，第 4 版，Tracy Fullerton 著(A K Peters / CRC Press, 2018)。
- *A Theory of Fun for Game Design*，第 2 版，Raph Koster 著(O'Reilly Media, 2013)。

销售游戏

Extra Credits 视频中的第四个视频是关于游戏销售的。有时候游戏开发者会推迟考虑销售的事。他们只考虑构建游戏，而没有考虑销售游戏，但这种态度可能会导致游戏失败。即使是世界上最好的游戏，如果没有人知道，也不算成功！

"销售"(marketing)一词通常让人联想到广告，如果有预算，那么为游戏投放广告无疑是一种将它推入市场的方式。但也可通过很多成本较低，甚至免费的方式来推广游戏。具体的方式会随着时间而改变，但该视频中提到的策略包括在 Twitter 上发表(或者在常见社交媒体上发表，而不限于 Twitter)游戏相关的内容，并制作一个预告视频，以在 YouTube 上与评论者、博主等分享。一定要坚持并不断尝试！

现在就开始创建一些出色的游戏吧！Unity 是一个得力工具，你已学会了如何使用它。祝你在游戏开发的旅程中好运！

附录 A

场景导航和快捷键

Unity 的操作是通过鼠标和键盘完成的，但对于新手来说，如何在 Unity 中使用鼠标和键盘并不十分清楚。通常，最基本的鼠标和键盘输入是浏览场景和查看 3D 对象。对此，Unity 也有一些对应常见操作的键盘命令。

本附录将对输入控制进行说明，有一些网页可供参考(这些网页是 Unity 在线指南的相关页面，详见链接[1]和链接[2])。

A.1　使用鼠标进行场景导航

场景导航有三个主要的导航菜单：Move、Orbit 和 Zoom。这三种不同的导航操作包括按住 Alt(或 Mac 上的 Option)和 Ctrl(Mac 上的 Command)组合键的同时进行单击和拖动。对于具有一个、两个、三个按键的鼠标，具体的控制方式也不同，表 A.1 列出了所有控制。

表 A.1　不同鼠标的场景导航控制

导航行为	三个按键的鼠标	两个按键的鼠标	一个按键的鼠标
Move	中间的回滚按钮单击/拖动	Alt+Command＋左键/拖动	Alt+Command+单击/拖动
Orbit	按住 Alt+左键/拖动	Alt+左键/拖动	Alt+单击/拖动
Zoom	按住 Alt+右键/拖动	Alt+右键/拖动	Alt+Ctrl+单击/拖动

注意　尽管 Unity 可以使用一个或两个按键的鼠标，但强烈建议使用三个按键的鼠标(三键鼠标也适用于 Mac)。

除了使用鼠标完成的一些导航操作，还有一些基于键盘的视图控制。如果按下鼠标的右键，键盘的 WASD 按键用于以大多数第一人称游戏中常见的方式移动。在按住其他任何键时按下 Shift，可以移动得更快。

但最重要的是，如果在选中对象时按下 F 键，Scene 视图将平移并缩放到该对象。如果在场景导航中迷失，通用的"安全措施"是在 Hierarchy 中选择列出的对象，将鼠标移到 Scene 视图上(此快捷方式仅在该视图中有效)并按 F 键。

A.2   常用的快捷键

Unity 有一些键盘命令用于快速访问一些重要功能。最重要的快捷键是 W、E、R 和 T：这些按钮激活了变换工具 Translate、Rotate 和 Scale(如果忘了变换工具的作用，请参阅第 1 章)以及 2D Rect 工具。因为这些键彼此相邻，所以通常将左手放在这些按键上，而右手操作鼠标。

除了变换工具外，还有一些快捷键。表 A.2 列出了很多在 Unity 中有用的快捷键。

表 A.2   Unity 中有用的快捷键

按　　键	功　　能
W	平移(移动选中的对象)
E	旋转(旋转选中的对象)
R	缩放(改变选中对象的大小)
T	矩形工具(操作 2D 对象)
F	将视野聚焦在选中的对象上
V	对齐到顶点
Ctrl/Command+Shift+N	新建 GameObject
Ctrl/Command+P	运行游戏
Ctrl/Command+R	刷新对象
Ctrl/Command+1	将当前窗口设置为 Scene 视图
Ctrl/Command+2	设置为 Game 视图
Ctrl/Command+3	设置为 Inspector 视图
Ctrl/Command+4	设置为 Hierarchy 视图
Ctrl/Command+5	设置为 Project 视图
Ctrl/Command+6	设置为 Animation 视图

Unity 也响应其他快捷键，但和表 A.2 列出的相比，这些快捷键越来越不受关注。

与 Unity 一同使用的外部工具

使用 Unity 开发游戏必须依赖各种外部软件工具来完成不同的任务。比如第 1 章讨论的外部工具：Visual Studio，从技术上讲，该工具是一个独立的应用程序，尽管它与 Unity 捆绑在一起。实际上，开发者需要依靠一系列外部工具来完成 Unity 以外的工作。

这并不是说 Unity 缺少了该有的功能。相反，游戏开发过程是如此复杂、需要从多层考虑，以至于任何设计良好、聚焦明确、关注点清晰的软件都不可避免地限制自己只擅长于开发过程中的某些方面。例如，Unity 就是擅长于将游戏的所有内容整合到一起并使之运转起来的引擎。创建所有这些内容要通过其他工具来完成，下面介绍几类可能有用的软件。

B.1　编程工具

前面介绍过 Visual Studio，它是和 Unity 一起使用的最重要的编程工具。还有一些其他编程工具可以使用，如本节所述。

B.1.1　Rider

如第 1 章所述，尽管 Unity 附带一个 Visual Studio，也可以选择使用不同的 IDE。最常见的替代方案是 Visual Studio Code 或 JetBrains Rider。Rider (详见链接[1])是一个集成了 Unity 的强大的 C#编程环境。

B.1.2　Xcode

Xcode 是由 Apple 提供的编程环境(特别是 IDE，也包含用于 Apple 平台的 SDK)。尽管依然在 Unity 中完成大部分工作，但需要使用 Xcode(详见链接[2])将游戏部署到

iOS 上。该工作通常包含使用 Xcode 中的工具来调试应用程序或对应用程序进行性能分析。

B.1.3　Android SDK

需要安装 Xcode，才能将应用程序部署到 iOS 上，同样，也需要下载 Android SDK，才能将其部署到 Android 上。通常情况下，需要在 Unity Hub 中下载 SDK 和 Android 模块。或者，下载与 Android Studio 一起提供的 Android SDK，详见链接[3]。与构建 iOS 游戏不同的是，不需要启动任何 Unity 之外的开发工具——只需要在 Unity 中设置首选项，以指向 Android SDK。

B.1.4　版本控制(Git、SVN)

任何规模适中的软件开发项目都会包含代码文件的很多复杂的修订版本，因此程序员开发了一类称为 VCS(Version Control System，版本控制系统)的软件来处理这个问题。两个最有名的免费系统是 Git (详见链接[4]) 和 Apache Subversion (也称为 SVN，详见链接[5])。

如果你还没有使用 VCS，强烈建议你使用。Unity 的项目文件夹中包含了临时文件和工作空间设置，但版本控制中必需的文件夹仅包括 Assets(确保版本控制会获取由 Unity 生成的元文件)、Packages 和 Project Settings。

B.2　3D 美术应用程序

尽管 Unity 能处理 2D 图形(第 5 章和第 6 章都介绍了 2D 图形)，但它的初衷是作为 3D 游戏引擎，且拥有强大的 3D 图形特性。很多 3D 美术师都至少使用了本附录中介绍的一个软件包。

B.2.1　Maya

Autodesk Maya(详见链接[6])是扎根于动画制作的 3D 美术和动画包。Maya 的特性集几乎涵盖了 3D 美术师需要完成的所有任务，从制作出色的影视动画到制作高效的游戏模型。可以将 Maya 中完成的 3D 动画(例如，角色行走)导出到 Unity 中。

B.2.2　3ds Max

Autodesk 3ds Max(详见链接[7])是另一个广泛使用的 3D 美术和动画包，它提供了一个可以和 Maya 媲美的特性集和工作流。3ds Max 只能运行在 Windows 上(而其他工具，包括 Maya，是跨平台的)，但它通常用于游戏行业。

B.2.3　Blender

Blender(详见链接[8])尽管不像 3ds Max 或 Maya 那样广泛用于游戏行业，但它也与这两个应用软件相当。Blender 也涵盖了大多数 3D 美术任务，最重要的是，Blender 是开源的。鉴于 Blender 在所有平台上都可以免费使用，因此 Blender 是本书唯一认定的 3D 艺术应用程序。

B.2.4　SketchUp

这是一个非常易用的建模工具，特别适合于建筑和建筑元素。不像以前的工具，SketchUp (详见链接[9])没有覆盖大部分的 3D 美术任务；相反，它侧重于简化建筑物和其他简单形状的建模。这个工具在游戏开发的白盒和关卡编辑中很有用。

B.3　2D 图像编辑器

2D 图像对所有游戏都很重要，因为它们在 2D 游戏中直接显示，或显示为 3D 模型表面的贴图。游戏开发中有一些常用的 2D 图形工具，如本节所述。

B.3.1　Photoshop

Photoshop(详见链接[10])无疑是应用最广泛的 2D 图像应用软件。Photoshop 中的工具能用于润色已有的图像、应用图像滤镜，甚至从头绘制图像。Photoshop 支持数十种不同的文件格式，包括 Unity 使用的所有图像格式。

B.3.2　GIMP

GIMP(详见链接[11])是 GNU Image Manipulation Program 的首字母缩写，是一个广为人知的开源 2D 图形应用软件。GIMP 的特性和可用性与 Photoshop 一样，但它依然是一个有用的图像编辑器，且不需要付费！

B.3.3　TexturePacker

前面提及的工具都可以用于游戏开发之外的领域，但 TexturePacker 则仅适用于游戏开发。该工具非常擅长装配 2D 游戏中使用的 sprite sheet。如果开发 2D 游戏，就可以尝试使用 TexturePacker(详见链接[12])。

B.3.4　Aseprite 和 Pyxel Edit

Pixel art 是最容易识别的 2D 游戏美术风格之一，Aseprite (详见链接[13])和 Pyxel

Edit (详见链接[14])是很好的像素化美术工具。Photoshop 在技术上也可以用于像素化美术，但这并不是它的主要功能。此外，Aseprite 和 Pyxel Edit 更侧重于动画功能。

B.4　音频软件

有很多令人眼花缭乱的音频制作工具，包括声音编辑器(处理原始波形)和音序器(使用音符序列合成音乐)。为了介绍可用的音频软件，本节将介绍两个主要的声音编辑工具。未列出的其他工具还有 Logic、Abletom 和 Reason。

B.4.1　Pro Tools

这个音频软件(详见链接[15])有很多有用的特性，且被无数的音乐制作人和音频工程师认为是业界标准。它经常用于各种类型的专业音频工作，包括游戏开发。

B.4.2　Audacity

尽管 Audacity(详见链接[16])并不用于专业的音频工作，但它是一个用于小规模音频工作的方便的音频编辑器，例如，准备短小的声音文件作为游戏中的音效。它非常适合于寻找开源声音编辑软件的开发者。

附录 *C*

在 Blender 中创建长凳模型

第 2 章和第 4 章创建了一个关卡，其中包含了一些大的平面墙和地面。但没有介绍更多的对象，例如，房间中有趣的家具。可以通过在外部 3D 美术应用软件中构建 3D 模型来创建它们。回想第 4 章介绍的定义：3D 模型是游戏中的网格对象(也就是三维图形)。本附录将展示如何创建一个简单的长凳网格对象(如图 C.1 所示)。

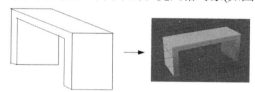

图 C.1　将建模的简单长凳

虽然附录 B 列出了一些 3D 美术工具，但本练习将使用 Blender，因为它是开源的，所有读者都可以使用它。接下来将在 Blender 中创建网格对象，并将其导出为可以在 Unity 中使用的美术资源。

提示　建模是一个大主题，但这里仅讨论用于创建长凳的基本建模功能。如果在本附录结束后，还想进一步学习建模的相关知识，可以查看有关这个主题的一些书籍和教程(首先应阅读链接[1]上的学习资源)。

警告　本附录使用的是 Blender 2.91，因此解释和屏幕截图都是基于这个版本的软件。由于更新版本的 Blender 发布频繁，一些按钮的位置或命令名可能会发生改变。

C.1　构建网格几何体

启动 Blender，单击启动画面外的按钮将其关闭；初始的默认屏幕如图 C.2 所示，在屏幕中间有一个立方体。使用鼠标中键来管理摄像机视图：单击并拖动用于翻转，Shift+单击拖动用于平移，而 Ctrl+单击拖动用于缩放。左键单击相机选择它，按住 Shift 键同时单击光源也可以将其选中，然后按 X 键删除两者。

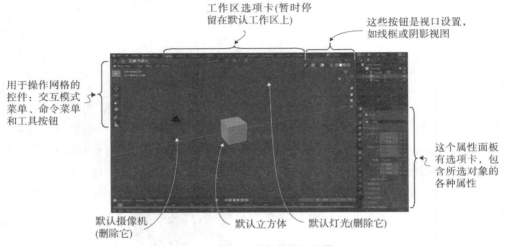

工作区选项卡(暂时停留在默认工作区上)

这些按钮是视口设置，如线框或阴影视图

用于操作网格的控件：交互模式菜单、命令菜单和工具按钮

这个属性面板有选项卡，包含所选对象的各种属性

默认摄像机(删除它)　　　默认立方体　　默认灯光(删除它)

图 C.2　Blender 的初始默认屏幕

Blender 开始时使用 Object 模式，顾名思义，这种模式能让你管理所有对象，并在场景中移动它们。要进一步编辑单个网格对象，必须选择该对象然后切换到 Edit 模式。图 C.3 展示了要使用的菜单。

交互模式菜单位于视口的左上角

切换为Edit模式而不是Object模式

图 C.3　将 Object 模式切换为 Edit 模式的菜单

警告　Blender 界面的很多部分都是上下文敏感的，这个菜单就是其中之一。列出的菜单项取决于所选择的对象，可能是一个网格，一个相机，或其他东西。

第一次切换到 Edit 模式时，Blender 会设置为 Vertex Selection 模式，可以通过按钮在 Vertex、Edge 和 Face Selection 模式间切换(见图 C.4)。不同的选择模式允许选择不同的网格元素。

这些是Edit模式下的控件。不同的交互模式，显示的内容不同

Selection模式：顶点、边缘或面

Show Gizmo：切换彩色箭头向导

切换X射线以选择物体的背面(通常只选择正面)

变换工具：移动，旋转，缩放

单击彩色圆圈以获得预设视点。翻转视图(单击并拖动鼠标中键)以再次查看透视图

图 C.4　视口两侧的控件

定义　网格元素是组成网格几何体的顶点、边和面——换句话说，就是各个角点、连接了点的线以及在连接线之间填充的形状。

Blender 中基本的鼠标和键盘快捷键

图 C.4 中描绘的是变换工具。与 Unity 一样，变换是平移、旋转和缩放。在视口的右上方有一个按钮，用于开关 Show Gizmo(场景中的箭头)；建议一直打开 Gizmo，否则只能通过键盘快捷键来访问变换工具。Blender 中的键盘快捷键通常很难使用，这也是 Blender UI 声誉不佳的主要原因。

Blender 还用于强制执行非标准的鼠标功能。例如，虽然使用鼠标中键来操作摄像机很直观，但是在场景中选择元素是通过鼠标右键完成的(在大多数应用程序中，使用鼠标左键来选择对象)。左键单击现在是默认选择的方法，但旧的功能是当第一次启动 Blender 时，启动画面会显示图 C.5 所示的设置(可在第一次启动后的 Edit | Preferences 中访问)。

C.5　Blender 鼠标设置

同样，选择和取消选择框的操作过去都很古怪，尽管现在可以只通过单击左键和拖动或单击空白区域来完成这类操作。顺便说一句，当选择添加内容时通过按下 Shift 键，然后按下 A 键即可选择全部内容。

这些是 Blender 使用的基本控件，现在介绍一些用于编辑模型的功能。首先，将立方体缩放成一个长且薄的模板。选择模型的每个顶点(确保也选择了对象另一边的顶点；按下 A 键以选择所有顶点)，接着切换为 Scale 工具。单击-拖动 Z 轴的蓝色箭头，以在垂直方向缩小，接着单击-拖动 Y 轴的绿色箭头，向一侧缩放(如图 C.6 所示)。

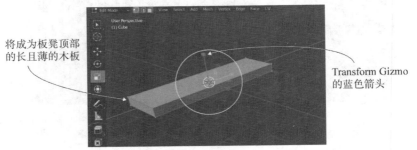

图 C.6　将网格缩放为一个长且薄的木板

切换为 Face Selection 模式(使用图 C.4 中的按钮)，选择木板的两个小的末端。可以单独单击木板的某一面，添加到选区时要按住 Shift 键。现在单击视口顶部的 Mesh 菜单，并选择 Extrude | Extrude Individual Faces(见图 C.7)。随着鼠标移动，将看到木板末端增加了一些额外部分，稍微移开它们并左击确认。额外的部分仅有长凳脚那么宽，这就提供了一个可供使用的额外几何体。

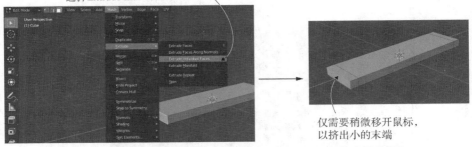

图 C.7　在 Mesh 菜单中使用 Extrude Individual Faces 以挤出额外部分

定义　Extrude 会在图形上选中的面的相交部分挤出新的几何体。两个不同的挤出命令
　　　定义了当选择多个元素时应该做的操作：Extrude Individual Faces 把每个面作为
　　　一个独立的部分挤出，而 Extrude Faces 命令把整个选中的面作为一个独立的块
　　　挤出。

现在查看木板底部，并在两端选择两个薄的面。再次使用 Extrude Individual Faces
命令，拉下长凳的桌脚(如图 C.8 所示)。

形状已经完成！但在将模型导出到 Unity 之前，需要考虑模型的贴图。

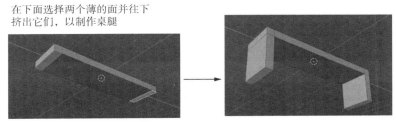

图 C.8　选择长凳下面的薄面并拉下桌腿

C.2　模型的贴图映射

3D 模型可以在其表面显示 2D 图像(称为贴图)。对于像墙一样的大平面来说，2D
图像与 3D 表面的关系很简单：只需要将图像拉伸到平面表面上。但是，像长凳两边
这样形状奇特的表面，该怎么办呢？了解贴图坐标这个概念就变得非常重要。

贴图坐标定义了贴图的各部分是如何与网格的各部分关联的。这些坐标将网格元
素分配到贴图的区域。想象一下包装纸(如图 C.9 所示)，3D 模型是要包起来的盒子，
贴图是包装纸，贴图坐标表示包装纸将贴到盒子上的哪一面。贴图坐标定义了 2D 图
像上的点和图形，这些图形与网格上的多边形关联，因此图像的该部分便出现在网格
的对应位置。

提示　贴图坐标也称为 UV 坐标。这个名称源于贴图坐标使用字母 U、V 定义的事实，
　　　类似 3D 模型坐标使用 X、Y 和 Z 进行定义。

将一个物体的某部分与另一个物体的某部分对应起来的技术术语是映射(mapping)——
因此术语"贴图映射"表示创建贴图坐标的过程。在包装纸的类比中，这个过程也被
称为展开。还有更多混合了其他术语的技术术语，比如 UV 展开。而与贴图映射相关
的很多术语本质上是同义的，因此尽量不要混淆。

传统上，贴图映射的过程非常复杂，但幸运的是，Blender 提供了一些工具，使得

这个过程相当简单。首先在模型上定义接缝。如果进一步考虑如何包装一个盒子(或者考虑另一个方向，展开一个盒子)，就会发现，并不是三维形状的每个部分都能在展开的二维空间中保持无缝。沿着三维形状的边缘展开时，一定会存在接缝。Blender 允许选择边缘，并将它们声明为接缝。

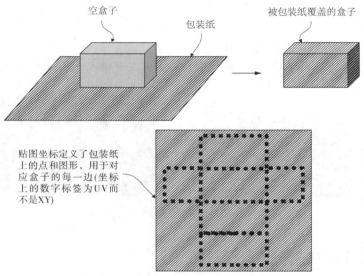

图 C.9   包装纸为贴图坐标的工作原理提供了恰当的类比

切换到 Edge Selection 模式(如图 C.4 所示的按钮)，选择长凳底部的外边缘。现在选择 Edge | Mark Seam (如图 C.10 所示)。这会让 Blender 分离长凳的底部，以进行贴图映射。为长凳的边缘执行相同的操作，但不要完全分离边缘，只需要分离沿着长凳脚向上的边缘。通过这种方式，当展开长凳时，边缘将保持与长凳的连接。

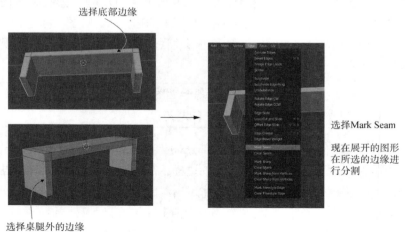

图 C.10   沿着长凳底部和长凳脚的边缘分离

一旦所有的接缝都已标记，就运行 Texture Unwrap 命令。首先选择整个网格(只按下 A 会选择所有对象，或框选，不要忘记对象的另一边)。接下来，选择 UV | Unwrap，创建贴图坐标。但在这个视图中看不到贴图坐标，Blender 默认显示为场景的 3D 视图。切换到 UV Editing 工作区查看贴图坐标，使用屏幕顶部的工作区选项卡(见图 C.11)。

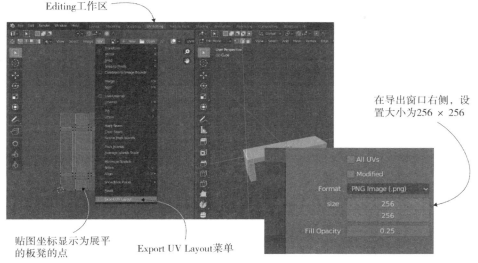

选择顶部的UV
Editing工作区

在导出窗口右侧，设置大小为256 × 256

贴图坐标显示为展平的板凳的点

Export UV Layout菜单

图 C.11　从 3D View 切换为 UV Editor，然后选择 Export UV Layout

现在可以看到贴图坐标。可以看到长凳根据所标记的接缝被平铺分开，并展开为平面多边形。为了绘制贴图，需要在图像编辑程序中查看这些 UV 坐标。再次参考图 C.11，在贴图颜色视口的 UV 菜单下选择 Export UV Layout。保存图片为 bench.png(这个名称以后导入 Unity 时也会用到)，大小为 256。

在图像编辑器中打开这个图像，为贴图的各个部分绘制颜色。为不同的 UV 绘制不同颜色会在这些面上放置不同的颜色。例如，图 C.12 显示了在 UV Layout 顶部展开的长凳底部的深蓝色。长凳的侧面显示红色。现在可将图像再次导入 Blender，为模型贴图，选择 Image | Open。

即使贴图图像在 UV 编辑视图中打开，你也不能在 3D 视图中看到模型上的贴图。这需要更多的步骤：将图像分配给对象的材质，然后在视口中打开贴图(见图 C.13)。现在就可以看到完成的长凳，也应用了贴图！

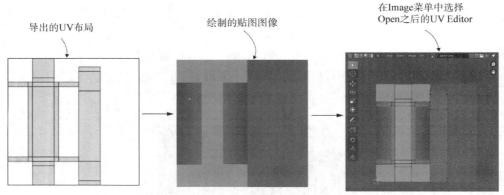

图 C.12   在导出的 UV 上绘制颜色，接着将贴图导入 Blender 中

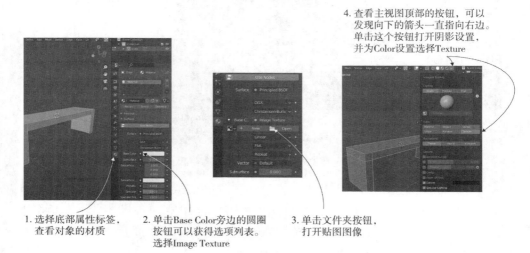

4. 查看主视图顶部的按钮，可以
   发现向下的箭头一直指向右边。
   单击这个按钮打开阴影设置，
   并为Color设置选择Texture

1. 选择底部属性标签，
   查看对象的材质

2. 单击Base Color旁边的圆圈
   按钮可以获得选项列表。
   选择Image Texture

3. 单击文件夹按钮，
   打开贴图图像

图 C.13   在对象的材质上设置图像，以查看模型上的贴图

现在保存模型。Blender 将使用.blend 扩展名保存文件，采用 Blender 的本地文件格式。使用本地文件格式可以正确保存 Blender 的所有特性，但之后必须将模型导出为不同的文件格式(第 4 章推荐的 FBX)，以导入 Unity 中。注意，贴图图像实际上没有保存在模型文件中，该文件只是保存了对图像的引用，所以依然需要使用被引用的图像文件。

附录 *D*

在线学习资源

本书是对 Unity 游戏开发的完整介绍，但除此之外还有更多内容要学习。下面介绍更多优秀的在线资源供你在阅读完本书之后使用。

D.1　其他指南

很多网站提供了 Unity 中各种话题的指导信息。其中一些甚至由 Unity 背后的公司官方提供。

Unity 手册

Unity 提供的一本综合用户手册，详见链接[1]。它不仅有助于查找信息，还提供了 Unity 完整功能的主题列表。

脚本参考

Unity 编程人员比其他人更应该读完这个脚本参考(至少我这样做了)。用户手册覆盖了引擎的功能和编辑器的用法，但脚本参考是 Unity 编程 API 的全面参考。每个Unity命令都列在其中，详见链接[2]。

Unity 学习教程

Unity 的官方网站包括几个综合教程，可以在学习部分找到。最重要的是，这些教程都是视频。根据读者自己的喜好，这可能是好事，也可能是坏事。如果喜欢看视频教程，就可以访问链接[3]。

Catlike Coding

Catlike Coding 提供了许多有用、有趣的话题，而不是让学习者通过一个完整的游戏来学习。这些主题甚至不一定是关于游戏开发的,却是掌握 Unity 编程技能的好方法。这些教程可以在链接[4]上找到。

StackExchange 的游戏开发

StackExchange 是另一个很好的信息站点,其格式与前面列出的不同。StackExchange 没有提供一系列自包含的教程,而是提供了一个鼓励搜索的文本 QA。StackExchange 包含大量的主题,专注于游戏开发的区域位于链接[5]。在该网站寻找 Unity 信息的频率几乎和使用脚本参考的频率一样高。

Maya LT Guide

如附录 B 所述,外部美术应用软件是创建优秀可视化游戏的重要部分。有很多讲授 Maya、3ds Max、Blender 或其他外部 3D 美术应用软件的资源。附录 C 是关于 Blender 的一个教程。还有一个关于如何使用 MayaLT 的在线向导(这是一个稍微便宜且面向游戏开发的 Maya 版本),详见链接[6]。

D.2　代码库

前面列出的资源提供了有关 Unity 的教程和/或学习信息,而本节列出的站点将提供可用于项目的代码。对于新手而言,库和插件是另一种类型的有用资源,它们不仅可直接使用,还可作为学习资源(通过阅读它们的代码)。

Unify Community Library

Unity Library 是一个中心数据库,包括很多开发者贡献的代码,该库中的脚本覆盖的功能很广。该页面的 Resources 部分链接到其他脚本集合。可以访问链接[7]浏览这些内容。

DOTween 和 LeanTween

如第 3 章所述,常用于游戏的一种运动效果称为缓动(tween)。在这种运动类型中,一个代码命令可以设置对象在一定时间内移到目标。缓动功能可以通过一些库,如 DOTween(详见链接[8])或 Lean-Tween(详见链接[9])添加到 Unity 中。

Post-processing Stack

后期处理堆栈是一种简单的方法,可以为游戏添加一些视觉效果,比如景深效果和动态模糊。其中许多效果已集成到一个 über 组件中,详见链接[10]。

Mobile Notifications Package

虽然 Unity 的核心已覆盖了所有游戏平台的所有功能，但对于手机游戏，你可能想要安装带有附加功能的软件包。这个 Unity Mobile Notifications 包(详见链接[11])专注于通知，即手机应用程序生成的小提醒。

Firebase Cloud Messaging

刚才提到的 Unity 包可处理 Android 和 iOS 的本地通知，但它只支持 iOS 上的远程通知(也称为推送通知)。Android 上的推送通知可通过一个名为 Firebase Cloud Messaging 的服务来完成，Firebase 的开发者页面解释了如何使用它的 Unity SDK，详见链接[12]。

Google 的 Play Games Services

在 iOS 系统上，Unity 内置了 GameCenter，这样游戏可以拥有平台自带的排行榜和成就。Android 上的类似系统称为 Google Play Games。虽然它没有内置到 Unity 中，但是谷歌为用户提供了该插件，详见链接[13]。

FMOD Studio

Unity 内置的音频功能可以很好地播放录音，但是对于高级的声音设计工作来说，存在一定的局限性。FMOD Studio 是一款高级的声音设计工具，内置一个 Unity 插件，详见链接[14]。